르네상스의 천재들

후려치는 미술사: 르네상스의 천재들

초판 인쇄일 2026년 4월 17일
초판 발행일 2026년 5월 1일

지은이 박신영

발행인 이상만
발행처 마로니에북스

등록 2003년 4월 14일 제 2003 - 71호
주소 (03086) 서울특별시 종로구 동숭길 113
대표 02 - 741 - 9191
편집부 02 - 744 - 9191
팩스 02 - 3673 - 0260
홈페이지 www.maroniebooks.com
ISBN 978 - 89 - 6053 - 678 - 4 (04600)

978 - 89 - 6053 - 677 - 7 (세트)

르네상스의 천재들

박신영 지음

마로니에북스

프롤로그

르네상스는 인류사에서 가장 아름다운 예술을 창조했던 시대입니다. 세상에는 하늘의 별처럼 수많은 예술이 있지만, 르네상스 예술은 그중 유독 더 밝게 빛나는 소수의 별들과 같습니다. 르네상스의 영광이 끝나고 세월이 흘러 벌써 5세기가 더 지났지만, 여전히 사람들은 '회화' 하면 레오나르도 다빈치의 〈모나리자〉를 가장 먼저 떠올리고, '조각' 하면 미켈란젤로의 〈다비드〉를 가장 먼저 떠올리곤 합니다. 그리고 역사에 존재했던 많은 예술가들은 르네상스의 천재들에 대한 질투 때문에 로마와 피렌체를 방문해 르네상스 작품들을 공부하고 연구하며 그들을 뛰어넘으려고 노력했죠. 하지만 그 누구도 르네상스 예술만이 가진 우아함을 따라잡지 못했습니다. 시대와 역사를 초월하여 빛나는 예술, 그것이 바로 르네상스 예술입니다.

르네상스 예술이 가진 아름다움의 정체는 무엇일까요? 그저 눈에 보이는 화려한 아름다움이 전부일까요? 매년 수백만의 사람들이 르네상스의 걸작들을 보기 위해 파리의 루브르 박물관이나 로마의 바티칸 궁전을 방문합니다. 하지만 대부분 겉으로 보이는 아름다움만 보고 지나치는 경우가 많습니다. 물론 눈으로 보는 감상도 의미 있지만 이는 부족하다고 말할 수밖에 없습니다. 예술의 감상에는 여러 계층의 깊이가 있기 때문입니다. 예를 들어 커피도 겉으로 느껴지는 향기 아래에 쓴맛과 신맛의 비율이 어떤지, 은은한 고구마 향이 나는지 상큼한 오렌지 향이 나는지, 아프리카 원두인지 남미 원두인지에 따른 맛의 차이를 이야기할 수 있습니다. 커피 맛을 이해하는 계층이 쌓일수록 맛을 더 입체적으로 느낄 수 있게 되는 것이죠. 예술에 대한 감상도 마찬가지입니다. 겉으로 보이는 아름다움뿐만 아니라 예술이 탄생한 시대는 어땠는지, 예술가는 어떤 성격의 사람이었으며, 그 성격이 어떻게 예술로 드러났는지, 어떤 생각과 고민을 가지고 예술을 창조했는지를 알게 되면 더 입체적으로 이해할 수 있게 됩니다.

예술을 입체적으로 이해하는 데 가장 중요한 요소는 시대에 관해 먼저 이해하는 것입니다. 예술은 그 시대의 날씨와 풍토 속에 피어난 꽃과 같기 때문입니다. 우리가 르네상스 시대에 관해 학교에서 배운 상식은 '14세기와 16세기 사이 이탈리아에서 일어난 문화, 예술 부흥 운동'이라는 정도입니다. 이는 물론 정확한 설명이지만, 르네상스는 그저 단순히 문화와 예술이 부흥한 시대가 아니었습니다. 르네상스는 인류를 계몽의 근대(Modern Age)라는 새로운 시대로 이끈 거대한 흐름의 시작점이었기 때문입니다.

만약 인류사 전체를 반으로 잘라 거대한 두 덩어리로 나누어야 한다면 정확히 그 분기점이 되는 시대가 바로 르네상스입니다. 르네상스 이전의 중세는 '신'이 지배하는 시대였고, 르네상스 이후는 '인간'이 신으로부터 독립하는 시대라고 할 수 있습니다. 인간이 신으로부터 독립을 했다니, 무슨 뜻일까요?

신의 시대를 살던 중세 사람들의 삶은 단순했습니다. 촛불 아래서 조용히 성경을 읽으며 신의 가르침대로 살기 위해 최선을 다했죠. 그렇게 중세는 고요함 속에서 천 년을 이어져 왔습니다. 그런데 중세의 마지막 무렵, 세상에는 갑자기 여러 가지 큰 변화들이 나타나기 시작했습니다. 십자군 전쟁과 흑사병같이 인간이 감당하기 어려운 문제들이 여기저기서 나타나기 시작한 것이죠. 수많은 사람들이 죽고 세상에 혼란이 이어지자 중세 사람들은 우선 예전처럼 '신의 섭리'로 이 변화들을 이해하려고 했습니다. 하지만 성경은 답을 주지 않았습니다. 결국 사람들은 이 문제들을 해결하기 위한 다른 방법이 필요했습니다.

이 절박함이 르네상스를 불러오게 됩니다. 사람들은 성경을 버리고 대신 과거의 모래 속에 파묻혀 있던 그리스 로마 시대의 인본주의와 철학, 그리고 합리주의적 사고방식을 다시 깨우기 시작했습니다. 세상을 신의 섭리가 아닌 '인간의 이성'으로 이해해 보려고 했던 것이죠. 르네상스라는 이름은 여기서 비롯되었는데, 그리스 로마의 정신을 '다시(re) 깨운다(naissance)'는 의미입니다. 중세의 신으로부터 벗어난 인간들, 그들이 처음으로 스스로의 문화와 예술을 창조하기 시작한 것이 바로 르네상스의 시작이었습니다.

그래서 르네상스 예술에는 천 년의 중세를 극복하고 인간 중심의 시대를 이끈 시대 정신이 그대로 녹아 있습니다. 르네상스의 천재들은 인간

의 순수한 이성과 의지로 모든 것을 처음부터 고민하며 새로운 예술을 창
조하기 시작했습니다. 인간과 인간의 지성에 대한 고민, 그것이 르네상스
예술을 다른 어떤 시대의 예술보다 더 우아하게 만들었습니다.

르네상스를 이끌었던 사람들은 우리에게 '르네상스의 천재들'로 잘 알
려진 레오나르도 다빈치, 미켈란젤로, 라파엘로 같은 예술가들입니다. 아
이러니하게도 이들은 새로운 것을 창조한다는 점에서 그들이 독립하고
자 했던 신과 가장 닮은 자들이기도 했습니다. 중세의 끝자락, '신의 섭
리'와 '인간의 이성'이 충돌하던 시대에 르네상스의 천재들은 예술을 창
조했습니다. 혼혈 중에 유독 미인들이 많다는 말이 있듯이, 르네상스의
천재들은 신의 시대에서만 나올 수 있는 '초월적인 아름다움'과 인간의
시대에서만 나올 수 있는 '세속적 아름다움'을 조합하여 최고의 아름다
움을 만들어냈습니다. 포세이돈의 바다와 키프로스의 땅 사이에서 태어
난 비너스처럼 르네상스 예술은 거대한 두 세계의 경계, 그 물거품 속에
서 탄생한 것입니다.

지금부터 르네상스의 천재들이 어떻게 새로운 예술과 문화를 창조해
나갔는지 차근차근 살펴보려 합니다. 미리 덧붙이자면, 이 책은 예술을
설명하지만 상당 부분 역사 이야기들을 함께 다룬다는 것입니다. 이는 앞
서 강조했던 것처럼 르네상스 예술을 조금 더 입체적으로 이해하기 위함
입니다. 이러한 이야기들은 르네상스의 천재들의 이야기에 두툼한 살을

붙여줄 것입니다. 따라서 이 책의 내용은 중세의 마지막 시기였던 십자군 전쟁에서 시작하여 피렌체 공화국의 종말로 끝맺게 됩니다.

이 책이 독자들이 르네상스 예술의 아름다움을 더욱 의미 있게 이해하는 데 도움이 되기를 바랍니다. 만약 르네상스 예술이 정말로 인류사 최고의 예술이라고 할 수 있다면, 그런 예술의 아름다움에 관하여 한 번쯤 제대로 감상해 보는 것은 분명 가치 있는 일일 것입니다. 다만 입구에서 눈에 보이는 아름다움만 살피고 떠나는 것이 아니라, 문을 열고 더 깊은 곳으로 내려가 봐야 합니다. 그곳에서 르네상스를 탄생시킨 시대는 어땠는지, 르네상스를 꽃피운 천재들은 어떤 생각과 고민을 가지고 예술을 창조했는지, 그렇게 창조된 예술에서는 어떤 아름다움이 숨어 있는지를 발견할 수 있을 겁니다. 그리고 그 발견에 따라, 우리가 커피의 향을 풍부하게 즐길 수 있는 것처럼 르네상스 예술 또한 깊이 있게 즐길 수 있게 될 것입니다.

차례

중세에서
르네상스로

르네상스 직전의 유럽,
십자군 전쟁

중세의 마지막, 십자군 전쟁

신과 인간, 천사와 악마, 그리고 천국과 지상 세계. 마치 판타지 동화 같았던 중세는 현실과 영적 세계의 경계가 뒤엉켜 있던 시대였습니다. 이러한 세계관은 거의 천 년 동안 유럽 사회를 지배했습니다. 그러다 중세의 종말을 알리듯 십자군 전쟁이 전 유럽을 휩쓸었고, 그 과정에서 르네상스라는 새로운 시대의 싹이 트기 시작했습니다.

고요했던 천 년의 중세를 깨고 갑자기 십자군 전쟁이 시작된 이유는 무엇일까요? 십자군 전쟁은 1095년 11월 27일 프랑스 중부의 도시 클레르몽에 있었던 교황의 연설에서 시작되었습니다. 당시 교황이었던 우르바누스 2세는 전 유럽의 고위 사제들과 제후들이 모인 가운데 공의회를 마치고 대중 앞에 모습을 드러냈습니다. 그가 대중 앞에서 했던 연설의 내용은 다음과 같습니다.

"가장 사랑하는 형제들이여! 여러분 모두 이미 소문을 통해 들었겠지만 이슬람인들이 우리의 형제들을 공격하여 서쪽 지중해 해안과 헬레스폰토스까지 이르는 영토를 침공했습니다. 그들은 그리스도인들의 땅을 계속 점령하고 있고 일곱 번의 전투에서 모두 그리스도인들을 이겼습니다. 그들은 우리의 형제들을 죽이고, 납치하며, 교회를 파괴하고, 이 땅을 황폐화시키고 있습니다. 만약 여러분들이 그들을 그대로 둔다면 더

작가 미상, 〈클레르몽에서 설교하는 우르바누스 2세〉, 1337년

15

많은 하느님의 신자들이 계속 공격받을 것입니다. … 그러므로 나, 아니 그 누구보다 주님께서 바라십니다. 그리스도의 전령인 여러분은 병사와 기사, 가난하고 부유한 사람을 막론하고 모두 동쪽으로 가서 그리스도인들을 돕고 그 사악한 종족을 멸망시켜야 합니다. 나는 여기에 있는 여러분들에게 지금 말하지만, 이는 여기 있지 아니한 자들에게도 마찬가지입니다. 이것은 내가 명하는 것이 아니라 신께서 명하시는 것입니다! … 신자들끼리 서로 싸우던 자들은 이제는 이교도들과 맞서 싸워 전쟁을 승리로 이끌 것입니다. 지금까지 강도였던 사람은 기사가 될 것입니다. 형제와 친척과 싸우던 자들은 이제 야만인들을 멸하는 의로운 싸움을 하게 될 것입니다. 적은 보수를 받던 용병들은 이제 영생의 보상을 얻게 될 것입니다!"

교황의 연설에 클레르몽에 모여 있던 사람들은 귀족과 평민 계급할 것 없이 모두 다음의 구호를 외치며 뜨겁게 응답했습니다.

"데우스 로 불트(Deus lo vult, 신께서 바라신다)!"

전쟁은 보통 왕의 선전포고로 시작되지만 십자군 전쟁은 다름 아닌 교황의 '설교'로 시작되었습니다. 그 자체만으로도 중세가 어떤 사회였는가를 충분히 보여줍니다.

그렇다면 신께서 바라는 전쟁은 무엇이었을까요? 십자군의 시작을 연 교황의 연설 내용은 요약하자면 '이슬람에 대한 공격을 시작하자'는 것이었습니다. 이 연설 이후 교황의 부름에 서유럽의 내로라하는 나라들, 즉 프랑스와 영국, 신성로마제국(독일), 그리고 여러 제후국의 왕과 귀족들이 중동으로 병력을 보내면서 십자군 전쟁은 시작되었습니다.

물론 교황이 아무 이유 없이 이슬람을 공격 좇자고 했던 것은 아닙니다. 연설 초반부에 나오듯이 이슬람교는 무함마드에 의해 7세기에 처음 등장한 이후 끊임없이 기독교인의 땅을 침략하고 있었습니다. 그 결과 이슬람 세력이 스페인과 포르투갈이 있는 이베리아 반도를 점령하고, 프랑스의 국경에까지 다다라 점점 기독교인들의 목을 조여 오고 있는 상황이었죠. 무엇보다 큰 문제는 이슬람인들이 기독교인들에게 이슬람으로 개종할 것을 강요했다는 점입니다. 만약 기독교인들이 개종을 거부할 경우 그들을 노예로 팔아 넘기거나 죽이기도 했습니다. 이는 종교가 삶의 전부였던 중세인들에게는 끔찍한 공포였죠. 그렇게 400년 가까이 이슬람의 공격을 받았던 기독교인들은 분노로 들끓고 있었습니다. 이슬람 침략에 대한 명분은 충분히 있었던 셈입니다.

그렇다면 십자군 전쟁을 이슬람의 침략에 대한 복수전이라고 봐야 할까요? 십자군 전쟁이 진행되는 과정을 보면 또 그렇지가 않습니다. 교황이 내세운 목표는 바로 '성도(The City of God)의 회복'이었기 때문입니다. 여기서 말하는 성도는 예루살렘입니다. 예루살렘은 신의 아들 예수 그리스도가 십자가에 못 박히고 부활한 도시였기 때문에 기독교인들에게는 가장 신성시되는 도시였습니다. 교황은 당시 이슬람인들이 차지하고 있던 이 예루살렘을 되찾는 것을 전쟁의 목표로 제시했습니다.

"거룩한 전쟁(Bellum Sacrum)"

그래서 기독교인들은 십자군 전쟁을 '거룩한 전쟁'이라고 불렀습니다. 시시콜콜한 복수라던가 정복이 아니라, 거룩한 전쟁을 일으켜 성도를 회복해야 한다는 것이죠.

교황은 왜 '성도를 되찾아야 한다'는 꿈을 좇는 듯한 목표를 내세웠던 것일까요? 차라리 동쪽의 금은보화를 차지하러 가자고 말하는 편이 더 효과적이지 않았을까요? 하지만 이는 다음과 같이 추측해 볼 수 있습니다. 종교적 판타지의 세계에 살았던 중세 사람들은 그런 꿈 같은 목표를 내세우지 않으면 애초에 움직이지 않는 사람들이었을 것이라고 말이죠.

십자군과 예루살렘

그렇게 십자군 전쟁을 떠난 기독교인들은 1차 원정에서 원하던 목적을 이룰 수 있었습니다. 십자군 원정대는 동쪽 기독교인들의 도시 콘스탄티노플에 집결한 뒤 예루살렘을 향해 진군했습니다. 그리고 3년 간의 전쟁 끝에 1099년 7월, 이슬람이 지금껏 점령하고 있었던 '성도' 예루살렘 탈환에 성공한 것입니다. 승리한 십자군은 자신들이 죽인 이슬람인들의 시체와 피로 가득한 예루살렘의 땅바닥에 엎드려 눈물을 흘렸다고 합니다. 이것이 '거룩한 전쟁'의 결과였습니다. 신께서는 과연 기뻐하셨을까요?

하지만 십자군 원정은 1차의 성공에서 끝나지 않고 이후 계속 이어지게 됩니다. 총 8차에 걸쳐 무려 200년 동안이나 진행되었는데, 그 이유는 이슬람의 반격이 시작되었기 때문입니다. 여덟 차례에 걸쳐 일어난 십자군을 정리하면 아래와 같습니다.

1차(1096 - 1099) – 교황 우르바누스 2세가 시작, 예루살렘 정복 성공

2차(1147 - 1150) – 이슬람의 반격, 예루살렘을 다시 빼앗김

3차(1189 - 1192) – 사자심왕 리처드의 십자군과 살라딘의 대결

4차(1202 - 1204) – 콘스탄티노플 함락

5차(1217 - 1221) – 현지 잔존 병력의 십자군

작가 미상, 〈예루살렘 성벽을 포위한 1차 십자군〉, 13세기경

6차(1228 - 1229) – 프리드리히 2세의 십자군, 예루살렘 공동 통치에 합의

7차(1248 - 1254) – 성왕 루이 9세의 첫 번째 십자군

8차(1270) – 성왕 루이 9세의 두 번째 십자군

이처럼 기독교인들과 이슬람인들은 성도 예루살렘을 뺏고 빼앗기고를 반복하며 200년간 지리한 공방을 이어 나갔습니다. 이것이 바로 르네상스가 깨어나기 직전, 중세 말의 모습이었습니다.

그런데 아이러니하게도 이처럼 맹목적이고 종교적이었던 십자군 전쟁의 진행 과정에서 르네상스가 깨어나며 유럽은 근대로 진입하게 됩니다. 십자군을 일으켜 기독교를 부흥시키고 교황의 권위를 더 강화하기를 기대했던 우르바누스 2세는 이 전쟁이 중세 질서를 무너뜨리고, 훗날 르네상스의 출발점이 될 것이라고는 상상조차 하지 못했을 겁니다.

콘스탄티노플 함락,
피어나는 르네상스의 불씨

피어나는 르네상스의 불씨

십자군 전쟁은 역사에서 가장 종교색이 강한 '신의 전쟁'이었습니다. 그런데 아이러니하게도 정반대의 '인간의 르네상스'를 탄생시키는 계기가 되었죠. 그렇다면 십자군 전쟁의 무엇이 르네상스를 탄생시킨 것일까요?

8차에 걸친 십자군 전쟁 중 처음으로 르네상스의 불꽃이 일어나기 시작한 것은 4차 십자군 때였습니다. 재미있는 점은 4차 십자군은 최악의 십자군 원정으로 알려져 있으며, 기독교인들 스스로도 부끄러워할 만큼 엉망진창이었다는 것입니다.

4차 십자군과 베네치아 공화국

4차 십자군이 엉망진창으로 진행된 이유는 무역국이었던 베네치아 공화국이 개입했기 때문입니다. 십자군 원정은 주로 프랑스와 영국, 독일 같은 서유럽의 내륙국들이 중심을 이루었지만, 4차에서는 특이하게도 베네치아 공화국이 합류했습니다. 베네치아가 4차 십자군에 합류한 이유는 십자군이 대규모 선단을 필요로 했기 때문입니다.

초기 십자군은 육로를 이용해 중동을 침략했지만, 경험이 쌓이면서 중동의 사막을 가로지를 경우 습격의 위험이 크다는 점을 배우게 되었습니다. 때문에 3차 십자군 이후로는 배를 타고 이동하는 것을 기본 원칙으로 삼았습니다. 4차 십자군도 마찬가지로 대규모 선단을 필요로 했는데, 당시 베네치아는 지중해의 항구도시 중에서 배 건조 능력이 가장 뛰어났습니다. 이에 자연스럽게 십자군에 참여하게 된 것이죠. 하지만 결과적으로 '장사꾼의 나라'였던 베네치아가 순수한 목적의 '종교 전쟁'에 합류하게 된 것이 결국 나중에 화를 불러일으키게 됩니다.

어쨌든 당시 베네치아 공국의 도제(베네치아의 최고 지도자 호칭) 단돌로는 교황의 요청에 따라 4차 십자군을 위한 대규모 선단을 구축하기 시작했습니다. 베네치아는 이후 1년 동안 모든 국력을 동원해 선박을 건조하여 4차 십자군에 합류하게 됩니다.

베네치아의 은화. 베네치아 공화국의 원수 엔리코 단돌로(왼쪽)와 베네치아의 수호성인 성 마가(오른쪽)

돈 문제

1202년, 당시 교황이었던 인노켄티우스 3세의 명에 따라 유럽의 제후들과 기사들은 베네치아로 속속 모여들기 시작했습니다. 번쩍거리는 새 갑옷으로 무장한 유럽의 기사들, 그리고 그 앞에 총 200척에 달하는 최고급 선단이 지중해의 찬란한 햇살을 받으며 떠 있는 풍경은 아마 이슬람 사람들이 봐도 아름답다고 했을 것입니다. 그렇게 4차 십자군은 떠날 준비를 모두 마쳤습니다. 베네치아의 수장 단돌로도 고령의 나이였지만 원정을 돕기 위해 직접 배에 승선해 십자군에 참여하기로 했죠.

그런데 막상 출발하려고 보니 문제가 하나 생겼습니다. 바로 돈이었습니다. 원래 계획은 베네치아 측에서 자비로 대규모 선단을 미리 만들어

작가 미상, 〈중국에서 베네치아로 다시 돌아온 마르코 폴로〉, 15세기경

놓으면 4차 십자군에 참여하기로 한 제후들이 돈을 모아서 베네치아에게 지불하는 것이었습니다. 일종의 '후불제'였던 셈이죠. 그런데 막상 돈을 모아보니 액수가 턱없이 부족했습니다. 돈을 얼마 못 가져온 제후들도 있었고 개인 사정 때문에 십자군에 참여하지 않은 제후들도 많았기 때문입니다. 결국 있는 돈을 다 긁어모았지만 베네치아에게 지불해야 할 비용 중 절반도 채워지지 않았습니다.

베네치아를 대표하는 입장이었던 도제 단돌로는 난처한 처지에 놓이게 되었습니다. 국력을 총동원해서 지난 1년간 선박을 모두 만들었는데 갑자기 4차 십자군 지휘부 측에서 돈이 없다고 했기 때문입니다. 결국 단돌로는 출정 거부를 선언했습니다. 허겁지겁 교황이 중재를 시도했지만 소용이 없었습니다. 장사꾼의 나라로 유명한 베네치아 사람들은 아무리 '신의 대리인'인 교황이 부탁한다고 해도 돈 문제만큼은 손해 보지 않으려 했던 것입니다.

비극의 시작

여기서 비극이 시작됩니다. 4차 십자군은 출발하지도 못한 채 한동안 베네치아 항구에 발이 묶이게 되었습니다. 아마 번쩍번쩍 빛나는 갑옷을 입은 화려한 십자군의 기사들은 망연자실한 눈빛으로 항구에 도란도란 모여 앉아 있었을 테죠. 이때 눈치를 보던 단돌로가 한 가지를 제안합니다. 가까운 곳에 '자라'라는 도시가 있는데 이 도시 사람들이 전부터 베네치아의 무역을 계속 방해해 왔으니, 십자군이 이곳을 정복해서 베네치아에 넘겨준다면 모자란 배 값의 절반을 탕감해 주겠다고 한 것입니다.

이는 사실 상당히 난처한 제안이었습니다. 빚의 절반이나 탕감해 준다니 구미가 당기기는 했겠지만 자라는 분명 같은 '기독교인들의 도시'였기 때문입니다. 십자군은 어디까지나 이슬람을 공격하고 성도를 탈환하기 위해 모인 신성한 군대였습니다. 그런 십자군에게 같은 기독교인들의 도시를 공격하라는 건 말이 되지 않는 요구였습니다. 하지만 한편으로는 전 유럽에서 모인 십자군 기사들이 출발조차 못 하고 항구에 앉아 있으니 상당히 고민되었을 것입니다.

고민 끝에 4차 십자군의 수뇌부는 결국 자라를 공격하기로 결정했습니다. 어쩌면 작은 도시니까 그 정도는 신께서 눈감아주실 거라고 생각했는지도 모릅니다. 이렇게 성도를 탈환하기 위해 결성된 신의 군대는 같은 기독교인들을 공격하는 것으로 원정을 시작하게 됩니다. 곧 십자군은 어렵지 않게 자라 정복에 성공했습니다. 하지만 전쟁 과정에서 자라에 살던 많은 기독교인들이 같은 기독교인 병사들에 의해 죽임을 당하고 맙니다. 엉망진창 원정은 그렇게 시작되었습니다. 문제는 그 혼란이 여기서 끝나지 않았다는 것이죠.

콘스탄티노플에서 온 편지

자라 정복은 성공했지만 4차 십자군은 여전히 배 값을 전부 지불하지 못했습니다. 여우 같은 단돌로가 자라를 정복해 주면 '절반'만 탕감해 주겠다고 했을 뿐, '전부'를 탕감해 주겠다고는 말하지 않았기 때문입니다. 그런데 이때 우연인지 필연인지 편지 한 장이 십자군 수뇌부로 도착합니다. 동로마제국의 수도 콘스탄티노플에서 황태자 알렉시오스가 보낸 편지였습니다.

편지의 내용을 요약하면 다음과 같습니다. '현재 삼촌이 반란을 일으켜서 아버지의 왕위를 빼앗았다. 그리고 아버지는 끔찍하게도 두 눈이 뽑힌 채로 지하 감옥에 감금되어 있다. 십자군이 얼른 와서 반란을 진압해 주고 반역자 삼촌을 무찔러 달라. 그리고 적통 황제인 우리 아버지를 구출해 달라. 마침 십자군이 돈이 없어서 딱하다는 소문을 들었는데 만약 반란을 진압해 준다면 우리 동로마제국이 배 값 전부를 지불해 주겠다. 그리고 추가로 배 값의 두 배가 넘는 20만 마르크 금화를 보상으로 주고 거기에 더해 십자군에 참여할 병력과 말도 제공해 주겠다'는 내용이었습니다.

십자군 수뇌부는 더 큰 혼란에 빠지게 됩니다. 자라 점령 때는 눈 감고 딱 한 번 나쁜 짓을 한 느낌이었지만 이번에는 차원이 다른 문제였습니다. 자라는 작은 기독교 도시였던 반면, 콘스탄티노플은 동쪽에서 가장 큰 기독교인들의 도시였기 때문입니다. 1차 십자군 당시 최종 집결지가 콘스탄티노플이었을 만큼 이 도시는 기독교인들에게 상징적인 곳이었습니다. 그런데 '신의 군대'가 동쪽에서 가장 큰 '신의 도시'를 공격한다니, 기독교인이라면 도무지 납득할 수 없는 상황이었습니다. 그래서 자라 때와는 달리 십자군 수뇌부 내에서 상당한 의견다툼이 있었다고 합니다. 심지어 일부 십자군 기사들은 화를 내며 아예 짐을 싸서 고향으로 돌아가 버리기도 했습니다.

하지만 십자군 수뇌부 입장에서는 여전히 고민이 될 수밖에 없었습니다. 베네치아에게 진 빚이 절반이나 남아 있는데 돈을 갚을 길이 없었기 때문입니다. 게다가 그 돈 때문에 4차 십자군은 본격적인 출발도 하지 못한 상태였습니다.

그렇게 수뇌부가 고민하는 와중에, 다시 한번 베네치아의 단돌로가 나섰습니다. '베네치아 공화국은 공격에 찬성이다. 비록 기독교인들의 도시이기는 하지만 반란군 진압이라는 분명한 대의명분이 있다. 무엇보다 나도 빨리 원정을 떠나고 싶은데 그깟 빚 때문에 지금 우리 신성한 십자군들이 떠나지도 못하고 있지 않느냐? 그러니 빨리 동로마제국의 황제와 황태자를 구출하고 돈도 받고 십자군 원정을 시작하자'라고 주장한 것이죠.

단돌로가 진심으로 십자군 원정을 빨리 떠나 '성도 탈환'을 이루고 싶었던 것인지 아니면 빚쟁이의 사탕발림이었는지는 알 수 없습니다. 어쨌든 당시 50대 50으로 팽팽했던 찬반 의견은 단돌로의 개입으로 추가 급격하게 기울게 됩니다. 결국 4차 십자군은 동쪽에서 가장 큰 기독교의 도시, 지금까지 이슬람의 공격에도 꿋꿋하게 버텨왔던 콘스탄티노플을 공격하기로 결정했습니다.

콘스탄티노플 대약탈

콘스탄티노플은 4세기에 로마인들이 야만족의 침입에 대항하기 위해 방어를 목적으로 세운 도시였습니다. 규모도 동쪽에서는 가장 큰 도시였으니 십자군의 역량을 총동원한다고 해도 결코 쉽게 점령할 수 있는 곳이 아니었죠. 때문에 십자군이 총공격을 시작했음에도 콘스탄티노플은 쉽게 함락되지 않았습니다. 그렇게 공방전은 열 달에 걸쳐 지루하게 진행됩니다.

십자군의 끈질긴 공격 끝에 결국 콘스탄티노플은 함락되었습니다. 그런데 이 과정에서 악의 꽃이 피어나기 시작합니다. 기나긴 공방전에서 서로 죽고 죽이다 보니 십자군 병사들의 마음속에 콘스탄티노플 방어군에 대한 증오의 감정이 싹트기 시작한 것입니다.

여기에 더해 십자군에게 편지를 보냈던 황태자 알렉시오스와 지하에 갇혀 있던 황제가 전쟁 중에 암살을 당하고 맙니다. 십자군 입장에서는 그토록 고생하며 싸웠지만 계약의 당사자가 죽어버렸으니, 20만 마르크 금화를 과연 받을 수 있을까 하는 초조한 마음까지 생겼습니다.

결국 여러 상황이 겹치며 십자군은 통제에서 벗어나 폭주하기 시작했습니다. 콘스탄티노플을 점령한 뒤, 십자군 병사들은 같은 기독교인을 상대로 악랄한 복수와 약탈을 자행했죠. 이미 복수심과 탐욕에 사로잡힌 십

다비드 오베르, 〈콘스탄티노플을 점령하는 십자군〉, 15세기

자군 수뇌부와 병사들에게 교황의 파문 경고 따위는 더 이상 위협이 되지 않았던 모양입니다. 이 약탈에 대한 한 역사가의 기록이 있습니다.

"3일 동안 그들은 고대 야만족들조차 깜짝 놀랄 만큼 엄청난 규모의 살인, 강간, 약탈, 파괴를 자행했습니다. 십자군에게 콘스탄티노플은 고대와 비잔틴 미술을 전시하는 박물관이자 약탈의 백화점으로 전락했습니다. 그나마 베네치아인들은 약탈한 예술품에 대해 높이 평가하고 대부분을 보존했지만, 다른 십자군은 무차별적으로 예술품들을 파괴했습니다. 그들이 파괴를 하지 않을 때는 잠시 기분전환을 위해 포도주를 마시거나, 수녀들을 강간하거나, 성직자들을 살해할 때 뿐이었습니다.
그들은 하기야 소피아 성당의 은 성상과 이콘화, 성서를 파괴하고, 교회의 성스러운 그릇에 포도주를 마시면서 같이 놀던 창녀를 교회 대주교의 권좌에 앉히고 놀았습니다. 수 세기에 걸쳐 있던 서쪽 기독교인들과 동쪽 기독교인들의 갈등은 콘스탄티노플의 정복, 그리고 끔찍한 학살로 인해 그 정점을 찍었습니다. 콘스탄티노플에 살던 기독교도들은 한탄할 뿐이었습니다. 차라리 이슬람인들이 도시를 점령했다면 이토록 잔인하지는 않았을 것이라고.”

차라리 이슬람인에게 당하는 게 나았을 것이라고 울분을 토하는 마지막 문장이 인상 깊습니다. 이때 십자군이 콘스탄티노플에서 약탈한 총금액은 약 90만 마르크 금화에 이른다고 합니다. 이중 단돌로를 중심으로 한 베네치아인들이 15만 마르크를, 십자군은 5만 마르크를 받았다고 공식적으로 알려져 있습니다. 나머지 수십만 마르크의 금화는 아마도 십자군 병사들이 약탈하면서 챙겼을 것으로 추정됩니다.

약탈을 마친 4차 십자군은 이후 어떻게 되었을까요? 같은 기독교인들을 살해하고 약탈하며 돈도 두둑하게 챙긴 십자군들은 누가 먼저랄 것도 없이 모두 사라져 버렸습니다. 스스로도 부끄러웠는지 먼지처럼 흩어진 것입니다. 이렇게 4차 십자군은 십자군 역사상 최악의 원정이라는 평가를 받으며 허무하게 끝납니다.

르네상스의 불씨

이처럼 4차 십자군은 콘스탄티노플의 끔찍한 파괴와 약탈로 끝을 맺었습니다. 동시에 서양사에서 손에 꼽히는 도시 파괴의 사례로 남았습니다. 그런데 아이러니하게도 이 대규모 약탈과 파괴의 과정에서 르네상스의 불씨가 피어났습니다. 이게 어떻게 된 일일까요?

우선 콘스탄티노플에 잠자고 있던 수많은 고대 그리스 로마의 예술품들이 십자군에 의해 약탈되어 서방으로 이동하게 됩니다. 콘스탄티노플은 동방에서도 가장 역사가 깊은 대도시였던 만큼 많은 양의 그리스 로마 예술품들이 남아 있었습니다. 십자군 병사들은 주로 예술품 파괴에 몰두했지만, 단돌로는 차근차근 작품들을 약탈한 후 베네치아로 가지고 갔던 것이죠. 이때 약탈되어 서쪽으로 이동되었던 작품 중 하나가 바로 로마제국 시기에 콘스탄티노플 대경기장을 장식하던 〈승리의 마차〉입니다. 이 작품은 지금도 베네치아의 산 마르코 대성당에 가면 입구를 장식하고 있는 복제품으로 볼 수 있습니다. 아마 유럽의 기독교인들은 약탈되어 넘어온 고대 그리스 로마의 예술품들을 처음 보면서 '우리 선조들이 이런 것도 만들었었나' 하며 충격을 받았을 것입니다. 딱딱한 중세의 예술과는 비교하기 어려운 높은 수준이었으니까요. 이런 예술품들이 바로 이후 르네상스 예술의 씨앗이 됩니다.

또 한 가지 원인으로는 콘스탄티노플이 파괴되면서 당시 도시 안에 살고 있던 수많은 학자, 예술가, 지식인들이 서쪽으로 피난을 오게 된 것입니다. 이들은 나폴리, 피렌체, 베네치아 같은 서방 대도시에 자리를 잡았습니다. 그리고 무엇보다 중요한 점은 이 학자들이 중세에 오랫동안 잊혔던 고대 그리스와 로마의 철학, 과학, 문학 작품의 사본들을 함께 가지고 왔다는 것입니다. '새로운 지식'이 전쟁 통에 지중해를 건너온 것이죠.

그 효과는 바로 나타납니다. 정확히 20년 뒤, 다음 장의 주인공인 프리드리히 2세는 이 사본들을 바탕으로 1224년에 나폴리 대학교를 설립했습니다. 신학을 주로 가르쳤던 중세의 다른 대학과는 달리 로마법, 윤리학, 수사학, 아리스토텔레스의 철학까지 가르치는 최초의 '국립 세속 대학'이 생긴 것이죠.

이렇게 새로운 지식의 이동은 기독교 세계관에 갇혀 있던 유럽 사람들의 생각을 조금씩 깨우게 됩니다. 천 년 동안 잠들어 있던 고대 로마의 인본주의가 다시 조금씩 서유럽에 재이식되기 시작한 것입니다.

콘스탄티노플 대경기장을 장식하던 〈승리의 마차〉

산 마르코 대성당 입구의 장식

1204년 4월 13일, 콘스탄티노플이 파괴되던 그날, 악랄하게 도시를 파괴하고 주민들을 살해하던 4차 십자군의 병사들은 자신들이 르네상스의 불씨를 피울 거라고는 상상조차 하지 못했을 것입니다. 그들은 자신이 신성한 신의 군대 소속이라는 것도 잊은 채 그저 약탈, 강간, 폭력을 통한 순간의 쾌락을 즐겼을 뿐이었죠. 하지만 결과적으로 이 행위가 르네상스의 불씨가 되었습니다.

역사가 매번 이런 식으로 흘러가니 인간사를 '우연의 연속'으로 봐야 할지 아니면 '역사적 필연'으로 봐야 할지 고민하게 되는 것 아닐까요? 어쨌든 르네상스의 불꽃은 이렇게 콘스탄티노플의 폐허 위에서 피어오르기 시작했습니다.

최초의 르네상스인,
프리드리히 2세

식어가는 십자군의 열기, 식어가는 중세

4차 십자군은 엉망진창으로 허무하게 끝났지만 당시 교황이었던 호노리우스 3세는 다시 5차 십자군을 일으킵니다. 성도가 여전히 이슬람의 손에 있었기 때문입니다. 하지만 어쩐 일인지 이번에는 유럽의 왕과 귀족들이 교황의 부름에도 좀처럼 나서려고 하지 않았다고 합니다. 영국왕과 프랑스왕 모두 자신의 영토를 지키느라 어쩔 수 없다고 핑계를 댔죠. 사실 십자군은 자발적으로 참여하는 형태였기 때문에 본인들이 나서지 않으면 교황도 강요할 방법은 없었습니다. 결국 교황은 브리엔이라는 귀족을 앞세워 소규모로 5차 십자군을 일으켰습니다. 그러나 원정에 나섰던 십자군은 오히려 이슬람인들에게 붙잡혔다가 간신히 목숨만 건진 채 돌아올 수 있었습니다. 4차 십자군의 악명 때문인지 십자군 원정에 대한 유럽인들의 열망은 어쩐지 점점 시들어가고 있었죠.

하지만 십자군에 대한 열망이 식어가는 중에도 교황청은 여전히 '성도 탈환'의 꿈을 버리지 못했습니다. 어쩌면 교황은 십자군 원정이야말로 흩어진 유럽인들을 하나로 결속시키고 더 강대한 기독교 제국으로 이끌 유일한 방법이라고 생각했는지도 모르겠습니다.

결국 교황은 다시 한번 6차 십자군을 계획합니다. 교황이 6차 십자군을 이끌 지휘관으로 눈여겨보고 있던 인물은 당시 신성로마제국의 젊은 황제였던 프리드리히 2세였습니다.

작가 미상, 〈프리드리히 2세와 그의 매〉, 13세기 후반

이 프리드리히 2세가 바로 역사에서 '최초의 르네상스인'이라는 평가를 받는 인물입니다. 최초의 르네상스인은 예술가나 사상가였을 것이라고 생각하기 쉽지만 사실은 황제였던 것입니다. 어떻게 신성로마제국의 황제가 최초의 르네상스인이라는 평가를 받게 된 것일까요?

6차 십자군

교황이 프리드리히를 6차 십자군의 총지휘관으로 지목한 데에는 사실 이유가 있었습니다. 우선 프리드리히는 과거에 십자군 원정을 떠나겠다고 대주교 앞에서 스스로 서약한 적이 있었습니다. 당시 그는 정치적으로도 교황에게 협조적일 필요가 있었죠. 프리드리히는 핏줄로만 보면 할아버지와 아버지를 잇는 신성로마제국 황제의 적통이었지만, 아버지가 사망한 후 반대 세력이 등장하면서 황제 자리를 완전히 굳히지 못한 상황이었기 때문입니다. 이런 상황에서 교황의 지지를 받는 것은 정치적으로 중요한 의미가 있었습니다. 이런 전후 사정을 알고 있던 교황은 프리드리히에게 제안했습니다. 만약 6차 십자군을 조직해서 원정을 떠나 준다면 자신이 직접 황제 대관식을 치러주겠다고 말이죠.

교황과 젊은 황제의 거래는 성사되었습니다. 1220년, 교황은 약속대로 대관식을 치러주었고 새롭게 즉위한 프리드리히 2세는 그 대가로 원정을 떠나기로 했습니다. 그런데 프리드리히는 어쩐 일인지 십자군 원정을 계속 미룹니다. 그는 교황이 십자군 원정을 떠나기를 재촉할 때마다 편지를 보내서 '병력을 더 모아야 한다. 대관식을 치렀다 해도 여전히 국내 정세가 불안하다'와 같은 이런저런 핑계를 대며 원정을 미루었습니다.

그 속마음을 확실히 알 수는 없지만 프리드리히는 내심 십자군 원정이 가고 싶지 않았던 모양입니다. 그도 중세를 살아가는 신앙인이었을 텐데 왜 원정을 꺼려했던 것일까요? 그 이유에 대해서는 잠시 후에 살펴보기로 하죠. 그렇게 원정을 미룬 지 자그마치 7년이 지났습니다. 그 사이에 십자군이 출발하기를 목이 빠지게 기다렸던 교황 호노리우스 3세가 그만 사망하고 맙니다. 그의 나이가 많았던 탓도 있겠지만, 아마 프리드리히가 뭉그적거리는 데에 울화통이 터졌던 것도 그의 죽음에 한몫 했을 것입니다.

프리드리히 2세 vs 그레고리오 9세

그다음으로 선출된 교황은 그레고리오 9세였습니다. 새 교황은 전임 교황과 달리 불처럼 뜨거운 성격으로 유명했습니다. 그는 취임하자마자 다짜고짜 선임 교황과의 약속을 지키라며 프리드리히를 압박하기 시작했습니다. 당시 교황이 가진 최고의 카드는 '파문'이었는데 더 이상 십자군 원정을 미루면 파문해 버리겠다고 으름장을 놓은 것입니다. 이번에는 프리드리히도 눈치가 보였는지 드디어 원정을 떠나기로 결심합니다. 그렇게 1227년 8월, 성모승천일인 15일을 출발일로 잡은 프리드리히는 드디어 6차 십자군 원정을 떠나게 됩니다.

그런데 무슨 우연인지 원정길에 오르자마자 갑자기 병사들 사이에서 전염병이 돌기 시작했습니다. 아무래도 8월의 더운 날씨 때문이었던 모양인데, 프리드리히도 병이 옮았는지 몸이 좋지 않았다고 합니다. 이에 일단 회군하기로 결정했는데, 문제는 프리드리히의 태도였습니다. 몸을 회복한다는 핑계로 나폴리에 있는 온천에 가서 뜨끈하게 몸을 지지기 시작했던 것입니다.

이 소식을 들은 교황은 격노했습니다. 7년을 끌다가 겨우 출발했는데, 온천에서 뜨끈하게 몸이나 지지고 있다고 하니 말이죠. 교황은 프리드리히가 십자군 원정이 가기 싫어 꾀병을 부리고 있다고 생각했습니다. 전임 교황 시절 원정을 장기간 미뤘던 전적이 있으니 그렇게 오해하는 것도 무리는 아닙니다. 문제는 화가 머리 꼭대기까지 난 다혈질 교황이 정말로 프리드리히를 '파문'해 버렸다는 것입니다.

파문

파문은 기독교 사회였던 중세에 교황이 내릴 수 있는 최고의 형벌이었습니다. 파문은 영어로 'Excommunication'이라고 하는데, 말 그대로 한 개인을 기독교 사회에서 다른 사람들과의 소통과 교류로부터 완전히 배제하는 것을 의미합니다. 기독교가 전부였던 중세에서 이 처분은 사실상 '사회적 사망'을 선고하는 것이나 다름없었습니다.

역사에는 '카노사의 굴욕'으로 알려진 유명한 사건이 있습니다. 이 사건은 1077년에 신성로마제국 황제 하인리히 4세가 교황에 의해 파문을 당하자, 1월의 추운 겨울날 허름한 옷 한 벌을 입고 3일 동안 교황에게 싹

작가 미상, 〈교황에게 파문당하는 프리드리히 2세〉, 14–15세기경

싹 빌면서 파문을 풀어달라고 요청한 사건입니다. 다른 사람도 아니고 유럽 최고의 권력자인 황제가, 누더기 같은 옷 한 벌을 입고 추운 겨울날 손을 불어가며 교황에게 빌다니. 그만큼 중세의 파문은 세속 권력의 정점인 황제조차 두려워하는 처분이었습니다.

그로부터 한 세기 반이 지났지만, 세상은 여전히 기독교 중심의 시대였습니다. 그런데 프리드리히는 도대체 무슨 생각이었는지 파문을 당하자마자 교황에게 편지 한 장을 보냈습니다.

"유소년 시절의 나를 도와준 게 로마 교황이라 했는데 내가 유소년기를 보낸 시칠리아는 교황이 철저히 무관심했던 곳이라 제후들이 마음대로 행동하는 바람에 시칠리아 왕국 전체가 무정부 상태로 변했습니다. 또 내가 성인이 되는 과정이나 성인이 된 뒤에도 신성로마제국의 제위를 작센공 오토(반대 세력)에게 준 사람이 바로 로마 교황이 아니었습니까. 이래도 내가 지금의 지위에 오른 것이 교황 덕분입니까, 아니면 힘든 시기임에도 불구하고 내게 조력을 아끼지 않았던 이탈리아와 독일의 제후 덕분입니까?"

편지의 내용을 보면 프리드리히는 감히 교황에게 대들고 있습니다. 교황은 처음 겪어보는 일에 황당했을 겁니다.

프리드리히는 자신의 병사들에게도 편지를 보냈습니다. 자신이 파문당했다는 소식을 들으면 병사들이 동요할까 봐 걱정되었기 때문입니다.

"우리가 신뢰했던 그리스도의 대리인이자 성 베드로의 후계자인 교황께서 우리에게 이처럼 사악하고 불합리하게 행동하시며, 우리에 대한 증오를 일으키기 위해 그토록 헌신하는 것처럼 보일 때, 무고한 우리에 대한 이런 사나운 투쟁이 진행되고 있다는 사실에 그 누구인들 마음이 괴롭지 않으며, 그 누구인들 놀라지 않겠는가?"

그런데 내용이 심상치 않습니다. 아무리 억울해도 그렇지 병사들에게 보내는 편지에 감히 교황을 두고 '사악하고 불합리하게 행동한다'라고 표현하다니요. 프리드리히는 확실히 중세의 평범한 군주들과는 어딘가 생각하는 게 달랐습니다.

두 번째 파문

교황은 황당했을 것입니다. 지금까지 모든 유럽의 왕과 제후들은 파문이라는 이야기만 나와도 벌벌 떨었는데, 이 젊은 황제는 도대체 무슨 생각인지 꿈쩍도 하지 않았으니까요.

얼마 뒤 교황청에서 또 한 번의 파문 공고가 올라왔습니다. 프리드리히를 '재파문'한다는 공고였습니다. 한 번 더 파문당한다고 해서 특별히 달라질 건 없지만 '건방진 편지'에 대한 벌로 재파문을 내린 것입니다. 그렇게 하면 혹시라도 프리드리히가 정신을 차릴 거라고 생각하지 않았을까요? 하지만 두 번째 파문에도 프리드리히는 변함없었습니다.

그렇게 두 번의 파문을 당한 프리드리히에게는 사실상 십자군을 떠날 명분이 이제는 없었습니다. 십자군은 교황의 명에 의해 떠나는 것인데 교황으로부터 버림받았기 때문입니다.

그런데 프리드리히는 또다시 예상 밖의 행보를 보입니다. 멋대로 혼자서 6차 십자군 원정을 떠난 것입니다. 교황은 다시 한번 당황했을 것입니다. 그의 생각에 두 번씩이나 파문을 당했으면 당연히 먼저 찾아와서 무릎을 꿇고 빌어서 파문을 철회한 다음, 교황의 축복을 받고 십자군을 떠나야 순서가 맞는 것이었을 테니까요. 이런 측면에서 프리드리히의 6차 원정은 교황을 무시한 것이나 다름없었습니다. 가뜩이나 성격이 불 같았던 교황은 아마 뒷목이 아파오기 시작했을 것입니다.

그렇게 프리드리히 2세가 병사들과 함께 중동으로 가는 배에 올라서며 우여곡절 끝에 6차 십자군이 시작되었습니다. 그런데 중동 땅에 도착한 황제 프리드리히는 지금까지의 십자군과는 전혀 다른 모습을 보여주게 됩니다.

체스 게임

예루살렘 위쪽에 위치한 항구 도시 야파, 지휘관의 천막에는 6차 십자군의 최고 지도자 프리드리히 2세와 이슬람의 사신 파라딘이 마주 보고 있었습니다. 양 세력을 대변하는 두 인물은 지금 무엇을 하고 있는 걸까요. 전쟁을 시작하기 전에 일단 서로의 전력을 탐색해 보려고 했던 것일까요?

아니었습니다. 두 사람은 체스를 두고 있었습니다. 여전히 이슬람 세력과 기독교 세력은 하루가 멀다 하고 서로 으르렁 거리는 상태였지만, 프리드리히의 천막 안에서만큼은 훈훈한 온기가 감돌고 있었습니다. 심지어 농담을 섞어가며 여유롭게 나눈 둘의 대화는 독일어가 아닌 아랍어로 진행되었습니다. 어릴 적부터 공부를 좋아했던 프리드리히는 6개 국어에 능통했는데 아랍어 또한 유창하게 구사할 수 있었기 때문입니다.

그런데 잘 생각해 보면 프리드리히가 아무리 아랍어를 잘 구사한다 한들 그는 일개 병사가 아니라 신성로마제국의 황제이자 6차 십자군의 총지휘관이었습니다. 그런 위치의 인물이 적군의 언어로 대화를 나누는 것은 전혀 격에 맞는 태도가 아닙니다. 기독교 측 입장에서 보면 프리드리히는 지금 '사악한 종족들'이 쓰는 언어를 쓰고 있는 셈이죠.

두 사람은 체스를 두면서 십자군과 이슬람의 현재 상황에 관한 대화도

조반니 빌라니, 〈술탄 알 카밀과 대화하는 프리드리히 2세〉, 14세기

나누었습니다. 6차 십자군 원정의 핵심 쟁점은 여전히 성도 예루살렘이었습니다. 정확한 기록은 남아 있지 않지만 프리드리히 2세는 아마 이렇게 주장했을 것입니다. '나도 안타깝지만 우리 기독교인들의 생각이 너무 완고하다. 기독교 측 사람들은 신의 아들 예수 그리스도가 부활한 예루살렘을 반드시 기독교인들이 통치해야 한다고 믿고 있는데, 아마 예루살렘이 이슬람의 손에 있는 한 성지 탈환을 위한 십자군은 계속 올 것이고 전쟁은 끝나지 않을 것이다' 하고 말이죠.

한편 이슬람을 대표하는 사신은 이에 맞서서 이렇게 말했을 겁니다. '무함마드가 예루살렘에서 천사를 만났다는 기록이 있으니 이곳은 우리에게 성지이기도 하다. 무엇보다 우리 입장에서 예루살렘은 1차 십자군 전까지만 해도 분명 이슬람이 통치 중이었는데 십자군이 와서 빼앗은 것 아니냐. 우리도 그냥 빼앗길 수만은 없다' 하고요.

르네상스인의 탄생

두 사람 중 누가 체스 게임에서 이겼는지는 알려져 있지 않습니다. 다만 사신이 돌아간 이후 프리드리히와 이슬람의 술탄 알 카밀은 본격적으로 협상을 시작했습니다. 협상 과정에서 나온 결과는 다음과 같습니다.

우선 성도 예루살렘은 기독교인과 이슬람이 공동 통치하기로 했습니다. 프리드리히를 명목상 예루살렘의 왕으로 이름만 걸어놓고, 실제 통치는 이슬람에게 맡기는 방식이었죠. 요즘으로 치면 '바지 사장'이라고 할 수 있는 불완전한 통치 방식이지만, 어쨌든 기독교 측이 명목상으로라도 통치하게 됐으니 '성지 탈환'은 표면적으로는 성공한 셈입니다.

프리드리히 2세는 군사력을 사용하지 않은 최초의 십자군 지휘관이었습니다. 그의 관심은 아마 성지 탈환에 있지 않았던 모양입니다. 불완전한 통치 방식이라도 불필요한 희생을 줄이고 평화롭게 공존할 수 있다면 못할 이유가 무엇이냐는 것입니다. 물론 단순한 협약만으로 예루살렘에 완전한 평화가 찾아오지는 않을 테지만, 프리드리히는 일단 그 길을 열어놓으려고 했습니다. 그렇게 오랜만에 예루살렘에 짧은 평화가 찾아오게 됩니다.

이 회담의 결과를 들은 교황은 격분했습니다. 사실 결과만 놓고 보면 프리드리히는 교황이 염원하던 성도 탈환을 협상으로 이루어냈습니다. 그러나 교황은 이를 인정하지 않았습니다. 그의 생각에 성도는 칼로 쟁취해야 할 대상이지, 대화로 얻을 수 있는 곳이 아니었기 때문입니다.

이런 교황의 생각을 프리드리히 또한 모르지 않았을 것입니다. 하지만 그는 교황의 명을 어기고 '멸망시켜야 할' 사악한 종족과의 공존을 시도했습니다. 중세에 교황의 명령은 곧 신의 명령이었습니다. 그런 신의 명령을 어긴 중세인, 바로 최초의 르네상스인이 탄생한 것입니다.

교황의 반격

한편 분노한 교황은 이번에는 직접 나서기로 결정했습니다. 다만 그의 분노는 이슬람이 아니라 프리드리히 쪽으로 향했습니다. 교황은 실패한 5차 십자군을 이끌었던 지휘관 브리엔을 다시 불러와 프리드리히의 본토 신성로마제국을 공격하도록 했습니다. 명분은 확실했습니다. 감히 교황의 명령에 불응하고, '사악한 종족' 이슬람과 계약을 맺은 프리드리히 2세를 파멸시켜야 한다는 것입니다.

이번에는 프리드리히도 당황했습니다. 자신은 아직 예루살렘에 있는데 본토를 공격당했으니 손쓸 방법이 없었던 것이죠. 게다가 브리엔이 본토를 공격하기 시작하자 영주들은 속속들이 성문을 개방하기 시작했습니다. 여전히 유럽에서 교황의 권위는 막강했기 때문에 영주들도 감히 교황을 등에 업은 군대와는 싸울 수 없었던 것입니다.

프리드리히는 급하게 중동을 떠나 고국으로 돌아왔습니다. 사실 그는 불필요한 전쟁을 피하려 했을 뿐 무능한 황제는 결코 아니었습니다. 프리드리히가 돌아오자마자 브리엔은 줄행랑을 치며 도망쳤고 교황의 군대는 그대로 해체되었습니다. 군사력이 없는 늙은 교황은 홀로 남아 할 수 있는 게 아무것도 없었죠.

화해의 키스

그렇게 고국으로 돌아온 프리드리히는 자신의 영토를 공격한 교황에게 복수했을까요? 프리드리히는 오히려 화병으로 몸져누워 있을 교황에게 계속 사람을 보내 화해의 뜻을 표했습니다. 하지만 여전히 분노가 켜켜이 쌓여 있는 교황은 프리드리히의 사신을 문전박대했죠. 그럼에도 프리드리히는 마치 고집 센 노인을 달래는 간호사라도 된 것처럼 그의 화를 풀어주려 노력했습니다. 그렇게 약 1년간 계속 사람을 보내자 교황의 화가 점점 누그러지고 있다는 소식이 들려왔습니다.

교황의 마음이 어느 정도 풀어졌다고 판단한 프리드리히는 그를 직접 만나기로 합니다. 결국 프리드리히가 교황의 거처에 직접 찾아가 그의 건강이 어떠한지 '확인'하는 방식으로 둘의 화해는 진행되었습니다. 아무래도 눈을 마주보기엔 어색한 사이였겠지만, 두 사람은 서로 어깨를 끌어안고 '화해의 키스'를 나누었습니다. 이후 교황과 황제는 만찬을 나누었고 당연히 두 번의 파문은 모두 철회되었습니다.

인간사의 현실을 보여주는 재미있는 장면입니다. 앙숙 같던 사이지만 힘의 추가 한쪽으로 확실히 기울자 결국 '키스'하는 것으로 마무리되었으니까요. 교황은 프리드리히와 어깨를 감싸안고 키스할 때 어떤 심정이었을까요? 늙은 나이에 굴욕적이라고 생각했을까요 아니면 그래도 골치 아픈 놈이랑 화해했으니 그것으로 다행이라고 생각했을까요? 어쨌든 이슬람뿐 아니라 교황과도 화해를 나눈 프리드리히 2세였습니다.

열린 사람

신의 명령에 저항한 최초의 르네상스인 프리드리히 2세. 그는 어떻게 꽉 막혀 있던 중세에 이런 '열린 마음'을 가질 수 있었을까요. 그의 어린 시절을 살펴보면 한 가지 힌트를 찾을 수 있습니다.

그는 우리나라로 치면 제주도에 해당하는 이탈리아의 남쪽 섬 시칠리아에서 어린 시절을 보냈습니다. 이 섬은 이슬람이 파죽지세로 몰아치던 9세기에 정복당했다가 11세기에 다시 기독교인들에 의해 해방된 곳입니다. 때문에 프리드리히가 시칠리아에서 자랄 때만 해도 여전히 많은 이슬람의 유적과 문화, 그리고 아직 시칠리아를 떠나지 못한 이슬람인들이 남아 있었습니다. 프리드리히가 아랍어에 능통했던 이유도 아마 이 때문일 듯합니다. 코 흘리던 어린 시절 왕궁을 나와 마을을 돌아다니던 프리드리히는 아랍인 친구들과 흙장난을 치며 자연스럽게 아랍어를 배웠을 것입니다. 이런 어린 시절의 경험 덕에 그는 남들과 달리 이슬람인들에 대한 편견이 없었던 것이 아닐까요. 자신과 함께 자란 그 아랍 소년들은 결코 '멸망시켜야 할 사악한 종족'이 아니라 우리와 똑같은 인간이며, 다만 우리와 다른 종교와 문화 가졌을 뿐이라는 생각을 했을 듯합니다.

또 한 가지는 그의 인문학적 소양입니다. 프리드리히는 어릴 적부터 유독 책을 좋아하는 소년으로 유명했습니다. 4차 십자군이 콘스탄티노플을 파괴했을 때, 콘스탄티노플의 예술품들과 함께 수많은 그리스 로마 및 아랍의 책들도 유럽으로 건너왔습니다.

프리드리히가 책에 관심을 가질 나이가 되었을 때에는 아마 이 책들이 유럽에 많이 풀려 있었을 것입니다. 책 읽기를 좋아했던 프리드리히에게 이 책들은 마치 금은보화가 쌓여 있는 것처럼 보이지 않았을까요. 프리드리히는 이 책들을 통해 중세적 사고의 한계에서 일찍부터 벗어나 그리스 로마의 '인본주의적' 사고 또한 배울 수 있었을 것입니다.

인문학적 소양

인문학에 대한 프리드리히의 관심은 그의 여러 행적에서 드러납니다. 프리드리히에 관한 재미있는 사실 중 하나는 그가 '새를 이용한 사냥 기술'이라는 제목의 논문을 작성했다는 것입니다. 그의 일생을 관통한 취미생활은 매사냥이었는데, 매사냥에 관한 정보를 체계적으로 정리한 일종의 과학 서적을 발행한 것이죠. 그래서인지 프리드리히를 묘사하는 그림이나 조각에서는 항상 매가 함께 있는 모습으로 표현되는 경우가 많습니다. 국정과 전쟁으로 바쁜 황제가 어떻게 시간을 내서 책을 썼는지 의문입니다. 모두들 성경을 연구하며 신의 뜻을 궁금해하던 그 시절에 마치 혼자 대학 졸업반이라도 되는 듯 열심히 논문을 썼다는 점이 재미있

새를 이용한 사냥 기술의 삽화 필사본, 14세기

습니다.

진위에 관한 논쟁은 있지만 프리드리히는 자신의 지적인 욕심을 만족시키기 위해 여러 가지 실험을 했던 것으로도 알려져 있습니다. 그중 하나는 '영혼이 빠져나가는 모습을 관찰하기'였습니다. 그는 사람이 죽을 때를 맞춰 잘 관찰하면 몸에서 영혼이 빠져나가는 모습을 볼 수 있지 않을까 생각했습니다. 그래서 죽을 때가 다 된 죄수를 통에 가두고, 통 위쪽에는 작은 구멍을 뚫어놓았습니다. 죄수가 죽으면 구멍으로 영혼이 빠져나가는 모습을 관찰할 수 있지 않을까 생각했던 것이죠.

또 다른 실험은 인간에게 언어를 가르치지 않으면 어떤 말을 쓸까 하는 것이었습니다. 그는 만약 갓 태어난 아이에게 말을 전혀 가르치지 않는다면, 아담과 하와가 쓰던 '고대 언어'를 자연스럽게 구사하지 않을까 생각했습니다. 현대인의 입장에서 보면 터무니없는 생각이지만, 중세의 기독교인들에게는 궁금증이 폭발할 만한 흥미로운 질문이었을 것입니다.

그 외에도 프리드리히는 혼자 과학, 수학 문제를 연구하다가 답이 나오지 않으면 당시 유럽이나 중동의 학자들에게 답을 구하는 편지를 보내기도 했습니다. 중세의 모든 사람들이 성경을 연구할 때, 프리드리히는 특이하게도 이렇게 혼자 학문을 연구했습니다. 여러모로 그는 최초의 르네상스인이라고 할 만한 인물이었습니다.

충돌 속에서 탄생한 최초의 르네상스인

중세인들에게는 괴짜처럼 보였을 '최초의 르네상스인' 프리드리히 2세의 등장은 그저 우연이었을까요?

기록에 따르면 프리드리히는 붉은 머리에 푸른 눈을 가졌고, 나이가 들면서 대머리가 되었다고 하니 아마 평범한 북유럽 백인 아저씨의 모습을 떠올리면 실제와 크게 다르지 않을 듯합니다. 이렇듯 외모는 전형적인 백인이었음에도 그는 어린 시절 갈색 피부의 이슬람 소년들과 흙장난을 치며 자랐습니다. 또한 청소년 시절에는 성경이 아닌 그리스 로마의 책들을 읽으며 생각의 폭을 키워 나갈 수 있었죠.

이는 프리드리히의 세대부터 세상이 이미 과거와 달라졌음을 보여줍니다. 십자군 전쟁을 통해 기독교인들과 이슬람인들이 서로 충돌하면서 세상에 거대한 균열이 나타나기 시작했다는 것이죠. 그리고 그 균열 속에서 탄생한 인간이 바로 프리드리히 2세였습니다.

프리드리히는 중세의 마지막을 상징하는 십자군의 지휘관인 동시에 인본주의의 시작을 상징하는 최초의 르네상스인이기도 합니다. 급변하는 시대의 중심에 서 있는 인물이라고 해야 할까요.

1세대

개척자들의 시대

피사의 조각가,
니콜라 피사노

프리드리히 2세의 건축

신성로마제국의 황제 프리드리히 2세는 상당히 큰 땅의 군주이기도 했습니다. 신성로마제국은 현대로 치면 독일 지역에 해당됩니다. 독일 주변 땅만 해도 상당하지만 거기에 더해 이탈리아 남부와 시칠리아섬까지 통치하고 있었습니다. 중세에는 전쟁이 잦았기 때문에 그는 6차 십자군을 마치고 돌아온 뒤에도 영토 방어를 위해 많은 성과 건물을 건설해야 했습니다. 이탈리아 남부만 해도 프리드리히가 직접 지었거나 수리를 지시한 건축물이 100곳이 넘는 것으로 추정됩니다. 그 와중에 교회는 단 하나만 건설했으니 프리드리히도 참 못 말리는 사람인 듯합니다.

그런데 그가 지었던 여러 건축물 중에 지금까지도 정확한 용도가 무엇인지 밝혀지지 않은 미스터리한 건축물이 하나 있습니다. 바로 카스텔 델 몬테(Castel del Monte, 산 위의 성)입니다. 그 아름다움 때문에 유로화 1센트의 뒷면을 장식하고 있는 이 성은 이탈리아 남부의 풀리아 지역에 위치한 해발 539미터의 언덕 꼭대기에 위치하고 있습니다.

카스텔 델 몬테는 일반적인 성이라고 보기에는 조금 이상합니다. 보통 성은 방어 목적으로 지어지는데, 이 성에는 물로 둘러싸 적의 침입을 막는 해자도, 그 해자를 건너는 도개교도 없습니다. 중세의 핵심 전력이었던 기사들을 위한 마구간조차 없습니다. 도심에서 꽤 멀리 떨어진 시골길에 있으니 애초에 방어용으로는 맞지 않는 위치에 있기도 합니다.

카스텔 델 몬테, 1240–1250년

아니면 프리드리히의 개인 별장 용도로 지은 것일까요? 하지만 주방이 없어 오래 생활하기에 적합하지 않으니 별장도 아닌 듯합니다. 반대로 감옥 같은 곳이었을까요? 기록에 따르면 13세기에 잠시 감옥으로 사용한 적이 있다고 합니다. 하지만 감옥 치고는 장식이 너무 화려합니다. 무엇보다 프리드리히의 딸 비올란타의 결혼식을 이곳에서 치르기도 했으니, 애초에 감옥으로 설계하지는 않았을 것입니다. 모두 아니라면, 프리드리히는 이 건물을 대체 어떤 용도로 지은 것일까요?

이 성을 더 미스터리하게 만드는 건 건물 전체에 알 수 없는 상징들이 숨어 있다는 점입니다. 우선 성의 출입구는 동쪽으로 나 있는데, 낮과 밤의 길이가 같아지는 춘분과 추분에 해가 뜨는 위치와 정확하게 일치하도록 설계되었습니다. 그래서 1년에 두 번, 춘분과 추분에 이 건물을 방문하면 멋진 일출 장면을 볼 수 있습니다.

위에서 내려다본 카스텔 델 몬테

　이 건물은 몇 가지 숫자들과 연관되어 있는데 바로 3, 5, 8입니다. 특히 8과 관련된 상징이 많습니다. 위의 사진에 보이는 것처럼 전체적으로 큰 팔각형의 구조에 꼭짓점마다 총 여덟 개의 탑이 세워져 있습니다. 탑들은 모두 팔각형입니다. 내부는 두 개의 층으로 이루어져 있으며, 각 층마다 여덟 개의 방이 있습니다. 방의 모양 역시 모두 팔각형입니다. 심지어는 내부의 세면대도, 창문을 장식하는 기둥도 팔각형입니다.

　프리드리히는 왜 이렇게 8에 집착했을까요? 정확한 이유는 알 수 없지만 중세에 팔각형은 원과 가까운 형태로, 세상과 신을 이어주는 통로로 여겨졌다고 합니다. 세상이 정사각형이라면 하늘은 원이고, 그 중간적 상징이 팔각형이라는 것이죠. 그렇다면 혹시 천문학이나 점성술의 의식과 관련된 건물이었을까요? 프리드리히는 실제로 점성술에도 관심이 많았던 것으로도 유명하니 그럴 가능성도 있습니다.

그 외에도 3과 5에 관한 상징도 있습니다. 사진에 보이듯이 이 건물에는 다섯 개의 탑에만 굴뚝이 있고, 건물 아래에 물을 보관하는 공간도 다섯 곳입니다. 그리고 건물의 안뜰에는 세 개의 입구와 세 개의 창문이 있는데 팔각형 안에서는 비대칭이 되므로 이 또한 평범하지 않습니다.

모든 것이 의문투성인 이 성은 결과적으로 아무도 건축의 목적을 알지 못합니다. 다만 이 와중에도 매 사육장으로 추정되는 방과 새를 키울 수 있는 지붕을 건물 안에 갖춰둔 것으로 보아 그가 변함없는 매사냥 덕후였다는 것만큼은 확실할 뿐입니다.

숫자에 숨겨진 세상의 비밀

프리드리히가 카스텔 델 몬테에 숫자 3, 5, 8의 상징들을 숨겨놓은 이유로 한 가지 추정이 가능합니다. 이 숫자들은 '피보나치 수열'에 속한 숫자들인데 실제로 프리드리히는 피보나치 수열로 유명한 레오나르도 피보나치(Leonardo Fibonacci)와 친했다고 합니다. 프리드리히는 한때 피사를 제국의 동맹으로 끌어들이기 위해 방문했던 적이 있었습니다. 그때 피보나치를 만나게 된 듯합니다.

피보나치는 0과 아라비아 숫자의 개념을 유럽에 처음으로 소개하며 서양 수학 발전에 지대한 공을 남긴 수학자입니다. 하지만 당시에는 이슬람인들이 사용하는 수학을 기독교인들이 사용할 수 없다는 이유로 그의 책 『산술론(Liber abbaci)』은 절판되었죠.

하지만 프리드리히는 그런 의견을 신경 쓸 사람이 아니었습니다. 프리드리히는 피보나치를 만나고는 그의 수학 실력에 감명받아 『산술론』을 복간시켰고, 그가 평생 수학 연구에만 몰두할 수 있도록 연금을 주었다고 합니다. 피보나치 또한 이런 황제의 후원에 대한 보답으로 『제곱수에 관한 책(Liber Quadratorum)』이라는 수학책을 써서 프리드리히 2세에게 헌정하기도 했습니다.

1, 1, 2, 3, 5, 8, 13, 21, 34, 55, 89, 144, 233, 377, 610, 987

위 숫자들은 '피보나치 수열'의 숫자들입니다. 퍼즐 풀기에 자신이 있는 분들이라면 한번 숫자들 사이의 규칙을 발견해 보길 바랍니다. 어떤 규칙이 숨어 있을까요? 어려워 보이지만 사실 피보나치 수열의 규칙은 매우 간단합니다. 1부터 시작해 숫자를 계속 더해 나가면 됩니다. 1과 1을 더해 2가 되고, 다시 1과 2를 더하면 3이 되고, 다시 2와 3을 더하면 5가 되고, 다시 3과 5를 더하면 8이 되는 식입니다.

재미있는 점은 이 수열을 자연 속에서 심심치 않게 발견할 수 있다는 것입니다. 붓꽃의 꽃잎은 3장, 철쭉은 5장, 코스모스의 꽃잎은 8장이고, 금잔화는 13장, 치커리 꽃은 21장, 데이지 꽃은 34장입니다. 이유는 알 수 없지만 꽃잎의 수를 세어보면 이상하게도 피보나치 수열을 따르는 경우가 많습니다. 해바라기의 경우 빽빽하게 차 있는 씨앗들이 어떤 규칙에

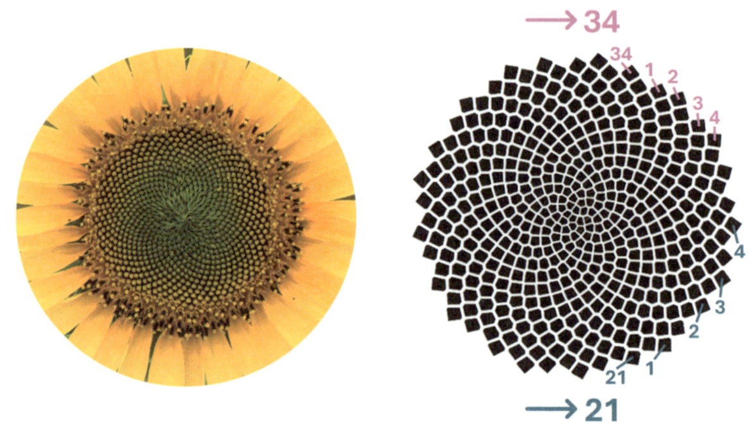

해바라기 씨앗의 패턴에 숨어 있는 피보나치 수열

따라 정렬되어 있는 것처럼 보이는데, 살펴보면 씨앗들이 한쪽으로 21줄, 그리고 반대쪽으로 34줄로 교차되어 나선형을 이루고 있습니다. 이와 비슷한 패턴을 가진 솔방울도 8개와 13개의 줄이 서로 교차하면서 나타납니다. 이 숫자들은 모두 피보나치 수열에 속해 있습니다. 식물들이 설마 덧셈을 할 줄 알기라도 하는 것일까요?

그리고 피보나치 수열을 2차원으로 확장해서 한 변이 각각 1, 1, 2, 3, 5, 8, 13, 21인 정사각형을 그린 다음 곡선으로 연결하면 아래와 같은 등각나선이 됩니다. 이 등각나선 형태는 조개껍데기에서 흔하게 발견됩니다. 그리고 더 넓은 관점에서 보면 거대한 태풍이나 허리케인의 눈, 심지어는 우주의 거대한 은하 구조에서도 똑같은 패턴이 발견됩니다.

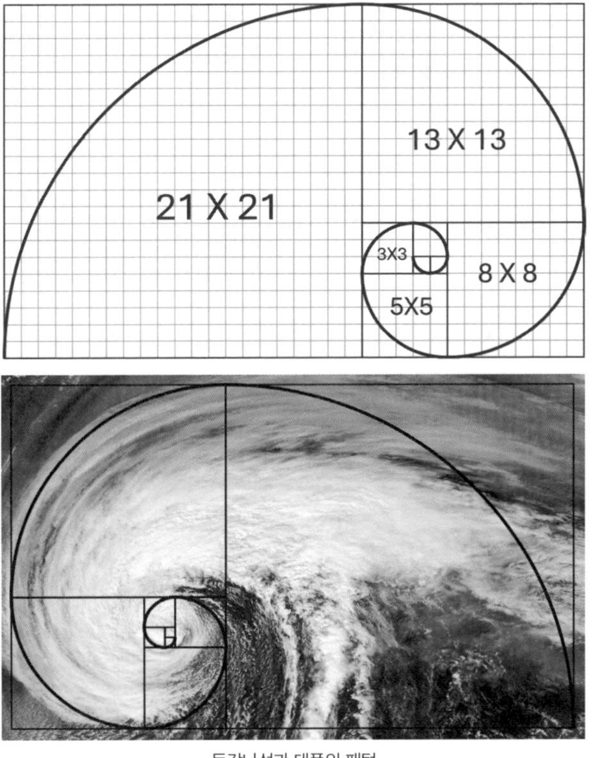

등각나선과 태풍의 패턴

이쯤 되면 신이 숫자로 세상을 창조했다는 말이 진짜가 아닐까 하는 생각이 듭니다. 어쨌든 프리드리히는 피사를 방문해 피보나치를 만나는 동안 그가 설명하는 이 숫자들에 상당히 매료되었을 것입니다. 그가 건설한 카스텔 델 몬테에 숫자와 관련된 여러 수수께끼를 심어 놓은 것은 피보나치의 영향 때문이 아니었을까요?

니콜라 피사노, 르네상스 조각의 시작

카스텔 델 몬테를 포함한 프리드리히의 수많은 건설 현장에는 남부 이탈리아에 있던 조각가들이 불려와 일을 하고 있었습니다. 아직 조각가와 건축가가 따로 분리되어 있지 않던 시절이었으니까 조각가들은 건축의 설계와 시공까지 도맡아 하기도 했을 것입니다.

프리드리히와 함께 일했던 조각가 중에는 니콜라 피사노(Nicola Pisano)라는 젊은 조각가가 있었습니다. 피사 출신이라는 의미로 '피사노(Pisano)'라는 별명이 붙은 이 조각가는 미술사에서 '최초의 르네상스 조각가'로 알려진 사람입니다.

조르조 바사리의 기록에 따르면 니콜라 피사노는 프리드리히 2세가 교황 호노리우스 3세와 투닥거리던 시절, 황제의 대관식에도 참여했다고 합니다. 그의 정확한 나이는 알려져 있지 않지만 프리드리히가 대관식을 받았던 해가 1220년이었으니까, 니콜라는 아직 한참 어린 나이였을 것으로 추정됩니다. 어린 나이에도 황제의 대관식에까지 참여한 것을 보면 프리드리히의 특별한 총애를 받았던 모양입니다.

니콜라는 이후 프리드리히와 함께 돌아다니며 나폴리로 가서 제국의 재판소가 있던 카스텔 카푸아노(Castel Capuano, 카푸아노성)를 확장 공사하는 일을 돕기도 했고, 카스텔 델로보(Castel dell'Ovo, 델로보성)라는 나폴리 해안가의 방어용 성을 개축하기도 했습니다. 황제 가까이에서 여러 가지 일들을 도운 것이죠.

　니콜라는 최고 권력자였던 프리드리히의 옆에 있으면서 그의 취향에
많은 영향을 받게 됩니다. 프리드리히의 특이한 취향 중 하나는 카이사
르나 아우구스투스 같은 '고대 로마 황제'를 따라 하려고 했다는 것입니
다. 18세기의 계몽 철학자 볼테르는 신성로마제국을 두고 "신성하지도
않고, 로마적이지도 않고, 제국도 아니었다"며 비꼬았지만 프리드리히는
그래도 '신성로마제국'에 붙은 '로마제국'이라는 명칭에 자부심이 있었
던 모양입니다. 그래서인지 프리드리히는 당시 사람들이 보기에 유별난
행동을 하기도 했습니다. 1228년, 그는 북부 이탈리아의 롬바르드 동맹

장로 마르티누스, 〈왕좌에 앉은 성모와 아기 예수〉, 1199년

니콜라 피사노, 〈여인의 두상〉, 13세기

에 대한 승리를 기념하며 개선식을 열었는데, 굳이 고대 로마 스타일을 따랐습니다. 이때 스스로를 '두 번째 카이사르 아우구스투스'로 선언하기도 했죠. 그리고 자신의 옆얼굴을 새긴 금화를 발행했는데, 이는 고대 로마 황제들이 자신을 홍보하기 위해 썼던 방법을 따라 한 것입니다.

황제가 이토록 고대 로마 황제처럼 행동하고 싶어 했으니, 그 밑에서 일하던 예술가들 또한 고대 로마 예술에 관심을 가지는 건 자연스러운 결과였습니다. 이탈리아는 과거 로마제국의 본토였던 만큼 로마 시대 건축물과 조각품들을 충분히 발견할 수 있었는데, 프리드리히는 사람들을 동원해 이런 유물들을 발굴하도록 했습니다. 예술가들은 이를 보고 연습하면서 기술을 발전시킬 수 있었죠. 아직 어렸던 니콜라 피사노도 프리드리히의 곁에서 그리스 로마의 예술을 보고 기술을 발전시킬 수 있었을 것입니다. 〈여인의 두상〉은 니콜라 피사노가 초창기에 제작한 것으로 추정되는 작품입니다. 물론 아직은 부족하다고 말할 수밖에 없지만 딱딱한 중세 조각과 비교해 보면 확연한 차이가 보입니다. 르네상스 예술의 싹이 처음으로 트기 시작한 것입니다.

피사 세례당 설교단

1250년, 황제 프리드리히 2세가 사망했습니다. 사인은 이질이었다고 전해집니다. 그는 6차 십자군 이후에도 제국 내 끊임없는 권력 싸움과 교황과의 갈등으로 하루도 평온할 날이 없었지만, 마지막에는 수도사복을 입고 평화롭게 눈을 감았다고 합니다.

황제가 죽고 그의 밑에서 일하던 조각가들은 모두 흩어질 수밖에 없었습니다. 그 과정에서 니콜라 피사노도 이탈리아 중부로 이동하게 됩니다. 말하자면 '르네상스의 씨앗'을 들고 이동한 것이죠. 이때 니콜라가 선택한 도시는 바로 피사였습니다. 그의 별명으로 '피사노'가 붙은 건 아마 이

니콜라 피사노, 피사 세례당의 설교단, 1260년

시기부터였을 듯합니다. 니콜라는 서른 즈음이었던 1245년에서 1250년 사이, 피사에 도착해 가족들과 함께 정착하게 됩니다.

이후 니콜라는 1255년에 피사 세례당으로부터 세례당을 위한 설교단을 제작해 달라는 의뢰를 받습니다. 피사 세례당은 피사의 사탑, 피사 대성당과 함께 당시 피사를 대표하는 건축물 중 하나였습니다. 그런 상징적인 건물 내부의 설교단을 제작해 달라는 의뢰였으니 니콜라에게는 상당히 중요했을 것입니다. 그렇기에 니콜라는 프리드리히 밑에 있을 때 공부한 조각 실력을 최대한 발휘해 설교단을 제작했습니다. 그렇게 해서 완성된 것이 피사 세례당의 설교단입니다.

이 설교단은 앞으로 등장할 르네상스 조각의 시작을 알린 중요한 작품입니다. 니콜라는 중세가 아닌 그리스 로마의 조각 스타일을 적용해 완전히 새로운 설교단을 만들었습니다.

우선 니콜라는 설교단을 사각형이 아닌 육각형으로 기획했습니다. 육각형의 설교단은 뒤쪽 입구를 제외하면 다섯 개의 벽면을 만들 수 있고, 이 벽면에 자신이 원하는 다섯 장면을 부조로 장식할 수 있었기 때문입니다. 다섯 장면의 주제는 다음과 같습니다.

예수그리스도의 탄생

동방 박사들의 예배

성전에서의 봉헌

십자가 처형

최후의 심판

이는 예수 그리스도의 탄생과 죽음, 그리고 부활까지 연결된 '예수의 생애'에 관한 하나의 이야기를 구성한 것입니다. 이렇게 이야기를 담은 부조는 아마 그가 프리드리히 밑에 있을 때 공부했던 로마 시대의 부조들을 참조했을 것으로 추정됩니다. 로마 시대에는 〈트라야누스 기둥〉이나 〈아우렐리우스의 기둥〉처럼 역사적으로 중요한 사건들을 만화처럼 이야기로 보여주는 부조를 만들곤 했는데, 니콜라도 예수의 생애를 보여주는 부조를 설교단에 구현한 것이죠.

니콜라가 로마 시대의 부조들을 참조했을 거라고 추정되는 또 다른 이유는 바로 인물들의 복장입니다. 피사 설교단의 〈십자가 처형〉 부분을 보면, 니콜라가 표현한 성경 속 인물들은 모두 로마식 복장을 입고 있습니다. 성모 마리아는 마치 로마의 귀부인처럼 머리 위에 팔라(palla)를 쓰고 있는 모습입니다.

이를 피사 세례당에서 그리 멀지 않은 캄포산토 묘지에 위치한 파이드라 석관의 부조와 비교해 보면 상당히 비슷하다는 것을 알 수 있습니다. 이 석관은 그리스 신화에 등장하는 여인 파이드라의 이야기가 조각되어

피사 세례당의 설교단 중 〈십자가 처형〉 부분

파이드라 석관 부분, 2세기

있어 파이드라 석관이라고 불립니다. 로마 시대에 제작되어 이후 오랫동안 피사에 남아 있었습니다. 아마 니콜라는 가까운 이 묘지에 방문해 석관을 관찰했던 듯합니다.

그렇게 완성된 설교단은 피사 시민들의 엄청난 찬사를 받았습니다. 설교단은 사제들이 올라가서 설교하는 곳이니까 요즘으로 치면 강대상이라고 할 수 있는데, 그저 평범한 강대상을 하나의 완벽한 예술품으로 만들어버린 것입니다. 아마 니콜라의 설교단을 처음 본 사제들은 깜짝 놀랐을 듯합니다. 늘 봐왔던 딱딱한 네모 형태의 설교단이 아닌, 예수 그리스도의 생애에 관한 파노라마가 구현된, 말 그대로 '예술'이었기 때문입니다. 설교단이 이렇게 수준 높은 예술 작품이 될 수 있다고는 아무도 상상하지 못했을 것입니다. 아마 사제들은 이 멋진 설교단에 올라가서 설교할 때마다 기분이 우쭐해지지 않았을까요.

그런데 니콜라가 보여준 진짜 혁신은 설교단을 장식하는 한 조각상에 숨어 있습니다. 바로 설교단 왼쪽 아래 기둥 위에 있는 누드 조각상 〈강인함〉입니다. 이 평범해 보이는 남자 조각상은 중세와 르네상스의 조각을 가르는 기준점이라고 평가받습니다. 중세의 딱딱한 조각에서 벗어나 처음으로 인체를 사실적으로 묘사하려고 했기 때문입니다.

니콜라가 만든 이 나체의 남자는 누구일까요? 누군가는 그리스 로마 신화의 헤라클레스로 추정하기도 합니다. 그리스 신화에 따르면 헤라클레스는 불멸자가 되기 위한 열두 과업 중 하나로 네메아의 골짜기에 사는 사자를 곤봉으로 때려잡았다고 합니다. 니콜라의 조각을 보면 주변에 사자들이 둘러싸고 있는데 아마도 네메아의 사자를 표현한 것이지 않을까 추정합니다. 또한 인물이 그리스 로마 조각의 전형적인 자세인 콘트라포스토(Contrapposto, 짝다리를 짚은 자세)를 취하고 있어 그리스 신화 조각을 참조했다는 것을 암시합니다.

피사 세례당의 설교단 중 〈강인함〉 부분

　다만 니콜라가 정말 헤라클레스를 표현한 것인지는 확실하지 않습니다. 아무래도 설교단이다 보니 성경 속 인물일 가능성도 있기 때문입니다. 성경에는 사자와 관련된 인물이 두 명 있습니다. 맨손으로 사자를 때려눕혔다고 알려진 이스라엘의 천하장사 삼손과 사자 굴에서 살아남았다고 전하는 선지자 다니엘입니다. 개인적으로는 근육질에 벗고 있는 모습을 보면 아무래도 삼손을 표현한 게 아닐까 싶지만, 이 또한 확실하다

리시포스, 〈파르네제의 헤라클레스〉, 216년경

고 말하기는 어렵습니다. 결론적으로 헤라클레스, 삼손, 다니엘 중 누구라고 단언할 수는 없습니다. 다만 니콜라가 그리스 로마 시대의 조각 스타일을 되살리려 했다는 것만큼은 확실합니다.

니콜라의 표현력이나 기술을 보면 아직 완벽하다고 할 수는 없습니다. 그러나 중요한 점은 그가 르네상스 조각의 첫 발을 내디뎠다는 것입니다. 그는 딱딱한 고딕 조각에서 벗어나 최초로 인체를 사실적으로 묘사하기 시작했습니다. 중세의 '추상적이고 초월적인 미술'에서 르네상스의 '사실적이고 인간적인 미술'로 변화하기 시작한 것입니다.

자연주의, 고딕에서 르네상스로

그렇다면 중세의 '초월적인 미술'에서 '인간적인 미술'로 넘어갔다는 말은 무슨 뜻일까요? 기독교 중심이었던 중세 예술가들의 관심은 '자연'이 아닌 '천국'에 있었습니다. 어차피 이 땅에서 썩어 없어질 인체를 아름답게 만들어봐야 아무 의미도 없다는 것이죠.

프랑스 알비의 성 세실리아 대성당의 루드 스크린(rood screen, 평신도석과 제단을 가르는 막)입니다. 도형적인 구조와 그 위의 화려하고 자잘한 장식들은 무얼 표현하려고 한 것일까요? 나무나 인체, 아니면 자연 속의 무언가를 똑같이 표현하려고 한 것일까요? 그렇지 않습니다. 루드 스크린의 장식들은 그저 알 수 없는 '추상적 형태'일 뿐입니다. 그렇다면 이 추상적 형태들은 무엇을 표현하려고 했던 것일까요?

"우리의 마음이 높은 곳으로 올라가는 것은 천상의 위계에 대한 깊은 고민과 비물질적인 것의 재현… 눈에 보이는 아름다움이 눈에 보이지 않는 아름다움의 반영이라는 것을 받아들이지 않고는 불가능합니다."

– 위(僞) 디오니시우스, 『천상의 위계』, 1장 3절

성 세실리아 대성당의 루드 스크린, 1474-1483년

중세의 철학자 디오니시우스는 '눈에 보이는 아름다움'은 '눈에 보이지 않는 세계의 반영'이라고 생각했습니다. 이 땅의 아름다움은 결국 천국에서 온다는 것입니다. 그렇다면 예술가들은 당장 눈에 보이는 아름다운 인체를 묘사하기보다는 눈에 보이지 않는 본질적 아름다움, 즉 저 높은 '천상의 세계'를 표현해야 합니다.

하지만 인간은 천국을 눈으로 본 적이 없습니다. 그러니 묘사할 방법 또한 없었죠. 그렇다면 천상의 아름다움은 무엇일까요?

중세의 예술가들은 이를 표현하기 위해 인간의 상상력을 동원해 정확히 규정할 수 없는 화려한 장식으로 표현했습니다. 루드 스크린의 화려한 장식도 그런 '천상계의 표현'이라고 할 수 있습니다.

하지만 고대 그리스 로마 시대 예술가들의 관심은 '천국'이 아닌 '인간과 자연'에 있었습니다. 그들은 세상을 이해하고 싶어했습니다. 때문에 그들에게 아름다움이란 아름다운 인체, 사실적 표현, 완벽한 수학적 비율, 이 땅의 자연에 존재하는 아름다움을 발견하고 표현하는 것이었습니다. 이것을 자연주의(Naturalism)라고 합니다.

니콜라가 〈강인함〉에서 헤라클레스 같은 남성의 누드를 통해 인체를 아름답게 표현하려고 했던 건 중세를 벗어나 바로 이 그리스 로마의 자연주의적 사고방식을 다시 깨우려고 한 것입니다. 천국이 아닌 자연이 가

작가 미상, 〈밀로의 비너스〉, 기원전 2세기

진 아름다움을 예술가의 손으로 최대한 완벽하게 재현해야 한다는 것이
죠. 이러한 자연주의는 이후 등장할 르네상스 예술가들 사이에서 가장 중
요한 가치로 작동하게 되었습니다.

시에나 대성당의 설교단

6년 후, 니콜라는 자신처럼 조각가의 길을 걷기 시작한 아들 조반니 피
사노(Giovanni Pisano), 그리고 제자들과 함께 시에나로 이사했습니다. 니콜라
의 천재적인 실력이 이웃 도시인 시에나에도 이미 알려져 있었는지, 시
에나 대성당에서도 아름다운 설교단을 조각해 달라는 요청이 들어왔습

니콜라 피사노, 시에나 대성당의 설교단, 1265-1268년

니다. 이때 시에나 대성당은 계약서를 통해 니콜라에게 '반드시 카라라 지역에서 생산된 대리석을 써야 한다'라고 요구했습니다. 피사와 마찬가지로 시에나를 비롯한 지중해의 여러 도시는 당시 빠르게 성장하고 있었으며, 피렌체가 부상하기 전까지 시에나는 유럽 금융의 중심지로 자리매김하고 있었습니다. 아마 시에나 대성당 측에서는 최고급 대리석을 사용함으로써 번영하는 도시의 풍요로움을 자랑하려고 했던 것으로 보입니다.

니콜라는 야심 차게 피사의 설교단보다 훨씬 크고 화려한 디자인의 설교단을 구상했습니다. 우선 육각형이 아닌 팔각형으로 기획했는데, 더 많은 장면의 부조를 구현할 수 있었기 때문이었습니다. 팔각형 구조의 기본 디자인은 카스텔 델 몬테에서 영감을 받았던 게 아닐까 싶습니다. 단순히 팔각형으로 구조를 만든 것뿐 아니라 카스텔 델 몬테처럼 기둥도 전부 팔각형으로 디자인했다는 점에서 그렇습니다.

니콜라는 피사 설교단과 마찬가지로 입구를 제외한 나머지 일곱 개의 벽면에 부조를 조각했는데, 이번에도 예수 그리스도의 삶에 관한 주제를

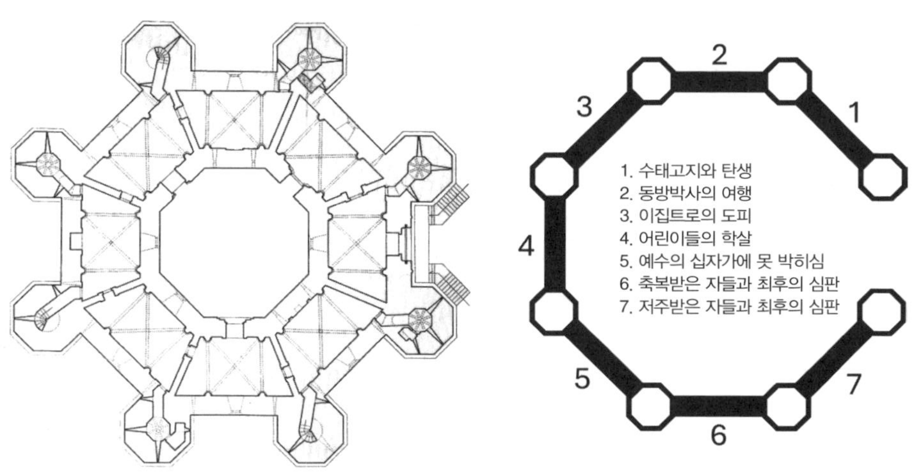

카스텔 델 몬테와 시에나 대성당 설교단의 평면도

다루고 있습니다. 이전과 달리 크게 두 개의 테마로 나누었는데, 앞의 네 개에서는 예수의 탄생 이야기를, 나머지 세 개는 메시아의 죽음 이후부터 최후의 심판까지를 다루고 있습니다.

니콜라의 실력은 점점 더 발전하고 있었습니다. 아래의 십자가에 못 박힌 그리스도를 보면 얼굴이 어깨보다 아래로 처져 있어 정말 고통스러워 보입니다. 니콜라는 인간의 몸이 실제로 십자가에 달리면 어떻게 보이는지에 대해 상당한 해부학적 고민을 했습니다.

그리스도의 왼쪽 아래에는 거의 실신하듯 슬퍼하는 여인이 보이는데 그녀는 성모 마리아입니다. 아들의 죽음으로 충격을 받고 축 처진 채 실

시에나 대성당 설교단 중 〈십자가 처형〉 부분

신한 마리아의 모습 또한 해부학적으로 최대한 자연스럽게 표현하려 했습니다. 오늘날에는 평범하게 보일 수도 있지만, 이런 묘사가 존재하지 않았던 당시에 그는 성모 마리아를 표현하기 위해 수차례의 스케치와 모형 제작을 반복해야 했을 것입니다.

그렇다면 부조 사이의 조각상들은 누구일까요? 이 조각상들은 주로 각 패널 사이를 연결하는 역할을 합니다.

"그러므로 너희는 가서 모든 족속으로 제자를 삼아 아버지와 아들과 성령의 이름으로 세례를 주고 내가 너희에게 분부한 모든 것을 가르쳐 지키게 하라."

– 마태복음 28장 19–20절

그리스도의 오른쪽에는 복음서를 품에 안은 전도자의 조각상이 있습니다. 이는 성경에 등장하는 '예수의 죽음'과 '최후의 심판' 사이에 해당하는 '복음 전도'를 조각상으로 표현하여 두 장면을 자연스럽게 연결한 것입니다.

니콜라는 피사의 설교단보다 더 뛰어난 설교단을 시에나에 완성했습니다. 인체를 훨씬 더 자연스럽게 표현한 것뿐 아니라 전체적인 구성과 내용도 계속 고민한 흔적이 보입니다.

피사에서 피렌체로

니콜라가 제작한 두 개의 설교단은 르네상스 조각의 시작을 알린 작품입니다. 르네상스 전성기에 비하면 아직은 부족하지만, 중세의 예술을 탈피해 처음으로 자연주의 스타일의 조각을 만들기 시작했다는 점에서 의미가 있습니다. 르네상스의 첫 줄을 써 내려가기 시작한 것이죠.

시에나의 설교단을 완성한 후, 니콜라의 제자들은 흩어져서 새로운 르네상스 스타일을 북이탈리아 전역에 퍼뜨리게 됩니다. 라포(Lapo di Ricevuto)는 볼료냐로, 그리고 아르놀포 디 캄비오(Arnolfo di Cambio)는 피렌체로 가서 각자 활동을 시작했습니다. 이렇게 르네상스 조각은 이탈리아 북부를 중심으로 천천히 꽃을 피우게 됩니다.

니콜라가 피사에 처음으로 정착한 것은 이후 르네상스 발전에 중요한 의미가 있습니다. 피사는 우리나라로 치면 서울 옆에 붙어 있는 인천과 비슷합니다. 내륙도시인 서울 옆에 항구도시 인천이 있는 것처럼, 내륙도시인 피렌체 옆에 연결된 항구도시가 바로 피사이기 때문입니다. 피사에서 꽃피우기 시작한 르네상스는 이후 자연스럽게 피렌체로 타고 올라가 퍼지게 됩니다. 르네상스를 꽃피운 문화예술의 중심지, 피렌체는 이렇게 처음으로 등장하게 됩니다.

르네상스 조각의 시작이 니콜라라면 르네상스 회화의 시작은 조토입니다. 조토는 피렌체의 화가였습니다. 그의 등장으로 이제 조각뿐 아니라 회화에서도 르네상스의 문이 본격적으로 열리기 시작합니다.

회화의 창시자,
조토 디 본도네

저물어가는 십자군의 시대

프리드리히 2세가 죽은 이후 십자군 원정은 어떻게 됐을까요? 십자군의 마지막을 이은 건 '성왕'으로 불렸던 루이 9세였습니다. 그는 중세의 어떤 군주보다 신실한 기독교인이었기에 사람들이 성(Saint)왕이라고 불렀지만, 그가 이끈 7차와 8차 십자군은 아무런 성과도 만들어내지 못했습니다. 7차 십자군 때는 이슬람군에 포위당해 루이 9세 본인이 포로로 잡혔다가 돈을 주고 풀려나는 수모를 당해야 했고, 1270년에 마지막으로 일으킨 8차 십자군 때는 행군 도중에 병으로 쓰러져 버렸습니다. 루이 9세는 그렇게 쓰러진 자리에서 다시 일어나지 못했습니다.

"예루살렘으로… 예루살렘으로…."

이것이 이슬람 땅에서 죽음을 맞은 그의 마지막 유언이었다고 합니다. 그의 죽음을 끝으로 십자군 원정은 더 이상 일어나지 않았습니다. 8차 동안 이어진 십자군 원정 중에 그 누구보다 십자군에 진심이었던 루이 9세를 끝으로 막을 내렸으니, 이 또한 역사의 아이러니라고 해야 할까요 아니면 의미 있는 마지막이라고 해야 할까요. 한때는 온 유럽이 열광했던 십자군이었지만 이제 유럽인들은 남의 집 불구경하듯 십자군에 더는 관심을 갖지 않았습니다. 그렇게 뜨거웠던 한 시대도 저물어갔습니다.

초원 위의 양치기 소년

성왕 루이 9세가 죽고 그로부터 6년이 지난 1276년, 피렌체 도심에서 약간 떨어진 베스피냐노 마을의 언덕에서 어느 소년이 양을 치고 있었습니다. 체구는 또래에 비해 작았지만 어릴 적부터 총명하고 밝은 성격 덕에 누구에게나 사랑받던 소년, 그의 이름은 조토 디 본도네(Giotto di Bondone)였습니다. 아버지는 아직 어리지만 또래들에 비해 유난히 똑똑했던 조토를 믿고 양 치는 일을 맡겼습니다.

조토는 이탈리아 북부의 초원에서 양 떼들을 이곳저곳으로 이끌며 자연을 친구 삼아 지냈습니다. 푸른 하늘과 초원 위의 시원한 들바람, 세상은 어찌나 아름다운지. 그렇게 초원에서 양 떼를 돌보던 조토에게 한 가지 취미가 생겼습니다. 바로 양들이 열심히 풀을 뜯는 모습을 관찰하면서 나무 숯을 연필 삼아 바위에 양들을 그리는 일이었습니다. 양들이 복슬복슬한 몸통과 가늘고 곧게 뻗은 다리로 차분하게 걷는 모습을 보며 그는 다시 한번 자연의 아름다움에 감탄했습니다. 그렇게 조토는 그림을 그리며 신이 창조한 자연을 자신의 손으로 재창조하는 기쁨을 알게 됩니다.

어떤 우연이었는지 당시 피렌체의 최고 화가였던 치마부에가 베스피냐노의 초원을 지나가게 되었습니다. 초원의 바위에 무언가 그려져 있는 것을 본 치마부에는 가까이 가서 보았다가 깜짝 놀라고 말았습니다. 누가 그렸는지 알 수 없지만, 바위에 그려진 양들은 생동감이 넘쳤습니다. '아니 이런 시골에 이렇게 재능 있는 사람이 있다고?' 치마부에는 주변을 둘러보다가 어느 소년이 양을 치고 있는 것을 발견했습니다. 치마부에는 소년에게 다가가 저 그림을 누가 그렸냐고 물어보았습니다. 소년은 자신이 그렸다고 대답했습니다.

치마부에가 혹시 그림을 배웠냐고 물어보자 조토는 수줍게 고개를 절레절레 저었습니다. 치마부에는 조토에게 집으로 안내해달라고 부탁했습니다. 그 길로 조토의 아버지를 찾아간 치마부에는 이 아이를 자신이 피렌체로 데려가도 괜찮겠냐고 물었습니다. 견습생부터 시작해서 정식으로 미술 교육을 받으면 분명 훌륭한 예술가가 될 수 있을 거라고 설득했죠. 조토의 아버지는 치마부에의 명성을 알고 있었기에 그렇게 해달라고 부탁했습니다.

그렇게 조토는 치마부에를 따라 피렌체로 떠나게 됩니다. 지중해에서 가장 빠르게 성장하던 활기찬 도시 피렌체에 도착한 조토, 서양 미술사에서 '회화의 역사'가 처음으로 시작되는 순간이었습니다.

천재들이 가장 존경하는 천재

르네상스 예술가 하면 보통 르네상스 3대 천재라 불리는 레오나르도 다빈치, 미켈란젤로 부오나로티, 그리고 라파엘로를 떠올립니다. 그렇다면 이 르네상스 3대 천재들의 '선조'는 누구라고 해야 할까요? 바로 양치기 소년이었던 조토 디 본도네입니다.

조토는 거의 모든 르네상스 예술가들이 존경하던 화가였습니다. 천재들이 존경하는 천재라고 해야 할까요? 조토가 이토록 예술가들로부터 존경을 받는 이유는, 앞으로 유럽을 아름답게 수놓을 회화의 역사를 처음으로 창조한 예술가였기 때문입니다. 니콜라 피사노가 르네상스 조각을 개척했다면, 조토는 르네상스 회화를 개척한 초기의 중요한 천재였습니다.

"화가들이 자연에게 진 빚은 피렌체 화가 조토에게 진 빚이기도 하다. 왜냐하면 뛰어난 회화를 그리기 위한 방법들은 전쟁의 폐허로 인해 오랜 세월 묻혀 있었는데, 그는 혼자서, 오로지 신의 은총으로 악한 상태에 빠진 것을 되살려 선한 상태로 되돌렸기 때문이다."

조토 디 본도네, 〈일곱 개의 덕목: 믿음〉, 1306년

이는 앞으로 자주 이름이 등장하게 될 르네상스 예술가이자 최초의 미술사가이기도 한 조르조 바사리가 남긴 조토에 대한 평가입니다.

『데카메론(Decameron)』을 집필한 르네상스의 대표 시인 보카치오는 조토를 다음과 같이 평하기도 했습니다.

"그는 수 세기 동안 땅에 묻혀 있던 예술을 밝은 빛으로 끌어왔다."

하지만 미술에 관심이 어느 정도 있는 사람이라도 조토의 이름을 처음 들어보는 경우가 많습니다. 어쩐지 조토라는 이름이 낯설게 느껴지는 건 그가 '최초'였기 때문입니다. 사람들은 원래 초기 개척자보다는 이를 대중적으로 확장시킨 사람들을 더 쉽게 기억하는 경향이 있습니다. 우리가 빌 게이츠와 스티브 잡스의 이름은 기억하지만, 최초의 컴퓨터 개발자였던 찰스 배비지의 이름은 거의 알지 못하는 것과 비슷합니다.

위의 평가에서도 알 수 있듯이 조토는 회화의 창시자였습니다. 그는 중세 회화의 문을 닫고 근대 회화로 가는 문을 열었습니다.

환영의 탄생

그렇다면 조토의 예술은 중세의 예술과 어떻게 달랐을까요? 중세의 그림과 조토의 그림을 한번 비교해 봅시다. 두 그림은 모두 예수 그리스도와 열두 제자의 '최후의 만찬'을 그렸습니다. 그런데 둘 사이에는 중요한 변화가 숨어 있습니다.

우선 중세의 눈으로 조토의 그림을 바라봅시다. 얼핏 보기에도 중세의 그림보다 잘 그렸다는 생각이 들지만, 그보다 당시 사람들의 눈에 상당히 충격적으로 느껴졌을 법한 부분이 있습니다. 바로 예수 그리스도의 제자 중 절반이 뒤돌아 있다는 점입니다.

작가 미상, 〈최후의 만찬〉, 13세기　　　　　조토 디 본도네, 〈최후의 만찬〉, 1304–1306년경

　　과연 우리는 포장마차에 쓸쓸히 앉아 있는 어느 아저씨의 뒷모습과 예수 그리스도 제자들의 뒷모습을 구분할 수 있을까요? 반면 중세에 그려진 최후의 만찬에는 모든 제자들이 정면을 보고 있습니다. 조토 이전의 화가 대부분은 이렇게 정면으로 그리는 것을 당연하게 생각했습니다.

　　그렇다면 조토가 전통을 깨고 뒷모습으로 그린 이유는 무엇일까요? 조토는 그림을 보는 사람들이 그림을 통해 '실제 상황'을 느끼길 원했습니다. 마치 우리가 현장에서 예수 그리스도와 열두 제자들이 식사하는 모습을 몇 발자국 뒤에서 바라보는 것처럼 말이죠. 이들이 서로 얼굴을 맞대고 대화를 나누며 만찬을 함께하는 모습을 현장에서 직접 지켜보고 있는 것처럼 느끼게 만들려고 했던 것입니다.

　　이를 미술에서는 '환영(Illusion)'이라고 합니다. 환영은 쉽게 표현하면 '가짜를 진짜처럼 인식하는 과정'입니다. 예를 들어 사과 그림이라고 하면 이는 그저 사과를 그린 그림일 뿐이지만 우리는 그림을 통해 진짜 사과를 인식하게 됩니다. 이렇게 '가짜의 그림'을 통해 우리는 '진짜의 현실'을 인식합니다. 이 과정이 '환영의 인식'입니다.

조토는 양들이 풀 뜯는 모습을 바위에 그대로 그렸을 때의 기쁨을 기억하고 있었습니다. 양들이 뛰어노는 모습을 그리며 환영을 창조했던 그는, 마찬가지로 예수 그리스도와 제자들의 모습을 벽화에 재현해 마치 진짜처럼 느껴지는 환영을 창조하려고 했던 것입니다.

중세의 방식

그렇다면 중세의 예술가들은 왜 조토처럼 그리지 못했을까요? 앞서 설명했던 것처럼 중세 예술가들의 관심이 '천국'에 있었기 때문입니다. 인체와 자연을 있는 그대로 표현하는 일에는 별로 관심이 없었던 것이죠. 그런데 중세의 예술가들과 비슷했던 예술가들이 과거에 또 있었습니다. 바로 고대 이집트의 예술가들입니다.

고대 이집트의 벽화를 보면 각 대상의 크기가 다르게 그려져 있다는 것을 알 수 있습니다. 이집트인들이 인물의 크기를 다르게 그린 이유는 바로 대상의 사회적 지위를 반영한 것으로 추정됩니다. 왕이나 귀족은 크게 그리고 평민이나 노예 계층은 작게 그리는 식이었습니다.

이번에는 중세의 그림을 한번 살펴봅시다. 〈산타 트리니타 마에스타〉는 조토를 피렌체로 데려왔던 스승 치마부에의 그림입니다. 기독교 중심이었던 중세에 가장 높은 존재는 신의 아들 예수 그리스도와 성모 마리아입니다. 따라서 그의 그림에서 가장 크게 그려진 인물도 당연히 예수 그리스도와 성모 마리아였죠. 양옆의 천사들을 비롯해 아래쪽의 예레미야, 아브라함, 다윗, 이사야 같은 성경 속 인물들은 성모보다 훨씬 작게 그려져 있습니다. 성모 마리아가 현실에서 저 정도의 비율로 크다면 '거인'이라고 하겠지만, 중세 사람들은 현실적인 크기는 별로 중요하게 생각하지 않았습니다.

그런데 생각해 보면 이상합니다. 이집트와 유럽의 중세는 분명 시대도 다르고 문화와 민족도 다르고 무엇보다 종교가 전혀 다른데, 어떻게 서로 비슷한 방식으로 그린 걸까요? 이들 사이에는 무슨 연관성이 있을까요?

중세의 기독교와 이집트 시대의 공통점은 모두 '내세'를 중시한다는 것입니다. 기독교 세계에서 가장 중요한 것은 '천국과 지옥', 즉 죽음 이후의 세계입니다. 이집트에서도 '사후 세계'를 중시했는데, 이집트를 대표하는 미라와 피라미드가 모두 사후 세계와 관련이 있다는 것을 봐도 알 수 있습니다. 이집트인들은 국가 단위의 노동력과 힘을 들여 거대한 무덤을 건축했을 만큼 사후 세계에 관심이 많았습니다.

예술은 항상 그 시대를 반영하기 마련입니다. 이집트와 중세 기독교의

작가 미상, 〈습지에서 사냥하는 메나와 가족〉 부분(모사본),
(원본) 기원전 1400–1352년경

치마부에, 〈산타 트리니타 마에스타〉, 1290–1300년경

예술가들이 사실적인 그림에 관심을 두지 않았던 이유는, 두 시대 모두 현실 세계에 별로 관심이 없었기 때문입니다. 대신 사후 세계를 중시했던 만큼 미술이 점점 추상화되고 상징화되는 현상이 나타났던 것이죠.

다시 조토의 그림으로 돌아와 봅시다. 조토는 곧 피렌체에서 명성을 얻기 시작해 1305년에 파도바의 스크로베니 예배당 내부를 장식할 프레스코화를 완성하게 됩니다. 〈애도〉는 그렇게 기획된 총 37개의 프레스코화 중 예수 그리스도의 죽음 이후 제자들과 마리아가 슬퍼하는 상황을 그린 그림입니다.

이 그림에서 위쪽의 천사들이 작게 그려진 이유는 무엇일까요? 중세에 천사들을 작게 그렸던 이유는 '덜 중요한 존재'였기 때문이지만 조토

조토 디 본도네, 〈애도〉, 1305년

는 단순히 '멀리 있기' 때문에 작게 그렸습니다. 비록 아직은 초보적인 수준이지만, 원근법이 처음으로 적용되기 시작한 것입니다. 겉보기에는 단순한 변화처럼 보일 수 있으나, 실제로는 매우 중대한 전환이었습니다.

그런데 조토는 여기에서 멈추지 않았습니다. 그는 성경을 직접 읽고 고민하면서 등장인물들은 누구이며, 그들이 지금 어떤 마음 상태일지까지 고민하면서 그림을 그렸습니다. 성모 마리아의 안타까운 듯한 손짓과 비통한 표정, 그리고 슬픔을 참으며 뒤에서 지켜보는 제자들의 모습을 보면 예수 그리스도의 사망 당시 분위기가 어떠했는지 느껴지는 듯합니다.

조토가 대단한 이유는 지금까지 서양 미술사에서 이런 그림이 한 번도 등장한 적이 없었기 때문입니다. 유럽인들이 지금까지 보아 온 성화는 대개 무표정하고 뻣뻣하게 앉아 있는 성모 마리아와, 그 옆에 딱딱한 느낌의 예수 그리스도를 묘사한 것이 대부분이었습니다. 중세의 예술가들은 조토처럼 그릴 수 있다는 생각을 아예 하지도 못했습니다.

때문에 당시의 유럽인들에게 조토의 그림은 말 그대로 충격 그 자체였죠. 죽어가는 예수 그리스도와 슬프게 울고 있는 성모 마리아를 직접 목격하는 듯한 감상, 마치 영화의 한 장면을 보는 듯한 감상, 즉 '환영'을 느꼈던 것입니다.

조토는 이렇게 중세의 미술을 깨고 근대 미술로 가는 첫 길을 열었습니다. 그의 그림은 순식간에 피렌체에 소문나기 시작했습니다. 설교로만 듣던 예수 그리스도와 성모 마리아의 모습을 직접 눈앞에서 보여주는 엄청난 화가가 있다고 말이죠. 사람들은 너도 나도 조토의 그림을 보기 위해 예배당으로 몰려들었습니다.

소문

피렌체에 지금껏 한 번도 본 적 없는 대단한 예술을 하는 화가가 등장했다는 소문은 곧 로마에도 퍼지게 되었습니다. 누구보다 많은 예술가들을 만나봤던 교황 베네딕토 11세는 자신의 눈으로 조토의 그림을 직접 확인해 보고 싶었죠. 이에 그는 피렌체로 사절을 보내 조토의 그림을 한 장 구해 오라고 지시했습니다.

피렌체에 도착한 교황의 사절은 조토를 찾아가 그린 그림이 있으면 한 장 가져와 보라고 말했습니다. 십자군의 완전한 실패로 체면이 말이 아니긴 했지만, 중세 교황의 권위는 여전히 '태양'이었습니다. 그런 교황의 사절이었으니 아마 상당히 거만하지 않았을까요?

밝고 재기가 넘치는 사람이었던 조토는 조금도 주눅 들지 않은 태도로 붓을 집더니 그 자리에서 빨간색 잉크를 묻혀 동그라미를 하나 그렸습니다. 그리고 그의 손을 따라 붓이 움직이면서 경이로울 만큼 완벽한 형태의 원이 탄생했죠. 마치 컴퍼스를 대고 그린 것처럼 완벽한 형태였습니다. 조토는 그 빨간색 원 그림을 사절에게 건네주었고, 사절은 어리둥절했지만 일단 그가 준 그림을 들고 로마로 돌아갔습니다.

조토의 실력을 궁금해하며 한참을 기다렸던 교황에게 사절이 내민 그림은 그저 붉은 동그라미였습니다. 성모 마리아나 예수 그리스도 같은 멋진 그림을 기대했는데 동그라미라니, 교황은 사절에게 조토가 왜 이런 그림을 보냈는지 물어보았습니다. 이에 사절은 조토가 컴퍼스도 없이 한 번에 둥근 원을 그렸다고 대답했습니다. 많은 예술가들을 만나봤던 교황은 그의 실력이 보통이 아니라는 것을 바로 알아차릴 수 있었습니다. 뛰어난 실력은 억지로 드러내려고 하지 않아도 드러나는 법입니다.

이 사건 이후 이탈리아에는 한 가지 속담이 생겨났다고 합니다.

"저 사람은 조토의 원보다 둥근 사람이다."

이 속담은 보통 사람들보다 과하게 원만한 사람을 놀릴 때 쓰는 속담이라고 합니다. 모나지 않고 둥글둥글한 성격의 사람을 우리나라에서 '원만한 성격의 사람'이라고 말하는 것과 비슷하죠. 조토와 관련된 일화가 속담으로 만들어질 만큼 당시 그의 천재성은 인기가 많았습니다.

교황은 조토를 재빨리 로마로 불러들여 성 베드로 대성당의 후면을 장식할 프레스코 벽화를 주문했습니다. 조토는 이후 6년 동안 로마에 머무르며 벽화를 완성시켰습니다. 다만 아쉽게도 지금은 성 베드로 대성당에서 그의 벽화를 볼 수 없습니다. 16세기에 성 베드로 대성당은 교황 식스토 4세에 의해 지금의 모습으로 재건축되었는데, 그 과정에서 조토의 벽화가 모두 철거되었기 때문입니다. 어쨌든 이후에도 조토는 교황청으로부터 많은 의뢰를 받으며 명성을 쌓아 나갔습니다.

콤플렉스

조토의 천재성에 관한 소문을 들었던 사람 중에는 『신곡(La Divina Commedia)』으로 유명한 단테도 있었습니다. 시인이었던 단테는 조토와 함께 르네상스 예술의 시작을 상징하는 인물이기도 합니다. 단테는 조토가 이탈리아의 파도바에 있는 스크로베니 예배당에서 〈애도〉와 다른 벽화들을 한창 그릴 때 방문한 적이 있다고 전해집니다. 작업 현장에 가보니 열심히 그림을 그리는 조토 근처에서 웬 어린아이들이 뛰어놀고 있었는데, 이 아이들은 모두 조토의 자식들이었습니다. 조토는 일찍이 리체부타라는 여인과 결혼하여 네 명의 아들과 네 명의 딸을 두었습니다. 예술을 창작하는 것뿐 아니라 사람을 창작하는 데도 열심이었던 모양입니다.

단테는 조토가 상당한 미남일 것이라고 생각했던 듯합니다. 그토록 아

작가 미상, 〈이탈리아 르네상스의 5대 유명인사〉 중 조토 부분, 1500~1550년경

름다운 그림을 그리는 사람이니 당연히 꽃 같은 미남일 거라고 여겼던 것
이죠. 하지만 실제로 보니 조토는 체구도 작았고 외모도 전혀 미남이라
고 할 만한 사람이 아니었습니다. 그래서 면전에 대고 "이렇게 아름다운
그림을 그리는 사람의 자식들이 어째서 이렇게 평범하게 생겼느냐"고 물

었다고 합니다. 다소 무례할 수도 있는 질문이지만 항상 재치가 넘쳤던 조토는 "나는 낮에는 그림을 만들고 밤에만 아기를 만들거든요"라고 웃으며 대답했다고 합니다. 단테는 무례한 질문도 유쾌하게 받아 넘기는 조토의 자신감을 보고 그가 매력적인 사람이라고 느꼈던 모양입니다. 이후 두 사람은 가까운 친구가 되었는데, 단테는 르네상스 문학사에서 가장 중요한 작품 중 하나로 평가받는 자신의 서사시『신곡』에 조토를 등장시키기도 했습니다.

"오 인간의 힘이여! 가장 푸르른 때조차 얼마나 그 영광은 공허한지. 아둔한 나이에는 이루지 못하리. 치마부에는 신에게 '회화를 평정했습니다'라고 고했지만 이제 그 외침은 조토의 것입니다. 치마부에의 이름은 일식처럼 가리웠습니다."

– 단테, 『신곡』 「지옥」 제11곡, 91–95행

단테가『신곡』을 썼을 때 조토의 스승 치마부에는 이미 이 세상 사람이 아니었지만, 만약 치마부에가 이 글을 봤다면 천국에서도 상당히 기분이 나쁘지 않았을까요? 어쨌든 천재는 천재를 알아보는 법입니다. 단테는 스승을 한참 뛰어넘은 조토의 천재성을 그만큼 높이 평가했던 것입니다.

한편 조토가 아름다운 예술을 창작하는 데 몰두했던 이유는 어쩌면 그의 볼품없는 외모 때문이었을지도 모르겠습니다. 조르조 바사리가 '피렌체에서 조토보다 못생긴 남자는 찾기 힘들다'라고 남긴 기록도 있습니다. 앞의 초상화는 조토가 죽은 지 200년 뒤에 그려진 것인데, 아무래도 후대의 예술가들도 단테처럼 조토 정도의 천재 예술가라면 당연히 상당한 미남일 것이라 생각했던 듯합니다.

하지만 르네상스의 천재들은 의외로 추남인 경우가 많았습니다. 르네상스 예술의 최고 정점이자 인류사 최고의 예술가로 평가받는 미켈란젤로도 추남이었던 것으로 유명합니다. 콤플렉스는 때때로 인간을 더 빛나게 만드는 원동력으로 작동하기도 하는 모양입니다.

스타 예술가의 탄생

이렇게 예술가의 이야기가 사람들 사이에서 이야깃거리로 소비되는 것은 사실 역사에 처음 있는 일이었습니다. 스타 예술가의 탄생, 이 또한 조토가 바꾼 변화입니다. 중세까지만 해도 예술가는 봉제사나 가죽 세공사, 아니면 대장장이와 다를 바 없었습니다. 기술이 뛰어난 사람일 뿐, 사회적으로 대접받을 만큼 중요한 인물은 아니었던 것이죠. 요즘도 어느 가죽 세공사가 기가 막히게 바느질을 한다고 하면 방송사에서 찾아갈 수는 있겠지만, 그렇다고 그를 역사에 이름을 남길 만큼 위대한 인물이라고 말하지는 않습니다.

하지만 조토가 창조한 '환영'이 동시대의 사람들에게 엄청난 충격을 주었던 모양인지 피렌체 사람들은 조토라는 '스타 예술가'의 일거수일투족에 관심을 가졌습니다. 또한 다른 마을 사람을 만나면 '우리 마을에 조토라는 엄청난 화가가 있다'며 자랑했다고 합니다. 요즘 사람들도 어느 연예인이 자신과 같은 동네 출신이면 자랑하기도 하는데 이와 비슷한 느낌이지 않았을까요? 게다가 조토는 볼품없는 외모에도 아름다운 예술을 만드는 '반전 매력'까지 가지고 있던 인물이었습니다. 스타 예술가가 되기에 부족함이 없는 인물이었다고 해야 할까요.

역사는 항상 소수의 천재들에 의해 이끌려 가기 마련입니다. 니콜라 피사노 이후 천재 조토가 탄생하면서 르네상스 예술은 활짝 피어날 준비를 마치게 됩니다.

중단된 르네상스,
흑사병의 창궐

또 다른 혼란, 흑사병

니콜라와 조토의 등장 이후 르네상스 예술가들이 폭발적으로 나타났을 것 같지만 실제로는 그렇지 않았습니다. 르네상스 예술가들의 계보를 살펴보면 니콜라와 조토 이후 반짝하다가 갑자기 약 100년 동안 예술가들이 거의 사라지는 현상이 나타납니다. 이는 조토와 다음 편에 소개할 예술가 브루넬레스키를 비교해 봐도 알 수 있습니다. 조토는 1267년생 그리고 브루넬레스키는 1377년생으로, 둘 사이에는 약 100년의 공백이 있습니다.

르네상스 중간에 이렇게 큰 구멍이 나 있는 이유는 이 시기에 갑자기 유럽에 흑사병이 나타났기 때문입니다. 흑사병은 말 그대로 재앙이었는데 학자들은 이로 인해 유럽 인구의 거의 절반에 달하는 숫자가 사망했을 것으로 보고 있습니다. 4인 가족이라면 가족 중 두 명이 사망하는 끔찍한 경험을 유럽인들은 겪어야 했던 것입니다. 이런 상황이었으니 유럽인들은 한 세기 동안 예술을 발전시킬 만한 여유도, 능력도 전혀 갖지 못했습니다.

흑사병은 십자군 전쟁과 함께 중세의 마지막을 상징하는 사건이기도 합니다. 그렇다면 십자군 전쟁에 이어 유럽에 갑자기 흑사병이 들이닥친 이유는 무엇일까요?

피터르 브뤼헐, 〈죽음의 승리〉, 1562-1563년

카파 공성전

조토가 죽고 9년 뒤, 1346년의 일입니다. 동유럽의 도시 카파에서는 한참 공성전이 벌어지고 있었습니다. 카파는 무역도시 제노바의 식민도시로, 현대로 치면 우크라이나의 도시 페오도시야에 해당합니다. 카파를 공격하는 측은 몽골 제국이었습니다. 칭기즈칸 사후 몽골 제국은 여러 세력으로 갈라졌는데, 그중 하나였던 킵차크 칸국이 유럽으로 넘어가는 관문이었던 카파를 공략하고 있었던 것입니다.

콘스탄티노플에서도 그랬지만 공성전은 항상 참혹하기 마련입니다. 공격하는 입장에서는 성벽 위에서 쏘아대는 화살과 돌멩이들, 뜨거운 기름을 정면으로 맞으면서 싸워야 하기 때문에 희생이 크고, 방어하는 입장에서는 마실 물과 먹을 것이 떨어져 말과 인육까지 먹으며 버텨야 하는 끔찍한 상황이 벌어지기 때문이죠. 그 참혹함 때문인지 공성전을 할 때는 서로에 대한 증오의 감정이 필요 이상으로 커지는 경우가 많았습니다. 카파 공성전에서도 마찬가지였습니다.

그런데 공격에 집중하던 몽골 병사들 사이에서 갑자기 전염병이 돌기 시작했습니다. 그리고 매일 수백 명의 병사들이 죽어 나갔습니다. 몽골 병사들은 가뜩이나 성벽 위에서 날아오는 돌과 화살 때문에 약이 바짝 오른 상태였는데, 전염병까지 돌자 적에 대한 증오가 불타오르기 시작했죠. 병사들은 그 증오 가득한 마음을 투석기에 시체들을 넣어 성 안으로 던지는 것으로 해소하려고 했습니다. 당시 상황에 대해 동시대의 공증인이었던 가브리엘 드 무시스(Gabriele de Mussis)는 이렇게 기록했습니다.

"몽골인들을 덮친 병은 군대 전체를 감염시켜, 매일 수천 명의 목숨을 앗아갔다. 그들은 시체에서 나온 끔찍한 악취가 성 안에 있는 모든 사람을 죽일 것이라고 희망하면서 시체를 투석기에 넣어 도시 안으로 투척하기 시작했다. 산더미같이 쌓여 있던 시체들이 성 안으로 던져졌고, 기독교인들은 시체를 최대한 바다로 던져서 처리하려고 했지만 여전히 시체는 계속 성 안으로 들어왔다.

썩어가는 시체는 공기와 식수를 오염시켰고, 악취는 너무나 지독해 아무도 피해 도망갈 수 없었다. 게다가 병에 감염된 사람은 다른 사람에게 독을 옮겼고, 쳐다보기만 해도 사람들을 병에 감염시켰다. 누구도 이를 막아낼 방법을 알거나 찾지 못했다… 제노바 선원 중 일부가 배를 이용해 카파를 벗어났다. 어떤 선박은 제노바로 돌아갔고, 다른 일부는 베네치아나 다른 기독교 지역으로 향했다."

몽골인들이 감염된 전염병은 바로 '흑사병(Black death)'이었습니다. 흑사병은 당시 치사율이 90퍼센트에 달할 만큼 무서운 병이었습니다. 몽골 병사들은 균이나 바이러스의 존재에 대해서는 몰랐지만, 병든 시체를 성 안으로 던지면 병이 퍼진다는 것 정도는 알고 있었죠. 몽골인들은 분노의 감정을 담아, 그리고 공성전에서 승리하기 위한 전략으로 시체를 성 안으로 던져 넣었던 것입니다. 다만 몽골인들은 그 전략이 향후 수천만의 유럽인들을 죽게 만들며 세상을 지옥으로 만든다는 것까지는 예측하지 못했습니다.

시체가 날아들어 오는 카파성 안에서는 전염병이 순식간에 퍼져 나갔습니다. 사람들은 시체를 바다로 던져 넣는 것으로 상황을 진정시켜보려 했지만, 이미 퍼지기 시작한 전염병을 막을 도리는 없었죠.

결국 성 안에서 버티던 사람들은 하나둘씩 도망가기 시작했습니다. 그런데 문제는 카파가 항구를 끼고 있는 해안가 도시였다는 점입니다. 사람들이 육로가 아니라 배를 타고 해로로 도망쳤던 것입니다. 그렇게 도망치는 사람들의 등에 올라탄 흑사병은 배를 타고 순식간에 전 유럽으로 퍼지게 됩니다.

죽음의 배

1347년 10월, 카파를 빠져나온 제노바의 상선 열두 척이 프리드리히 2세가 태어난 섬 시칠리아의 메시나 항구에 도착했습니다. 시칠리아 사람들은 배의 신원을 확인하기 위해 우선 시찰단을 보냈습니다. 시찰단이 배 안으로 들어가자 내부에는 시체 썩은 내가 진동하고 있었습니다. 선원들 대부분은 이미 목숨을 잃은 상태였습니다. 얼마 남지 않은 생존자들도 고통에 신음하고 있었습니다. 그들의 몸은 고름으로 뒤덮였고, 피부는 시커멓게 변해가고 있었습니다. 병의 이름인 '흑사병'은 바로 여기에서 유래했습니다. 병에 걸린 사람들의 피부가 마치 검은 물감을 칠한 것처럼 시커멓게 변했기 때문입니다. 시찰단은 상부에 보고했습니다. 저 배는 끔찍한 '죽음의 배(Death ship)'라고 말이죠.

의학 지식이 거의 없다시피 한 중세 사람들이라고 해도 전염병에 걸린 사람들을 마을에 들이면 안 된다는 것 정도는 알고 있었습니다. 시칠리아 당국은 급하게 죽음의 배들에게 즉시 항구를 떠나라고 명령했습니다. 하지만 때는 이미 늦었습니다. 시칠리아 항구의 사람들에게도 하나둘씩 피부가 검게 변하는 증세가 나타나기 시작한 것입니다. 아마 시찰을 나갔던 사람들을 통해 병균이 항구로 퍼지게 된 듯합니다.

덧붙이자면 '격리'를 뜻하는 '쿼런틴(quarantine)'은 이 시기에 생긴 용어입니다. 베네치아는 흑사병이 번진다는 소식을 접하고서 베네치아로 들어오는 모든 배를 해상에 40일 동안 일단 격리시킨 후 항구로 들이도록 했습니다. 격리 기간 동안 배 안에 전염병 환자가 발생하지 않았다면 안전한 배라고 판단했던 것입니다. 여기서 이탈리아어로 '40'을 의미하는 'quarantena'가 현대의 영어에서 격리를 뜻하는 'quarantine'으로 바뀌었습니다.

십자군 전쟁 때 유럽에서 가장 폭발적으로 성장한 도시는 베네치아, 피사, 제노바, 아말피와 같은 항구도시들이었습니다. 8차에 달하는 십자군 원정에서 수많은 사람과 물자를 이동시키면서 자연스럽게 항구도시들 또한 성장했던 것입니다. 그렇게 십자군 물품을 전달하는 허브 역할을 맡았던 이 항구도시들이 이제는 흑사병을 전파하는 죽음의 허브 역할을 하게 됩니다. 해로를 통한 전파 속도는 육로 전파와는 비교하기 어려울 만큼 빨랐습니다. 처음 시칠리아 메시나 항구에서 발병한 지 석 달 뒤인 1348년 1월쯤에는 이탈리아를 벗어나 프랑스의 마르세유에서까지 피부가 검게 변한 확진자들이 등장하기 시작했습니다.

흑사병은 곧 항구를 벗어나 엄청난 속도로 퍼져 서유럽의 거의 모든 국가에서 나타나기 시작했습니다. 1348년 6월이 되자 프랑스에 이어 스페인, 포르투갈, 영국에도 확진자가 발생했습니다. 1349년에는 북유럽의 노르웨이에도 확진자가 나왔고, 1350년이 되자 독일, 스코틀랜드, 스칸디나비아를 거쳐 동쪽과 북쪽으로 퍼져 나갔습니다. 그리고 1351년에는 러시아의 시베리아 벌판에서까지 흑사병이 퍼지기 시작했습니다. 결국 알프스나 피레네 산맥처럼 산속에 고립된 지역을 제외하곤 거의 모든 유럽 땅에서 확진자가 나타나게 되었습니다. 그렇게 우리에게도 익숙한 단어, 펜데믹(pandemic)이 시작되었습니다.

유럽인들의 대처

이탈리아의 작가인 아뇰로 디 투라(Agnolo di Tura)는 1348년에 흑사병이 자신의 마을 시에나에도 퍼지기 시작하자 그 당시 상황을 아래와 같이 기록했습니다.

"아버지는 자식을 버렸고, 아내는 남편을 버렸으며, 형제는 형제를 버렸다. 이 병은 공기와 눈길로도 번진다고 생각했기 때문이다. 사람들은 그렇게 죽어 나갔다. 죽은 사람을 땅에 묻어줄 사람을 구할 수가 없었다. 죽은 자를 위해 예배를 드릴 성직자도 없이, 살아남은 가족들은 최선을 다해 가족의 시체를 하수구로 가져다 놓았다. 하루에도 밤낮으로 수백 명씩 사람들이 죽어 나가자 주민들은 큰 구덩이들을 여러 개 파고 시체들을 쌓아 놓기 시작했다… 나도 내 다섯 자식을 내 손으로 땅에 묻었다. 그곳에는 흙으로 대충 덮은 시신들이 많이 있었고 개들이 이 시신들을 끌고 나와 먹어 치우고 있었다. 그럼에도 그곳에는 죽음 때문에 우는 사람들은 없었다. 그들도 죽음을 기다리고 있었기 때문이다. 너무 많은 사람들이 죽었기 때문에 사람들은 이제 종말이 왔다고 믿었다."

피에르 두 티엘트, 〈투르네 주민들이 흑사병 희생자들을 매장하는 모습〉, 1349–1352년경

더 끔찍했던 것은 사람들이 이 병의 원인을 전혀 이해하지 못했다는 것입니다. 점성술사들은 별들이 일렬로 배치되었기 때문에 이런 재앙이 일어났다고 말하기도 했고, 어떤 사람들은 누군가 우물에 독을 탔다고 생각하기도 했습니다. 중세인들은 '균'을 이해하지 못했지만 '독'은 이해하고 있었기 때문에 독을 마셔서 병이 생겼다고 믿었던 것입니다.

그리고 인간은 문제가 생기면 원인을 찾기보다는 책임을 떠넘길 대상을 먼저 찾기 마련입니다. 그로 인해 약소민족이었던 유태인들은 우물에 독을 탔다는 누명을 뒤집어쓰고 죽임을 당하기도 했습니다.

상황이 이렇다 보니 중세인들은 차라리 자신들이 지은 죄 때문에 신의 형벌을 받는다고 생각하는 편이 합리적이라고 여긴 듯합니다. 요한계시록에 예언된 종말의 때가 가까이 왔다고 생각한 것이죠. 그래서 중세의 불쌍한 서민들은 기도를 하거나 고행을 통해 자신의 죄를 뉘우침으로써 병을 치유하려고 했습니다. 교회는 기도하는 사람들로 넘쳐났고, 어떤 마을에서는 신부가 길거리에서 웃통을 벗고 채찍으로 등을 내리치면서 죄를 회개하는 고행을 하기도 했습니다. 그리고 신부의 퍼포먼스에 감명받은 사람들은 모두 그의 곁으로 모여들어 자신들도 웃통을 벗고 등에 채찍을 내리찍기 시작했습니다. 결과적으로 이런 행동들은 전염병을 더 퍼뜨리는 결말을 가져왔습니다. 사람들이 모여서 서로 피를 튀기고 있었으니 말이죠.

이들의 '속죄 행동'이 미련해 보일 수도 있지만, 당시 사람들은 이렇게라도 할 수밖에 없었을 겁니다. 그저 가만히 누워서 죽기를 기다리기에는 삶이 너무 억울하지 않았을까요? 그렇게 허무하게 죽느니 차라리 밖에 나가서 일단 등에 채찍질이라도 한번 해보고 죽는 게 속이라도 시원하지 않았을까요?

죽음의 의사

흑사병을 상징하는 가장 유명한 그림은 새 부리 모양의 가면을 쓴 사람들입니다. 지금 봐도 상당히 기분 나쁜 그림이지만 사실 이 사람들은 당시 의사들입니다.

아폴로의 글에서 나오는 것처럼 사람들은 흑사병이 '공기'를 통해 전염된다는 사실을 어렴풋이 알고 있었습니다. 그러나 공기를 통해 '균'이 퍼진다는 생각은 하지 못했고, 대신 '냄새'가 퍼진다고 믿었습니다. 때문에 의사들은 냄새를 막는 데 최선을 다했습니다. 그래서 새 부리 모양의 가면을 만들어 쓰고는 부리 쪽을 향기가 강한 허브로 막아 놓았죠. 결과적으로 이 마스크는 의외로 상당히 효과가 있었다고 합니다. 향기가 강한 허브들에 항균 능력이 있었기 때문입니다.

그런데 병을 고치는 의사를 사람들은 왜 '죽음의 사신'처럼 느꼈던 것일까요? 이는 중세의 의학이 처참한 수준이었기 때문입니다. 중세 의사들은 다리가 아프다고 하면 도끼로 다리를 잘라버리는 사실상 도축업자

파울루스 퓌르스트, 〈로마의 역병 의사〉, 1656년

에 가까운 사람들이었습니다.

중세 의사들이 흑사병 환자에게 가장 흔히 시행한 치료법은 피를 빼는 '방혈술'이었습니다. 당시 사람들은 병이 생기는 이유를 '나쁜 피' 때문이라고 여겼고, 그 피를 빼내서 병을 고치려고 했던 것입니다. 그러나 실제로는 피를 빼면 몸이 약해져 오히려 더 빨리 죽는 경우가 많았습니다.

아무리 흑사병이라도 치사율이 100퍼센트는 아니었기에 살아남는 사람도 있었지만, 방혈술 때문에 목숨을 잃는 사례도 적지 않았습니다. 그러니 사람들 입장에서는 의사들이 다녀간 뒤 사람들이 죽어 나가는 모습을 보며, 그들이 마치 '죽음의 사신'처럼 느껴졌을 것입니다.

흑사병의 종식

흑사병은 약 8년 정도 기승을 부리다가 1353년에 들어서면서 서서히 종식되었습니다. 흑사병이 왜 갑자기 멈췄는지에 대해서는 현대의 학자들도 확실히 결론 내릴 수가 없다고 합니다. 어떤 학자들은 사람들이 서로 격리하는 습관이 들면서 자연스럽게 줄어들었다고 생각하기도 하고, 어떤 학자들은 이미 너무 많은 사람들이 죽어서 더 이상 병이 빠르게 퍼질 수가 없었다고 생각하기도 합니다. 또 다른 견해로는 병의 매개체 역할을 하던 쥐들의 숫자가 줄어들면서 자연스럽게 종식되었다는 해석도 있습니다.

유럽인들을 절망에 빠뜨렸던 흑사병은 그렇게 어느 순간 갑자기 사라졌습니다. 세상에 종말이 찾아올 거라고 생각했지만 허무하게 느껴질 만큼 갑자기 병의 유행이 멈춘 것이죠. 다만 죽음의 사신이 이미 유럽 인구의 절반을 데리고 저 멀리 사라져 버린 뒤였습니다.

흑사병은 왜 생겨났는가?

그렇다면 흑사병은 갑자기 왜 생겨난 것일까요? 흑사병이 창궐하던 중세로 잠시 돌아가 봅시다. 기후학자들에 따르면 중세 말, 10 – 14세기에는 전 지구적 기온 상승이 있었다고 합니다. 이를 '중세 온난기(Medieval Warm Period)'라고 하죠. 중세 온난기의 원인이 정확히 무엇인지는 알 수 없지만 아마도 태양과 지구의 천체 활동과 관련이 있을 것으로 추정됩니다. 태양 흑점 활동의 변화, 지구가 태양을 도는 이심율의 변화, 지구 자전축의 변화 등에 따라 지구의 온도에 변화가 나타날 수 있다는 것입니다. 이 주기에 따라 지구가 뜨거워지고 차가워지는 것을 간빙기와 빙하기라고 합니다. 중세 말에도 이와 관련된 기온 상승이 있었던 것으로 보입니다.

중세 온난기는 식량 생산의 증가를 가져왔습니다. 날씨가 따뜻하면 아

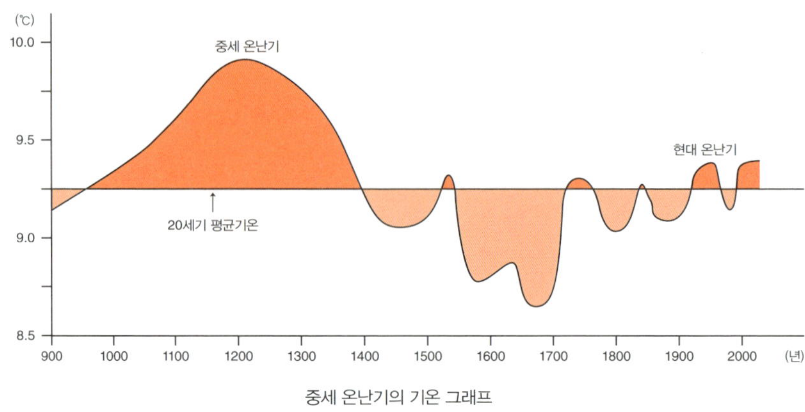

중세 온난기의 기온 그래프

무래도 농작물이 자라기 좋기 때문입니다. 식량이 많아지자 전 지구적으로 인구가 늘어나기 시작했습니다. 11세기부터 흑사병이 시작되기 직전인 14세기까지 유럽의 인구는 최대 1억 명에 이르렀을 것으로 추정됩니다. 그전에 비해 인구가 세 배나 증가한 셈이죠. 이는 아시아도 마찬가지였는데 중국 송나라의 경우 12세기에 4500만 명 규모였던 인구가 13세기에는 8000만 명 수준까지 올라갔습니다.

그렇다면 중세 온난기와 흑사병은 무슨 관계가 있을까요? 흑사병은 카파에 시체를 던지던 몽골인들 사이에서 시작된 병입니다. 그렇다면 몽골인들이 살던 초원에 무슨 일이 일어났는지를 우선 살펴봐야 합니다.

지금도 몽골은 아름답게 펼쳐진 초원으로 유명하지만, 14세기 몽골의 초원은 역사상 가장 풍요로운 시기였습니다. 식물학자들이 몽골의 오래된 나무들의 나이테를 조사해 본 결과 14세기는 지난 천 년 동안 강수량이 가장 많았던 시기라고 합니다. 메마른 초원이 아닌 풍요가 가득한 초원이었습니다. 어쩌면 고려를 포함한 아시아와 유럽 전체를 공포에 떨게 만들었던 징기스칸과 몽골 제국이 탄생한 것도 중세 온난기의 영향이었을지 모릅니다. 중세 온난기 동안 몽골에서도 인구가 증가했고, 초원의 풀이 풍성하게 자라면서 많은 말을 기를 수 있게 되었습니다. 그 결과 몽골 제국의 핵심 전력인 기마병이 강성해질 수 있었죠.

이러한 초원의 축복은 몽골에 서식하던 쥐들에게도 동일하게 적용되었습니다. 먹을 것이 풍부해지자 초원에 사는 쥐들의 숫자는 빠르게 늘어났습니다. 그중에는 '검은 쥐'라 불리는 종도 있었는데, 바로 이 쥐들이 흑사병의 원인인 페스트균을 지니고 있었습니다.

그러다가 14세기 초에 접어들면서 중세 온난기가 끝나기 시작합니다. 그리고 소빙하기가 찾아왔습니다. 기후가 갑자기 변하자 이미 숫자가 불어난 쥐들은 먹이가 부족해졌고, 결국 서식지를 벗어나 먹이를 찾고자 인간이 사는 지역까지 침투하기 시작했습니다. 그리고 그 쥐들의 몸에 기생하던 벼룩이 인간의 몸에 옮겨 타면서 페스트균이 인간에게도 전파되게 되었다는 것이죠. 이것이 바로 '쥐벼룩 가설'입니다.

중세 온난기의 명과 암

이것이 중세 온난기에 유럽인에게 닥친 재앙, 흑사병의 발생 원인에 대해 지금까지 알려진 전말입니다. 저 멀리 있는 태양과 지구의 천체 활동이 인간 사회에 이토록 큰 재앙을 일으켰다고 생각하면 어쩐지 먹먹하게 느껴집니다. 대자연의 섭리 앞에 인간은 어쩔 수 없이 겸허한 마음을 가져야 하는 것일까요.

그런데 조금 넓은 관점에서 보면 중세 온난기는 르네상스가 태어나는 데 양분의 역할을 했다고도 볼 수 있습니다. 우선 르네상스의 발단이 된 십자군 전쟁 자체가 중세 온난기의 영향으로 시작되었다고 생각하는 사람들이 있습니다. 이 시기에 갑자기 유럽 인구가 급증하면서 땅이 부족해졌고, '종교 전쟁'이라는 명분을 등에 업고 삶의 터전을 확장하기 위해 동쪽으로 떠난 것이 십자군 전쟁의 본질이었다는 가설입니다. 실제로 십자군에 참여한 많은 병사들이 유럽으로 돌아가지 않고 중동 지역에 자리 잡았다고 합니다. 이 모습은 십자군을 다룬 영화 〈킹덤 오브 헤븐(Kingdom of Heaven)〉(2005)에도 잘 묘사되어 있습니다.

또한 유럽 인구의 증가는 이 시기의 도시문화를 발달시켰습니다. 당시 유럽의 도시들이 급속도로 성장했다는 것은 이들이 앞다투어 화려한 고딕 성당을 세우기 시작한 것을 보면 알 수 있습니다.

프랑스: 생드니 수도원 교회(1122년)

이탈리아: 피사의 산타 마리아 델라 스피나(1230년)

영국: 캔터베리 대성당(1174년)

벨기에: 리에주 대성당(1189년)

스페인: 레온 대성당(1205년)

독일: 마그데부르크 대성당(1209년)

이 시기에 세워졌던 각 나라의 대표적인 고딕 성당들입니다. 막대한 자원과 인력을 필요로 하는 대성당이 갑자기 많이 세워지기 시작한 것은 그만큼 도시의 인구가 늘어나고 도시의 경쟁력 또한 강해졌음을 짐작하게 합니다.

르네상스 같은 문화운동이 일어나려면 기본적으로 대도시가 발달해야 합니다. 적은 인구로는 아무래도 큰 에너지를 만들어낼 수 없기 때문입니다. 사람이 많아져야 인재 층이 넓어지고, 그중에 뛰어난 사람들, 소위 '천재'도 나타날 수 있습니다. 피렌체 또한 이 시기에 급성장한 도시 중 하나입니다.

이처럼 중세 온난기는 흑사병이라는 비극을 낳았지만, 한편으로는 르네상스의 영양분을 공급하는 역할을 했다고 할 수 있습니다.

캔터베리 대성당, 1174년에 고딕식으로 재건

　그런데 중세 온난기가 묘하게도 지금의 상황과 비슷하다는 생각이 듭니다. 최근 우리는 급격한 지구 온난화 현상을 겪고 있는데, 그와 더불어 1900년에 16억이었던 인구가 최근 80억까지 불어나며 전례 없는 급격한 인구 증가 또한 겪고 있습니다. 그리고 얼마 전 우리는 전대미문의 '코로나 사태', 팬데믹 또한 겪었습니다. 동시에 인류는 컴퓨터, 스마트폰, AI 같이 지금껏 인류가 한 번도 겪어보지 못한 기술 혁신을 이루어내고 있기도 합니다. 역사가 다시 한번 돌고 도는 것일까요?

2세대

완성으로 가는 길

메디치 가문,
일어나다

왜 피렌체였을까

중세 말의 이탈리아는 독특한 정치 시스템을 가지고 있었습니다. 강한 왕을 중심으로 하나로 뭉쳐 있던 프랑스, 영국, 스페인과 달리 여러 개의 도시 국가들로 분리되어 있었기 때문입니다. 이탈리아 반도의 가운데에는 로마, 아래에는 나폴리 왕국과 시칠리아 왕국, 위에는 피렌체 공화국과 밀라노 공국이 있었고, 해안가에는 십자군 전쟁 시절 무역으로 성공한 베네치아 공화국, 제노바 공화국, 피사 공화국, 아말피 공화국 같은 항구도시들이 있었습니다.

르네상스가 유독 이탈리아에서 발전한 이유는 아마도 이렇게 독립된 여러 국가들이 난립해 있었기 때문일 것입니다. 서로 경쟁하다 보니 자연스레 경제와 문화를 빠르게 발전시킬 수 있었던 것이죠.

그런데 이탈리아의 여러 도시 국가들 중에서 르네상스의 중심 역할을 했던 도시는 단연 피렌체였습니다. 앞으로 소개할 수많은 르네상스의 천재들은 대부분 피렌체 출신이었습니다. 왜 다른 도시가 아니라 피렌체였을까요? 당시 피렌체는 인구로 비교한다면 밀라노나 나폴리보다 적었고, 역동성과 재력으로 비교한다면 무역도시 베네치아나 제노바보다 못했으며, 전통과 문화유산으로 따지면 로마보다 부족했는데 말이죠.

다만 피렌체는 한 가지 장점을 가지고 있었습니다. 바로 '공화국(Republic)'이었다는 점입니다. 공화국은 주로 한 명의 군주가 아닌 시민들이 주권을 갖고 도시를 이끌어가는 정치 시스템입니다. 공화국에도 물론 귀족들이 존재했지만, 이들은 시민들과 협력하며 같은 일원으로서 살아갔습니다. 이탈리아 내에는 피렌체 외에도 다른 여러 공화국들이 있었는데, 그중 유독 이 시스템을 철저하게 이어 나갔던 나라가 바로 피렌체였습니다.

때문에 이런 추정을 해볼 수 있습니다. 공화주의 정치 제도에서는 시민들의 자유가 보장되어 있었고, 예술가들은 그 자유를 바탕으로 자신의 능력과 상상력을 마음껏 펼쳐 예술을 창조할 수 있었을 것이라고 말이죠.

메디치 가문

메디치 가문(House of Medici)은 오스트리아의 합스부르크 가문, 프랑스의 부르봉 가문, 독일의 로스차일드 가문처럼 유럽 근세사에서 가장 중요한 가문들 중 하나입니다. 그런데 메디치 가문에게는 다른 유럽의 가문들과 본질적으로 다른 특징이 한 가지 있었습니다. 바로 평범한 시민 출신의

메디치 가문의 문장

가문이었다는 점입니다. 그 정도로 유명한 가문이라면 귀족이나 왕족 가문이라고 생각하기 쉽지만 메디치는 피렌체의 평범한 시민 계급 출신이었습니다.

메디치 가문의 기원을 찾아보면 피렌체 북쪽의 무겔로 지역에서 시작됩니다. 그 지역의 기사 집안 출신이라는 이야기도 있고, 메디치라는 이름 때문에 약제상의 후손이라는 이야기도 있으며, 환전상의 후예라는 말도 있습니다. 하지만 그 무엇도 확실하지는 않습니다. 무겔로는 당시 농업 지역이었으니, 어쩌면 중세를 살아가던 평범한 농민 집안이었을지도 모릅니다. 기원조차 분명하지 않던 이들이 피렌체로 넘어온 시기는 대략 12세기였습니다. 시기로 보면 중세 온난기와 겹쳐 있는데, 아마도 중세 온난기의 인구 증가로 인해 일자리를 찾아 도시로 이동했을 가능성이 있습니다.

메디치가 넘어왔던 12세기에 피렌체의 인구는 급증하고 있었습니다. 당시 피렌체 인구의 상당수는 양모 사업에 종사하고 있었는데 아마 도시 전체가 거대한 '양모 공장' 같은 느낌이었을 것입니다. 우리나라도 1960년대에 그랬듯이, 섬유 산업의 발달은 도시의 발달로 이어지는 경우가 많습니다. 아무래도 섬유는 농산물이나 식료품에 비해 수출하기 훨씬 좋은 상품이니까요. 양모 사업이 발달하면서 피렌체에는 자연스럽게 금융 사업도 함께 성장하게 됩니다.

메디치 가문은 바로 이 금융 사업에 진출하기 시작했습니다. 기록에 따르면 얼마 뒤 고향 무겔로에 많은 땅을 구매했다고 하니 금융 사업이 꽤나 성공했던 모양입니다. 어느 정도 부가 축적되고 나서부터는 공직에 나가 국가를 위해 봉사하는 사람들도 생기기 시작했습니다.

하지만 얼마 뒤 피렌체에도 흑사병이 덮쳐왔습니다. 피렌체도 흑사병의 악몽을 피해 갈 수는 없었기에 한때 12만 명까지 증가했던 인구는 거

아놀로 브론치노, 〈조반니 디 비치 데 메디치의 초상〉, 1559–1569년경

의 절반으로 줄어들었습니다. 메디치 가문은 흑사병에서 살아남았지만 여전히 피렌체의 평범한 가문들 중 하나에 불과했습니다.

그랬던 메디치 가문이 피렌체를 대표하는 최고의 가문으로 성장하게 된 것은 흑사병이 종식되고 7년 뒤인 1360년, 조반니 디 비치(Giovanni di Bicci de' Medici)가 태어나면서부터였습니다. 조반니는 평범했던 메디치 가문을 일으켜 피렌체의 중심으로 만들었던 인물입니다.

마음 따뜻한 청년과 아름다운 귀족 소녀의 결혼

메디치 가문을 일으킨 엄청난 사람이라고 하지만, 조반니는 미남도 아니었고 키가 훤칠하게 큰 것도 아니었습니다. 그저 평범한 사람이었죠. 다만 유독 진솔하고 진중한 성격이었다고 합니다. 평민 가문의 평범한 남자가 유럽 최고의 가문을 일구었다니, 그는 도대체 무엇으로 메디치 가문을 일으킬 수 있었던 것일까요?

조반니가 청년으로 성장해 독립할 시기가 되었을 때, 그는 가족들과는 조금 다른 길을 걷기로 결심합니다. 그의 아버지는 금융이 아닌 양모 사업을 하고 있었는데 이를 물려받지 않고, 로마에서 은행 일을 하던 삼촌 비에리에게 갔습니다. 아마 다른 형제들이 양모 사업을 물려받아 잘 이끌어갈 테니 자신은 금융 쪽에서 한번 기회를 잡아보고 싶었던 것인지도 모릅니다. 그렇게 조반니는 삼촌을 도우며 은행 업무를 배우기 시작했습니다.

그런데 당시에는 은행이라고 해봐야 도심에 좌판을 깔아놓고 돈을 빌려주고 받는 '환전상' 정도에 불과했습니다. 영어 뱅크(Bank, 은행)의 어원은 이탈리아어 방카(Banca)인데, 이는 '벤치(Bench)'와 뜻이 같습니다. 시장에 나가 좌판에 물건 대신 벤치만 덩그러니 놓고 장사하는 사람이 있다면 바로 그 사람이 은행원이었던 것입니다. 조반니는 그렇게 삼촌 밑에서 열심히 은행 일을 배웠습니다. 성실함과 친절함으로 최선을 다해 일했던 그였기에 곧 좋은 실적을 내기 시작했습니다.

친절하고 성실한 청년은 항상 주변에 혼담이 오가기 마련입니다. 성실한 조반니를 눈여겨보고 있던 어느 고객이 그에게 한 처녀를 소개해 주었습니다. 바로 베로나의 귀족이자 아름다운 용모를 가진 피카르다 부에리라는 처녀였습니다. 피카르다의 입장에서 조반니는 그저 볼품없는 외모를 가진 평민에 불과했음에도 그녀는 조반니를 남편으로 선택하게 됩니다. 그의 성실함에 끌렸기 때문일까요? 그렇게 1386년 조반니는 스물여섯 살의 나이에 피카르다와 결혼하게 됩니다.

결과적으로 그녀의 선택은 옳았다고 할 수 있습니다. 조반니는 평생 가정과 사업에만 충실한 남자였고, 일생동안 속을 썩이지 않고 그녀를 행복하게 해주기 위해 노력했기 때문입니다.

조반니에게도 피카르다는 여러모로 보석 같은 존재였습니다. 그녀가 가져온 지참금 1,500플로린 금화를 은행 사업에 잘 활용한 덕분에, 그가 빠르게 성장할 수 있었기 때문입니다. 이후 삼촌이 나이가 들어 더 이상 은행 일을 이어갈 수 없게 되자, 조반니는 그동안 모은 자금을 바탕으로 삼촌의 은행을 인수하기로 결정합니다.

조반니는 이렇게 직접 '피렌체 은행'을 열고 은행업을 본격적으로 시작했습니다. 그의 친절함과 정직함 덕분인지 은행은 금방 번성하게 되었고, 피렌체 은행은 곧 피렌체 본사뿐 아니라 로마, 베니스, 나폴리까지 확장하게 되었습니다.

해적 출신의 교황, 요한 23세

그럼에도 조반니는 아직 피렌체의 평범한 은행장 중 한 명에 불과했습니다. 당시 피렌체에는 그의 은행 말고도 이미 70여 개가 넘는 은행이 있었기 때문입니다. 그랬던 조반니가 자신의 은행을 피렌체 최고의 은행으로 성장시킬 수 있었던 것은 발다사레 코사(Baldassarre Cossa)라는 해적을 만나면서부터였습니다.

그런데 발다사레 코사는 단순히 해적이라고 하기에는 역사에서 보기 힘든 독특한 경력을 가졌습니다. 해적에서 출발하여 나중에는 자그마치 교황까지 올라간 입지전적의 인물이기 때문입니다.

해적에서 교황까지 되었다고 하면 왠지 못된 해적이 어느 날 마음을 고쳐먹고 착한 사람으로 변화하여 훌륭한 교황이 되었다는 '훈훈한' 이야기가 떠오르지만, 발다사레 코사는 그와는 거리가 먼 인물이었습니다. 처음부터 끝까지 해적스러움을 버리지 못한 남자라고 해야 할까요?

그는 나폴리의 귀족 출신이었지만, 귀족다운 태도나 품위와는 거리가

리헨탈의 울리히, 〈대립 교황 요한 23세(발다사레 코사)〉, 1430년대 이후

먼 인물이었습니다. 당시 해적은 해상 강탈은 물론 노예 무역, 마을 약탈까지 세상의 온갖 나쁜 짓은 다 하고 다녔는데, 발다사레 코사와 그의 두 형제도 마찬가지였습니다. 악질이었던 발다사레 코사의 형제들은 해적질을 하다가 일찌감치 나폴리에서 붙잡혀 결국 사형을 당했죠.

형들이 사형되자 발다사레 코사는 '지금처럼 계속 해적질이나 하며 살다가는 나도 언젠가 형들처럼 붙잡혀서 인생 끝장나고 말겠구나' 하고 생각했던 모양입니다. 그래서 그는 음지에서 양지로 나오기로 결심했습니다. 그리고는 볼로냐의 대학으로 가서 민법과 교회법 법학 학위를 받았습니다. 해적에서 성직자로, 일종의 신분 뒤집기를 시도한 것입니다.

바로 이 시기를 전후해 발다사레 코사는 로마에서 메디치의 조반니를 만난 것으로 보입니다. 그가 조반니를 찾아가게 된 경위는 돈이 필요했기 때문입니다. 당시 로마 가톨릭의 부패가 확실히 심각했는지, 교회의 고위직으로 올라가기 위해서는 많은 돈이 필요했습니다. 발다사레 코사가 조반니에게 요구한 금액은 자그마치 1만 2,000플로린 금화였습니다. 이는 요즘으로 치면 100억이 넘는 큰 금액입니다. 조반니는 '딱 봐도 건달 같은 이 인간에게 이렇게 큰돈을 빌려주어도 되는 걸까' 하고 고민했습니다.

고민 끝에 조반니는 발다사레에게 돈을 빌려주기로 결심합니다. 일종의 도박을 건 셈이죠. 물론 조반니도 생각 없이 도박을 건 것은 아니었습니다. 조반니는 로마에서 비에리 삼촌에게 은행업을 배우던 시절, 어마어마하게 큰돈이 로마 교황청에서 오가는 모습을 보았습니다. 피렌체 상인들이 양모나 가죽을 팔아서 돈을 벌고 있었던 것과 달리, 로마 교황청은 완전히 '또 다른 세상'이었습니다. 사실상 세금과도 같았던 헌금과 고해성사로 죄를 사해주는 대가로 받는 공물, 사제부터 추기경까지 계급에 따라 가격이 매겨지던 성직 매매, 그리고 예수의 십자가 파편이나 성 요한의 손가락 뼈처럼 진위를 알 수 없는 '가짜 성물 매매'까지, 사실상 교황청은 전 유럽에서 돈을 빨아들이고 있었습니다. 결국 큰돈을 벌려면 교황청과 친해져야 한다는 것을 조반니는 로마에서 배웠습니다.

발다사레 코사는 추기경에 그치지 않고 교황이 되려는 야망을 가진 인물이었습니다. 19세기의 역사학자였던 요한 피터 카르쉬는 그를 두고 이렇게 평가했습니다.

"세속적이며, 야망 있고, 교활하고, 부도덕하고, 뛰어난 싸움꾼이었지만 다만 성직자는 아니었다."

조반니도 발다사레 코사를 만났을 때 그의 이런 '세속적 야심'을 보았던 게 아닐까요? '저 정도 야심이 불타는 사람이라면 방식이야 어떻든 뭐라도 하겠지' 하고 생각했던 모양입니다. 물론 그가 교황이 될 가능성은 높지 않으니 조반니의 입장에서는 여전히 고위험 고수익 전략이었던 셈입니다.

혼란의 시대

단순히 야망이 있다고 아무나 교황이 될 수 있는 건 아닙니다. 그렇다면 해적 출신이었던 그가 어떻게 교황 자리까지 올라갈 수 있었을까요? 우선 발다사레는 조반니에게 빌린 돈으로 어렵사리 추기경의 자리에 오를 수 있었습니다. 추기경이 된 뒤에도 개인 사생활은 엉망이었다고 합니다. 그의 공관은 항상 여자들이 끊이지 않았고, 기록에 따르면 적어도 200명에 달하는 여자들을 '유혹'했다고 합니다. 아마 지역 여성들을 불러서 진탕 놀았던 모양입니다. 그중에는 유부녀와 과부들, 심지어는 수녀들도 있었다고 합니다. 발다사레는 단순히 사생활만 지저분한 것이 아니었습니다. 그는 면죄부 판매나 성직 매매 같은 부정한 행위로 부를 축적하기 시작했습니다.

이런 인물이 추기경이 될 수 있었다는 건 그만큼 당시 가톨릭과 로마 교황청이 부패해 있었음을 보여줍니다. 교황청은 더 이상 십자군 시절처럼 빛나고 권위 있는 곳이 아니었습니다. 특히 당시 교황청의 권위가 땅에 떨어졌다는 사실은 교황청이 분열하는 양상을 보였다는 데서 정확히 드러납니다. 소위 '대립 교황'이 등장한 것입니다. 십자군 전쟁의 실패와 흑사병 등으로 교황의 권위가 땅에 떨어지자, 스페인 · 프랑스가 지원하는 교황과 영국 · 독일이 지원하는 교황으로 갈라지게 됩니다. 이들은 각자 자신들이 정통성을 가진 교황이라고 우겼는데, 이런 상황이 벌써 30년이나 지속되고 있었습니다.

이런 혼란기는 발다사레 코사 같은 인물에게는 오히려 기회가 되었습니다. 1409년, 발다사레를 포함한 추기경들이 움직이기 시작했습니다. 발다사레 코사는 공의회를 열어서 누가 교황의 적통인지를 회의를 통해 판단해 보자고 제안했습니다. 두 교황은 당연히 이에 반발했지만 수백 명의 고위 성직자들이 모인 가운데 공의회는 피사에서 강행되었습니다. 공의회는 어느 교황의 손을 들어주었을까요? 결과는 두 교황 모두 폐위하고 새로운 교황을 뽑자는 것이었습니다. 그렇게 해서 알렉산더 5세라는 인물이 새 교황으로 선출되었습니다.

하지만 원래 있던 두 교황은 이를 인정하지 않았습니다. 자신들이 멀쩡히 살아 있는데 어디 추기경들 따위가 모여서 새로운 교황을 뽑느냐는 것이었죠. 결국 두 교황은 퇴위를 거부했고, 교황만 한 명 더 추가된 꼴이 되었습니다. 교황은 그렇게 세 명으로 늘어났습니다.

교황의 암살?

그런데 이변이 일어납니다. 피사 공의회를 통해 새로 뽑힌 세 번째 교황 알렉산더 5세가 1년도 안 돼서 갑자기 죽어버리고 만 것입니다. 그의 나이가 71세였다고 하니 고령에 따른 자연사였을까요? 사인은 정확히 알 수 없지만 문제는 사망 당시 발다사레가 그와 같이 있었다는 것이었습니다. 그래서 세간에는 발다사레가 신임 교황을 독살한 게 아니냐는 소문이 돌기 시작했습니다.

정말 그가 독살을 했는지는 알 수 없지만, 어쨌든 결과적으로는 곁에 있던 발다사레가 그다음 교황으로 추대되었습니다. 그는 분명 추기경들의 추대로 교황이 되었지만, 상상력을 발휘해 본다면 다른 추기경들을 돈으로 매수하거나 힘으로 위협했는지도 모릅니다. 어쨌든 발다사레 코사는 사망한 알렉산더 5세의 뒤를 이어, '요한 23세'라는 세례명으로 교황의 자리에 올라섰습니다. 해적질이나 하던 귀족이 정말로 교황이 된 것입니다.

발다사레 코사에서 교황 요한 23세가 된 그는 교황청 주거래 은행을 '피렌체 은행'으로 바꿨습니다. 바로 메디치 조반니의 은행입니다. 이는 조반니가 돈을 빌려준 것에 대한 보답이었을 듯합니다. 그렇게 조반니의 도박은 일단 성공하게 됩니다.

끝나지 않은 도박

그러나 이 도박은 아직 완전히 성공한 것이 아니었습니다. 여전히 다른 두 교황이 난립해 있는 상황이었기 때문입니다. 게다가 조반니는 교황청 전담 은행이 된 이후 오히려 돈을 더 투자해야 했습니다. 발다사레 코사가 교황이 되자 다른 교황들이 군사를 일으켜 공격하는 바람에 이를 해결하기 위한 자금이 필요했던 것이죠. 당연히 이 자금들은 메디치 은행으로부터 나왔습니다.

아무리 세상이 혼란스러웠다고 한들 교황이 세 명이나 난립한 상황이 오래 지속될 수는 없었습니다. 결국 당시 신성로마제국의 황제였던 지기스문트가 직접 나서기로 결심합니다. 다시 한번 공의회를 열어서 셋 중 누가 '진짜 교황'인지 한번 판단해 보자는 것이었죠.

발다사레 코사는 머리가 아파지기 시작했을 겁니다. 교황이 된 지 이제 겨우 4년, 그런데 새롭게 열릴 공의회에서 자신에게 불리한 결정이 내려진다면, 어렵게 얻은 교황직을 잃을 수도 있었기 때문입니다. 물론 만

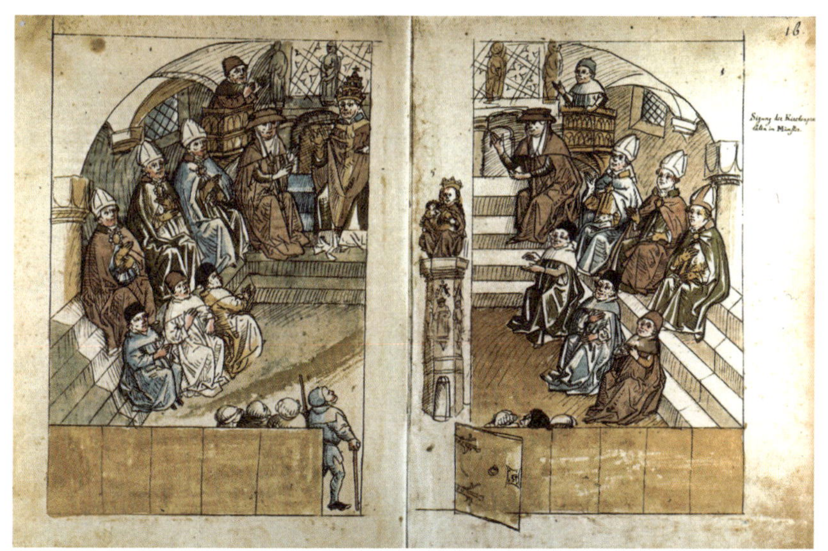

작가 미상, 〈콘스탄츠 공의회〉, 1460-1465년경

약 자신이 공의회에서 교황으로 확실히 인정받는다면 명실공히 유럽을 대표하는 교황으로 확실히 자리를 잡을 수도 있었습니다. 어쨌든 세 사람 중 한 명은 선택될 테니 일종의 33퍼센트 확률에 건 도박이라고 할 수 있었습니다.

발다사레 코사는 고심 끝에 공의회를 열자는 제안을 받아들이기로 결정했습니다. 물론 그에게도 나름대로의 생각이 있었습니다. 신성로마제국 황제 지기스문트가 선출되도록 뒤에서 가장 노력해 준 인물이 자신이었기 때문입니다. 황제가 최소한의 의리라도 있다면 보답하는 의미로 자신이 교황이 될 수 있게 뒤에서 도와줄 거라고 믿었던 것입니다.

그런데 발다사레 코사의 측근과 가족들은 이 공의회에 참석하는 것을 말렸다고 합니다. 주변 소문을 들어보니 아무래도 황제가 발다사레 코사를 배신할 듯한 분위기라는 것이었습니다. 가족들은 '공의회에 들어가면 일반인이 되어서 나올 가망성이 높다'며 적극적으로 말렸습니다. 발다사레 코

사가 이 말을 듣고 무슨 생각을 했는지는 알 수 없습니다. 결국 그는 공의
회가 열리는 콘스탄츠로 가는 길에 나섰습니다.

그런데 공의회에 도착하자 걱정과는 달리 분위기는 오히려 그에게 유
리하게 흘러갔다고 합니다. 아무래도 교황청이 로마에 있다 보니 고위 사
제직에는 이탈리아인들이 많았는데, 이들이 같은 이탈리아인이었던 발
다사레 코사를 선호하면서 분위기가 좋게 형성되었던 것입니다.

하지만 다른 두 교황이 반발하기 시작했습니다. 스페인과 프랑스, 그
리고 영국과 독일이 각각 지원하는 두 교황은 오히려 이탈리아 출신의 교
황이 선출되는 건 형평성에 맞지 않는다며 강하게 맞섰습니다.

중재를 위해 공의회를 열었던 지기스문트는 입장이 난처해졌습니다.
해결하자고 모인 것인데 자칫하면 다른 국가들의 반발만 불러오고 쓸데
없이 그들과 사이만 더 나빠질 수도 있었기 때문입니다. 지기스문트는 누
구의 편도 들 수 없었습니다. 그래서 그는 고심 끝에 다음과 같이 결론을
내렸습니다. 세 명의 교황을 모두 폐위하고 새로운 교황을 추대한다는 것
이었죠. 결정을 들은 발다사레 코사는 아마 하늘이 무너져 내리는 느낌
이었을 겁니다. 교황의 꿈은 그렇게 끝나버린 걸까요?

야반도주

잠시나마 교황 요한 23세로 살다가 다시 평범한 발다사레 코사가 된
그는 이 결정 이후 궁수로 변장하고 도망쳤습니다. 뭔가 심상치 않은 분
위기를 감지했기 때문입니다. 실제로 지기스문트 황제는 도망친 발다사
레를 체포하라고 지시했습니다. 아마 황제는 교활한 그가 어떤 술수를 부
리면 골치가 아프니, 차라리 감옥에 가두는 편이 속 편하다고 생각했을
지도 모릅니다. 물론 자신이 황제가 되도록 그가 뒤에서 도와주었던 일
은 잊은 지 오래였습니다. 지금도 마찬가지지만 정치의 세계에서는 영원

한 친구도, 적도 없는 법입니다.

그렇게 도망 다니던 발다사레 코사는 결국 붙잡혔습니다. 그는 변장한 것 외에는 죄가 없다고 주장했지만 수많은 죄목으로 동시에 기소되었습니다. 법정 앞에 선 초라한 발다사레 코사에게 부여된 죄목은 해적질, 강간, 남색, 살인 및 근친상간 등 다채롭고 화려했습니다. 이는 황제 측의 주장이라 어디까지가 진실인지는 알 수 없지만, 아마 황제는 그를 확실히 감옥에 집어넣을 작정으로 가능한 모든 죄목을 적용했던 모양입니다. 결국 발다사레 코사는 감옥에 갇혔고, 교황이 되고자 했던 해적의 꿈은 하이델베르크의 감옥에서 끝나게 되었습니다.

뜨거운 남자 조반니

그런데 아무도 예상하지 못했던 일이 일어납니다. 발다사레가 감옥에서 나올 수 있는 유일한 길은 보석금을 내는 것이었는데, 아무도 내주지 않을 것 같았던 보석금을 조반니가 내겠다고 나선 것입니다.

보석금은 자그마치 3만 8,500길더 금화로, 현대로 치면 500억 원에 가까운 엄청난 금액이었습니다. 조반니가 은행으로 지난 20년간 모아온 돈의 절반에 해당하는 금액이었죠. 게다가 보석금은 돌려받을 수 없으니 사실상 그냥 공중분해되는 돈이나 마찬가지였습니다. 아마도 황제는 이 미래 없는 인간을 위해 큰돈을 낼 사람이 없을 것이라 생각했을 것입니다. 그런데 뜬금없이 조반니가 나선 것입니다. 그는 아들 코시모에게 돈을 최대한 끌어모으라고 지시했습니다. 그리고는 이 엄청난 돈을 모아 황제에게 전달하며 발다사레 코사를 꺼내달라고 요청했습니다.

황제는 황당했을 겁니다. 발다사레 코사는 누가 봐도 이제는 '끈 떨어진 인물'이었습니다. 정치적으로 봐도 다시 교황이 될 리 만무했고, 인간적으로도 그간의 행적이 너무 지저분해 그런 사람을 구한들 좋은 평판을

도나텔로 · 미켈로초, 요한 23세의 영묘, 1419년-1420년대

얼을 리도 없었습니다. 그런데 조반니는 묵묵히 감옥에서 발다사레 코사를 구출하여 피렌체로 데리고 돌아왔습니다. 그리고 감옥에서 돌아온 처량한 그에게 거처를 마련해 주고 보살펴주기 시작했습니다. 의리라고 해야 할까요 아니면 따뜻한 인간성의 발현이라고 해야 할까요.

하지만 조반니의 따뜻한 보살핌에도 추운 독일에서의 감옥 생활이 힘들었는지 발다사레 코사의 몸 상태는 급속도로 나빠졌습니다. 결국 그는 감옥에서 나온 지 불과 몇 달 후에 사망하고 맙니다.

그렇게 허무하게 죽은 발다사레 코사를 위해 조반니는 9일 동안 성대하게 장례식도 치러주었습니다. 여기에 더해 조각가 도나텔로를 고용하여 큰돈을 주고 무덤도 만들어 주었습니다. 무덤의 묘비에는 다음과 같이 기록했습니다.

"전 교황 요한 23세. AD 1419년 1월 달력 11일 전, 피렌체에서 잠들다."

마지막 묘비 제작까지, 그가 할 수 있는 최선의 예우를 갖춘 것입니다. 하지만 조반니의 행동은 누가 봐도 이해하기 어려웠습니다. 그는 대체 무슨 생각으로 엄청난 돈을 공중에 날려가며 발다사레 코사를 구하려 했던 것일까요?

도박의 성공

그런데 이 미련해 보이는 행동은 오히려 조반니와 메디치 가문의 이름을 유럽 전역에 알리는 계기가 되었습니다. '그 엉망이었던 발다사레 코사를 위해 그 큰돈을 태운다고? 메디치가의 조반니라는 사람은 도대체 어떤 사람이야?' 하며 사람들이 궁금해하기 시작한 것입니다.

때는 아직 르네상스가 완전히 깨어나기 전인 중세 말이었습니다. 금융업을 하는 이들의 입장에서는 누군가 돈을 떼먹고 다른 마을로 달아나면 잡을 방법이 없는 시대였습니다. '신뢰'라는 개념조차 희박했던 그때, 조반니는 사람들에게 바로 그 '신뢰'를 보여준 것입니다. 곧 조반니와 메디치 가문은 순식간에 유럽 전역에서 '의리와 신뢰의 대명사'로 인식되기 시작했습니다.

그리고 이 '신뢰' 덕분인지 신성로마제국 황제에 의해 새로 뽑힌 교황 마르틴 5세는 얼마 뒤 메디치 은행을 교황청의 주거래 은행으로 유지하기로 결정했습니다. 사실 발다사레 코사에게 무덤까지 만들어주며 '전 교황 요한 23세'라고 적어준 것에 대해 마르틴 5세는 상당히 불쾌해했다고 합니다. '정통성이 없는 전 교황'에게 그런 특별 대우를 해주는 것은 '정통성이 있는 현 교황' 입장에서는 아무래도 눈에 거슬리는 일이기 때문입니다. 그럼에도 불구하고 파트너 은행을 선택하는 데 있어 첫 번째 조건이 '신뢰'였던 교황은 조반니 같은 인물이라면 안심하고 돈을 맡겨도 된다고 생각했던 듯합니다. 그리고 이후 다른 유럽의 귀족들도 '피렌체 은행'이라면 믿고 돈 관리를 맡기게 됩니다.

이렇게 조반니의 도박은 성공하게 되었습니다. 비록 발다사레는 죽고 그 때문에 많은 돈을 잃었지만 전 유럽에 '신뢰의 상징'으로 떠오른 것입니다. 이후 피렌체 은행은 급속도로 성장했습니다. 교황청의 주거래 은행이 되면서 큰돈을 관리하게 된 것은 물론이고 피렌체에서도 제일가는 은행으로 성장할 수 있었습니다.

메디치 가문은 이렇게 조반니를 통해 처음으로 일어서기 시작했습니다. 비록 평민 가문 출신이었지만 진솔한 남자였던 조반니의 성공과 함께 이제 피렌체에서 가장 영향력 있는 가문으로 성장하게 되었습니다. 이와 더불어 유럽 최고의 귀족들과 교류하면서 자연스레 정치적 영향력 또한 강해지기 시작했습니다.

예술 후원의 시작

메디치 가문이 이렇게 성공한 후에 조반니가 보여준 주목할 만한 행동이 두 가지 있습니다. 바로 '소박한 생활 태도'를 유지한 것과 '적극적인 예술 후원'입니다.

조반니는 피렌체 전체 경제를 좌지우지할 만큼 부가 늘어났음에도 소박하게 옷을 입고 먹으며 사람들이 보기에 전혀 사치를 부리지 않았다고 합니다. 자신뿐 아니라 자식들에게도 그런 생활 태도를 유지시켰는데, 피렌체의 노동자 계급 시민처럼 단출하게 옷을 입고 행동하도록 가르쳤습니다. 아마 당시 피렌체의 길거리로 나가면 평범한 아이들과 함께 뛰노는 메디치 가문의 아이들을 쉽게 발견할 수 있었을 것입니다.

그리고 조반니는 이때부터 적극적으로 예술 후원을 시작했습니다. 그는 기베르티(Ghiberti), 야코포(Jacopo), 도나텔로(Donatello) 같은 조각가들을 후원했고, 건축에서는 브루넬레스키(Brunelleschi)를 후원했습니다. 피렌체의 르네상스가 본격적으로 불이 붙기 시작한 것은 바로 이 즈음부터였습니다.

조반니의 이런 행동을 어떻게 이해해야 할까요? 우선 소박한 생활 태도는 화려함을 싫어하는 그의 타고난 성품 때문이기도 하겠지만, 시민들의 시선을 의식한 것이기도 합니다. 만약 평민 출신의 메디치 가문이 성공했다고 우쭐대며 사치를 부린다면 피렌체 시민들의 시기 질투가 폭발해 언젠가 적으로 돌변할 수 있다고 생각한 것이죠.

실제로 공화국이었던 피렌체에서는 시민들에 의한 소요 사태가 종종 일어나곤 했습니다. 대표적인 사건이 1378년에 일어났던 노동자 폭동 사건 '촘피(Ciompi)의 난'입니다. 하급 노동자들이 처우 개선을 요구하며 일으킨 이 소요 사태 당시, 조반니는 열여덟 살의 청년이었습니다. 그는 시민폭동으로 인해 피렌체의 거리가 전쟁터가 된 모습을 기억하고 있었을 것입니다. 공화국에서 시민의 힘은 막강합니다. 그는 시민들로부터 미움받을 짓은 절대로 하지 말아야 한다는 것을 기억하고 있었습니다.

이 생각을 이어 나가보면 그의 예술 후원도 이해할 수 있게 됩니다. 예술 후원은 예술을 사랑하는 그의 취향, 그리고 언젠가 재로 변할 이 돈들을 영원한 생명을 갖는 예술로 전환시켜야 한다는 그의 철학 때문이기도 하겠지만, 피렌체 시민들의 환심을 사기 위한 목적도 있었을 것입니다.

당시 예술은 일종의 '공공사업'의 성격을 띠고 있었습니다. 거대한 성당이나 벽화와 천장화, 그리고 광장의 조각들은 누구나 공짜로 보고 즐길 수 있었기 때문입니다. 특히 조반니가 조각가와 건축가들을 집중적으로 후원한 데에는, 이러한 '광장 전시 효과'를 기대한 측면이 있었던 것으로 보입니다. 아무래도 그림보다는 조각과 건축물이 야외의 공공장소에 설치되기에 더 적합했기 때문입니다. 조반니는 이렇게 자신이 번 돈을 공공사업을 통해 사회에 환원하며 시민들의 환심을 사려고 한 것이죠.

어쨌든 이는 결과적으로 피렌체의 르네상스 발전에 비옥한 양분을 공급하게 되었습니다. 그의 이런 '인간성에 대한 통찰'이 피렌체를 르네상스의 중심지로 만들었습니다.

'진짜 남자'의 마지막

조반니는 1429년에 69세의 나이로 생을 마감했습니다. 그는 죽기 전에 자녀들에게 자신이 평생 사랑했던 아내 피카르다를 끝까지 존중하고, 그녀의 합당한 명예를 빼앗지 말라고 충고했다고 합니다. 겉은 볼품없지만 속은 끝까지 멋있는 남자였습니다. 조반니는 아내를 '난니나(Nannina)'라는 별명으로 불렀다고 하는데, 이는 '하느님의 축복'이라는 뜻입니다. 기록에 따르면 조반니가 죽고 나서 아내 피카르다는 극복할 수 없는 슬픔에 빠졌다고 합니다.

하지만 피카르다의 슬픔은 그녀의 훌륭한 아들들이 충분히 위로해 주었을 것입니다. 훌륭한 아버지 아래에는 훌륭한 아들이 있기 마련입니다. 조반니와 피카르다의 큰아들 코시모 데 메디치는 이후 피렌체를 명실공히 유럽 최고의 도시로 만들며 '피렌체의 국부'로 불리게 됩니다. 그리고 아버지처럼 예술을 후원하며 피렌체를 르네상스의 중심으로 만드는 역할 또한 이어갑니다.

조반니는 경제력으로 피렌체의 르네상스가 꽃피울 수 있는 바탕을 만들어 놓았습니다. 인간의 역사를 바꾼 르네상스라는 거대한 흐름의 중심에는 볼품은 없지만 진짜 남자였던 그의 통찰이 있었던 것입니다.

집념의 천재, 브루넬레스키

꽃의 성모 마리아 대성당

꽃의 도시 피렌체에 도착하면 도시 어디에서든 중앙에 보이는 거대한 건축물을 찾을 수 있습니다. 바로 피렌체를 대표하는 성당 '꽃의 성모 마리아 대성당(Cattedrale di Santa Maria del Fiore)'입니다. 피렌체 대성당 또는 두오

꽃의 성모 마리아 대성당, 1296–1472년

모 대성당이라고도 불립니다. 이 성당의 규모는 엄청난데, 높이가 대략 114.5미터니까 요즘으로 치면 거의 45층 높이의 건물에 해당합니다.

꽃의 성모 마리아 대성당에서 가장 눈에 띄는 부분은 거대한 붉은 돔입니다. 제작자의 이름을 따라 '브루넬레스키의 돔'이라고 부르기도 하는 이 돔은 무게가 자그마치 3만 7,000톤에 달합니다. 3톤 트럭 1만 2,000대 정도를 공중에 띄워 놓았다고 생각하면 될 듯합니다. 이 돔을 건축하는 데 사용된 벽돌만 400만 개가 넘고, 돔의 크기만 폭 54.8미터, 높이는 34미터에 달합니다. 돔 자체만으로도 15층짜리 고층 아파트의 높이가 되는 셈이죠. 아래 예배당까지 생각한다면 30층 아파트 위에 다시 15층 아파트를 올린 느낌입니다. 그럼에도 5세기가 지난 지금까지 멀쩡하게 서 있으니 당시로서는 최고의 엔지니어링이라고 해야 할 것입니다.

이 건축을 완성한 사람은 르네상스 건축을 대표하는 예술가, 필리포 브루넬레스키(Filippo Brunelleschi)입니다. 브루넬레스키는 마치 인간의 한계를 넘어서는 듯한 이 건축을 성공적으로 완성하는 것으로 르네상스가 가진 잠재력을 처음으로 보여준 예술가였습니다.

조반니의 결심

브루넬레스키의 돔 이야기는 조반니의 피렌체 은행이 점점 성공하던 시절부터 시작됩니다. 15세기에 가까워질 무렵, 피렌체에는 갑자기 흑사병 환자들이 다시 나타나기 시작했습니다. 흑사병의 재앙은 분명 50년 전에 끝났지만 유럽 곳곳에서 소규모로 흑사병이 발생하는 경우가 있었습니다. 피렌체의 시민들은 피부가 검게 변하며 죽어가는 사람들의 모습을 보면서 지옥이 다시 재현되는 건 아닐까 두려워했습니다.

메디치의 조반니 역시 걱정스러운 마음으로 이 상황을 지켜보고 있었습니다. 그는 누구보다 사람들의 안위를 걱정했던 따뜻한 사람이었습니다. 자신의 아버지 또한 흑사병으로 목숨을 잃었기 때문에 그는 피렌체의 시민들을 위해 무엇이라도 해야겠다고 생각했습니다. 당시 피렌체의 시민들은 이 재앙이 빨리 지나가기를 바라며 교회에 모여 기도했는데, 이에 조반니는 피렌체 세례당의 북쪽 문을 새로 제작해 신에게 봉헌하기로 합니다. 아름다운 부조로 장식된 거대한 문을 만들어서 신에게 바치는 것으로 피렌체 시민들의 건강과 평안을 위한 기도를 올리겠다는 의도였죠.

'이삭의 희생' 공모전

1401년, 피렌체 세례당의 북쪽 문을 제작할 예술가를 찾기 위한 공모전이 열렸습니다. 주제는 '이삭의 희생'이었고, 심사위원장은 메디치의 조반니였습니다. 수많은 피렌체 예술가들이 공모전에 참가한 가운데 심사위원들은 신중하게 출품작들을 심사했습니다. 우선 일곱 명을 선정한

이삭의 희생. 왼쪽은 기베르티, 오른쪽은 브루넬레스키의 출품작

다음 그중 다시 두 명을 선정했는데, 그렇게 최종적으로 선택된 예술가는 기베르티와 브루넬레스키라는 두 젊은 조각가였습니다.

앞의 두 작품은 당시 공모전에서 최종적으로 선정된 기베르티와 브루넬레스키의 작품들입니다. 심사위원들은 둘 중 어느 작품을 우승으로 선택했을까요? 우선 기베르티는 아브라함이 아들 이삭의 목을 칼로 찌르는 순간을 택했습니다. 영화처럼 가장 극적인 장면을 선택했죠. 반면 브루넬레스키는 천사가 아브라함을 다급하게 손으로 말리는 장면에 집중했습니다. 아마 이 이야기의 교훈을 더 자세히 부각시키려고 했던 모양입니다.

조반니를 중심으로 한 심사위원들은 고민에 빠졌습니다. 두 작품 모두 매우 훌륭했기 때문입니다. 오랜 심사 끝에 승리자가 결정되었습니다. 최종 승리자는 바로 기베르티였습니다. 심사위원들은 아브라함이 이삭의 목을 찌르려고 하는 그 찰나를 보여준 기베르티의 표현력에 더 높은 점수를 주었던 모양입니다. 물론 브루넬레스키의 작품도 훌륭하지만 기베르티의 작품을 보면 심사위원들이 왜 그런 선택을 했는지 알 것 같기도 합니다.

하지만 조반니에게는 여전히 고민이 남아 있었습니다. 두 작품 중 무엇이 더 뛰어나다고 쉽게 말하기 어려울 만큼 모두 훌륭했기 때문입니다. 조반니는 고민 끝에 조용히 두 사람을 불러 이렇게 말했습니다. 둘의 실력 중 누가 더 뛰어나다고 말하기 어려우니 차라리 두 사람이 같이 작업하는 것은 어떻겠냐고 말입니다. 대신 우승자인 기베르티를 브루넬레스키가 돕는 느낌으로 공동 작업을 하는 것을 제안했습니다. 조반니다운 훈훈한 제안이었지만 성사되지는 않았습니다. 패배로 자존심이 상한 브루넬레스키가 이를 거절했기 때문입니다.

결국 우승자 기베르티는 이후 장장 21년에 걸쳐 이 거대한 청동문을

기베르티, 피렌체 세례당의 북문(왼쪽)과 동문(오른쪽)

제작하게 됩니다. 왼쪽이 그렇게 완성된 세례당의 북문(北門)입니다. 총 28개의 장면에는 예수 그리스도의 생애와 네 성자의 삶이 묘사되어 있습니다. 명실상부 르네상스 초기의 최고 걸작 중 하나라고 할 만합니다.

기베르티는 북문을 성공적으로 완성한 공적을 인정받아, 연이어 1424년에는 동문(東門) 제작까지 의뢰 받게 됩니다. 오른쪽이 그 동문입니다. 훗날 미켈란젤로는 기베르티가 제작한 이 동문을 보고 다음과 같이 극찬했습니다.

"진정으로 낙원으로 들어가는 문이라고 느껴질 만큼 뛰어나다."

확실히 두 번째로 제작한 동문은 첫 번째 북문보다 화려함이나 완성도 측면에서 더 뛰어나다는 생각이 듭니다. 그렇게 기베르티는 브루넬레스키를 제치고 르네상스 초기 예술가 중에 가장 빛나는 영광을 누릴 수 있었습니다.

자존심

그렇다면 기베르티가 조각가로서 승승장구하는 동안 브루넬레스키는 어떻게 되었을까요? 공모전에서의 패배는 자존심 강한 스물네 살 조각가의 삶의 방향을 완전히 바꾸어 놓게 됩니다. 이후 그는 지금까지 열심히 하던 조각을 내팽개치고 건축에 몰두하기로 결심합니다. 고작 공모전에서 한 번 진 걸로 그렇게까지 할 일인가 싶지만 브루넬레스키는 그런 사람이었습니다. 자기 고집이 확실한 사람 말이죠.

하지만 그런 고집이 없었다면 브루넬레스키는 애초에 예술을 시작하지도 않았을 것입니다. 부잣집 도련님이었던 그는 아버지를 따라 법을 공부해야 할 운명이었습니다. 그러나 브루넬레스키는 그 일이 자신을 부유하게 만들어줄 수는 있지만 인류에게는 별로 도움이 되지 않는다고 생각했습니다. 그저 앉아서 문서를 다루는 대신, 눈으로 보고 손으로 만질 수 있는 예술을 창조해 사람들에게 직접 감동을 주는 사람, 즉 예술가의 길을 가야겠다고 생각한 것이죠. 결국 브루넬레스키는 아버지의 바람을 저버리고 자기 고집대로 예술가가 되기로 선택했습니다.

그렇게 시작했던 조각을 버리고 그는 새롭게 건축 공부를 시작하게 됩니다. 어쩌면 브루넬레스키는 조각 공모전에서 기베르티에게 어떤 한계를 느꼈던 것인지도 모릅니다. 조각 분야에서 최고가 될 수 없다면 차라리 다른 분야에서 최고가 되겠다고 생각한 것이죠.

영원의 도시, 로마로

공모전에서 패한 다음 해, 건축을 공부하기 시작한 브루넬레스키는 아홉 살 어린 후배 조각가 도나텔로를 이끌고 영원의 도시(Eternal City), 로마로 갔습니다. 건축을 연구하기 위해 일종의 '유학'을 간 셈이죠.

당시 피렌체의 시민들은 광장이나 식당, 술집 등 어디서나 고대 로마의 영광에 관해 이야기했다고 합니다. 그리스 로마의 정신을 깨우는 르네상스의 분위기가 점점 무르익어가고 있었던 것입니다. 하지만 로마를 '교양 있는 대화의 주제'로 소비하는 사람들 중에, 진짜 로마로 가서 로마의 문화를 연구하는 사람은 없었습니다. 그런데 브루넬레스키는 직접 가서 로마 건축을 연구하려고 했던 것이죠.

그는 이렇게 생각했습니다. 만약 이번 유학의 결과로 로마 건축을 되살릴 수만 있다면, 조토가 회화의 창시자가 되었던 것처럼 자신은 새로운 건축의 창시자로 역사에 이름을 남길 수 있을지도 모른다고 말이죠.

하지만 막상 로마에 직접 가 보니 그의 상상과는 많이 달랐습니다. '영원의 도시'라고 하기에는 도시의 상태가 매우 나빴던 것입니다. 잡초가 무성한 폐허 같았던 로마의 건축물들은 지난 천 년간 거의 버려져 있었습니다. 중세 기독교인들의 입장에서 보면 콜로세움을 포함한 로마의 건축물들이 끔찍했던 '기독교 박해'를 상징했기 때문입니다.

어쨌든 두 사람은 로마의 폐허를 뒤져가며 연구를 시작했습니다. 조각가였던 도나텔로가 신나서 로마의 조각품들을 연구하는 동안 브루넬레스키는 로마의 건축물들을 연구했습니다.

로마 하면 '콜로세움 경기장'이 가장 먼저 떠오르는 데서도 알 수 있듯이 로마인들은 뛰어난 건축 기술로 유명했습니다. 하지만 지난 천 년간 로마의 건축 기술은 완전히 잊혔기 때문에 고대 로마 건축의 공법을 알고 있는 사람이 아무도 없었죠. 따라서 브루넬레스키는 가르쳐주는 사람도, 참고 자료도 없이 모든 연구를 스스로 해야 했습니다. 로마의 건축물을 하나하나 자세히 살펴보고 스케치하고 치수를 재고 건축 방법을 머릿속으로 연구해야 했죠.

그는 도나텔로와 함께 돌아다니며 사원, 대성당, 수로, 목욕탕, 아치, 콜로세움, 원형 극장, 거의 모든 종류의 건물을 쉬지 않고 스케치했습니다. 그의 열정은 엄청났는데, 로마에서 거의 40킬로미터나 떨어진 캄파냐 로마나 외곽 지역까지 돌아다니며 건축물을 연구했다고 합니다. 할 수 있는 한 모든 고대 로마의 건축을 연구하려고 했던 것이죠.

판테온

그중에 브루넬레스키가 특히 관심을 가졌던 건축은 판테온(Pantheon), 즉 만신전이었습니다. 이 신전은 2세기에 로마의 하드리아누스 황제가 완성한 것으로, 이름 그대로 '세상 모든(Pan) 신들을 위해 바쳐진(Theion)' 신전입니다.

그런데 이 판테온을 두고 중세 사람들은 '악마의 건물'이라고 하며 두려워했다고 합니다. 유일신을 믿는 중세 기독교인들 입장에서는 '모든 신들의 신전', 즉 다신교 건물이었다는 것 자체만으로도 기분이 나쁘지만, 무엇보다 저런 거대한 구조물이 천 년 동안 무너지지 않고 어떻게 버틸 수 있는지가 의문이었습니다. 인간의 능력을 초월한 듯한 거대한 크기의 돔이 지지대도 없이 스스로 버티는 것을 보고 사람들은 '악마들이 이 이교도의 건물을 지켜주고 있다'고 믿었다고 합니다.

판테온이 버틴 세월을 생각해 보면 충분히 악마를 고용했다고 믿을 만합니다. 돔의 폭은 43미터이고 중량만 자그마치 4,500톤에 달하는데, 지난 1,300년간 비바람을 맞으면서도 멀쩡하게 그 중량을 버티고 있었으니까요. 심지어는 지금까지도 멀쩡하게 잘 버티고 있어 이탈리아인들은 여

판테온, 2세기

전히 관광객을 유치하며 입장료를 받고 있습니다.

브루넬레스키는 이 판테온을 집중적으로 연구하기 시작했습니다. 어떻게 이런 거대한 구조물이 천 년이나 버틸 수 있었는지, 돌과 철구조는 어떻게 연결되어 있는지 자세히 눈으로 관찰하고 하나하나 정확히 그림을 그리고 건축 방법을 추론했습니다. 심지어는 몰래 위로 올라가 벽돌을 들춰보며 내부 구조를 연구하기도 했습니다.

그의 '고집'은 여기서 꽃을 피우게 됩니다. 잊힌 '고대 건축의 비밀'을 자신의 손으로 밝혀내겠다는 그의 의지가 이후 꽃의 성모 마리아 대성당의 돔을 완성하는 토양이 된 것이죠.

원근법의 탄생

잠시 덧붙이자면 브루넬레스키의 업적을 말할 때 가장 첫 번째는 꽃의 성모 마리아 대성당의 돔이고, 두 번째는 원근법의 발명입니다. 회화의 역사를 바꾼 원근법의 발명 또한 브루넬레스키가 '로마 유학' 시절에 기본 개념을 착안했던 것으로 보입니다.

원근법에 관해서는 앞으로 더 자세하게 설명하겠지만, 브루넬레스키는 건축을 연구하기 위해 로마의 수많은 건축물과 유적을 스케치했는데 이 과정에서 한 가지 재미있는 사실을 발견하게 됩니다. 도시의 건물 풍경을 그릴 때 멀리 있는 건물일수록 작게 그리게 되는데, 이를 계속 반복하다 보면 결국 '작은 한 점'에 이른다는 사실을 발견하게 된 것입니다. 바로 소실점(vanishing point)의 개념을 이해하는 순간입니다. 그는 피렌체로 돌아온 이후 이 개념을 더 자세히 연구했습니다. 그리고 이를 점점 이론화해 오늘날 회화의 핵심 기술로 자리 잡은 원근법을 만들어냅니다.

다시 고향으로

로마에서 피렌체로 돌아온 브루넬레스키는 조각가가 아닌 건축가로 활동하기 시작했습니다. 메디치의 조반니는 몇 년 전 기베르티에게 패배한 후 대차게 떠났던 브루넬레스키라는 청년을 기억하고 있었습니다. 조반니는 이때 사회 환원의 목적으로 새 건축을 세울 계획이었는데 마침 돌아온 브루넬레스키에게 이를 의뢰하게 됩니다. 바로 최초의 르네상스 건축으로 평가받는 '죄 없는 자들을 위한 병원(Ospedale degli Innocenti, 오스페달레 델리 인노첸티)'입니다.

극빈층을 위해 세워진 이 병원은 평범해 보이지만, 로마인들이 자주 사용하던 둥근 아치와 기둥 장식, 무엇보다 완벽한 수학적 비례로 설계되었습니다. 도면에 보이는 것처럼 기둥의 높이와 기둥 사이의 거리가 일치하고, 기둥 사이는 정사각형의 비례이며 그 중앙점은 아치의 끝점이 됩니다. 수학적 비례는 앞으로 계속 등장할 르네상스 건축의 기본적인 원칙입니다. 수학적 비례를 사용한 건 더 튼튼하게 건축하기 위한 목적도

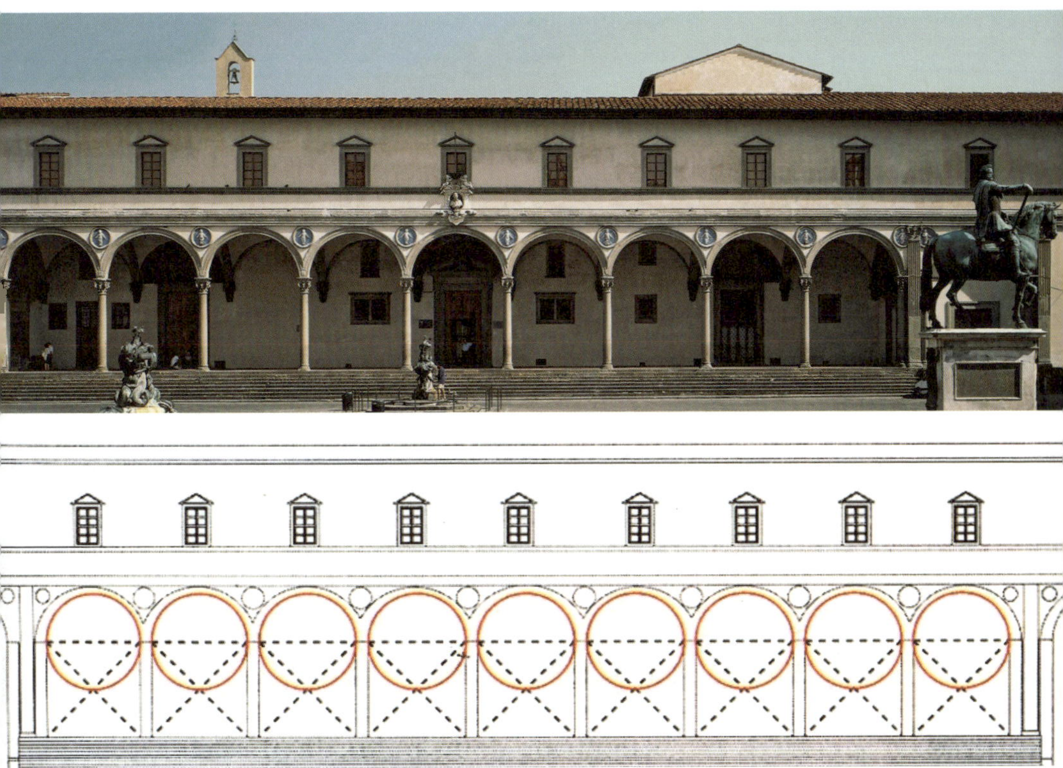

죄 없는 자들을 위한 병원(1419-1445년)과 브루넬레스키의 디자인 도면

있겠지만, '자연의 아름다움에는 수학적 법칙이 숨어 있다'라고 생각했던 고대 그리스 로마인들의 사고방식을 따른 것이기도 합니다.

새로운 건물의 완성도에 감탄한 조반니는 이후 그에게 로렌초 대성당의 건축을 맡깁니다. 로렌초 대성당은 메디치 가문의 수호성인을 위한 성당으로, 훗날 조반니를 비롯한 메디치 가문의 주요 인물 대부분이 이곳에 안장되었습니다. 브루넬레스키는 그 외에도 여러 건축의 설계를 맡으며 피렌체를 대표하는 건축가로 더욱 승승장구하게 됩니다. 그러나 그를 르네상스 최고의 건축가로 만든 것은 무엇보다 르네상스를 대표하는 건축물, '꽃의 성모 마리아 대성당의 돔'입니다.

돔의 문제

꽃의 성모 마리아 대성당, 통칭 '피렌체 대성당'은 원래 한 세기 전인 1296년, 조토의 시대에 처음 착공된 건축이었습니다. 당시 피렌체 정부는 점점 성장하는 도시 피렌체의 위상을 뽐낼 대성당을 기획했고, 니콜라 피사노의 수제자였던 건축가 아르놀포 디 캄비오(Arnolfo di Cambio)를 고용해 설계를 맡겼습니다. 야심 차게 시작된 피렌체 대성당은 1380년에 본당까지 완공되었지만 돔에서 문제가 발생했습니다. 아르놀포의 초기 설계대로 건축하면 돔이 붕괴한다는 계산이 나왔기 때문입니다.

결국 아르놀포가 죽은 이후에도 아무도 손을 대지 못했고 40년 동안 공사는 중단되었습니다. 만약 계산 실수로 무게를 감당하지 못하고 한쪽이 무너져 내리기 시작한다면 말 그대로 돌이킬 수 없는 상황이 벌어지기 때문이었습니다.

피렌체 시민들은 지난 40년 동안 뚜껑이 열린 채로 비를 맞고 있는 피렌체 대성당을 씁쓸한 심정으로 바라보고 있었을 것입니다. 피렌체는 이를 해결할 만한 배짱과 실력이 있는 건축가가 필요했습니다.

1418년, 피렌체 정부는 드디어 이 일을 마무리해야겠다고 결심했습니다. 얼마가 들어갈지 상상조차 안 되는 건축 비용은 당대 최고의 상인 길드였던 피렌체 양모 길드(Arte della Lana)에서 치르기로 했습니다. 물론 그 뒷배에는 메디치 가문이 있었습니다. 문제는 돈이 아니라 이 불가능해 보이는 작업을 과연 어떤 건축가가 맡을 것이냐였죠. 피렌체는 우선 200플로린 금화라는 거액을 걸고 모형 공모전을 열어 유럽 전역의 건축가들을 찾기 시작했습니다. 이 돔을 감당할 수 있는 '진짜 천재'들을 찾아 나선 것입니다.

그 결과, 전 유럽에서 총 열두 명의 예술가들이 이 프로젝트에 지원했습니다. 광장에는 이들이 응모작으로 제출한 거대한 모형들이 세워지기 시작했습니다. 비록 모형이었지만 워낙 큰 프로젝트였기 때문에 어떤 모형은 작은 집만 한 규모이기도 했다고 합니다. 열두 개의 모형들이 펼쳐져 있는 모습은 그 자체로 장관이었을 것입니다.

심사위원들은 열두 명의 건축가들을 불러 한명 한명 설명을 들어가며 심사를 시작했습니다. 오랜 심사 끝에 최종으로 두 명의 건축가가 선택되었습니다. 그런데 무슨 운명의 장난인지, 이번에도 최종 2인에 오른 것은 다름 아닌 기베르티와 브루넬레스키였습니다. 지난 17년간 한 명은 건축가로, 다른 한 명은 조각가로 살아왔는데 다시 한번 정상에서 만나게 된 것입니다.

브루넬레스키는 심사위원들에게 자신은 나무 지지대 없이 충분히 돔을 완성할 수 있다고 주장했습니다. 당시 기술로 거대한 돔을 완성하려면 중심을 가로지르며 하중을 버텨줄 큰 나무 기둥이 필요했습니다. 하지만 피렌체에서는 길이가 45미터나 되는 나무 기둥을 구할 수가 없었죠. 그러니 나무 기둥 없이도 건축할 수 있다는 브루넬레스키의 해결책은 매

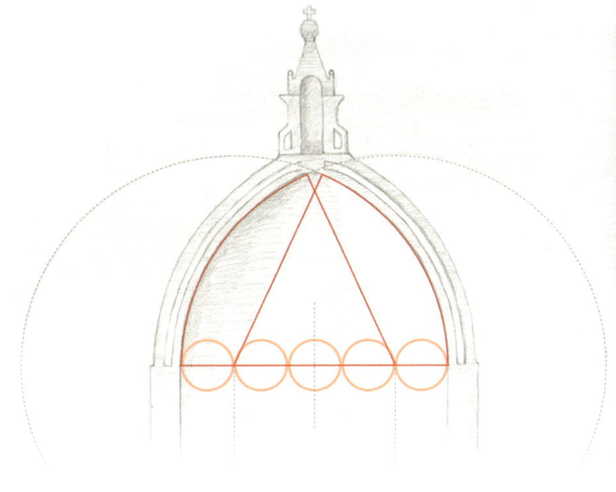

브루넬레스키의 출품 모형과 디자인 도면

력적이었을 것입니다.

문제는 해결책을 설명하는 브루넬레스키의 '톤 앤 매너'였습니다. 그는 시종일관 입술을 꾹 닫고 뚱한 표정으로 앉아 있었는데 이상하게도 자세히 설명하기를 주저했습니다. 자신의 건축 아이디어를 기베르티가 훔칠까 봐 두려웠던 모양입니다. 어쩌면 이번에도 기베르티에게 패배해 17년 전의 악몽이 되살아나는 건 아닐까 걱정했던 것인지도 모릅니다.

하지만 이런 태도는 심사위원들을 난처하게 할 뿐이었습니다. 가뜩이나 어려운 공사라는 것을 알고 있는데, 브루넬레스키가 적극적으로 설명해도 모자랄 판에 뚱하게 앉아 있으니 말입니다. 하지만 심사위원회도 상황을 냉정하게 판단해야 했습니다. 브루넬레스키의 비협조적인 태도는 신뢰가 가지 않았지만, 그래도 그의 설계가 그나마 가장 가능성이 높아 보였습니다.

결국 최종적으로 선정된 것은 브루넬레스키였습니다. 하지만 위원회는 17년 전과 비슷한 조건을 내걸었습니다. 기베르티와 공동 작업을 해달라고 제안한 것이죠. 위원회는 브루넬레스키의 무뚝뚝한 태도에 불안함을 느껴 그래도 협조적이었던 기베르티를 통해 상황을 컨트롤하려고 했던 모양입니다. 하지만 브루넬레스키는 격분했습니다. 다른 사람은 몰라도 기베르티와는 절대로 같이 할 수 없다고 말입니다. 결국 브루넬레스키는 위원회를 상대로 고래고래 소리를 지르다가 쫓겨났다고 합니다.

하지만 워낙 큰 공사였기 때문에 위원회는 끈질기게 브루넬레스키를 설득했습니다. 결국 그는 이 조건을 받아들입니다. 드디어 브루넬레스키가 대쪽 같은 그의 고집을 꺾은 것일까요? 그럴 리 없었죠. 브루넬레스키는 건축 공사가 시작되자 기베르티와는 눈도 마주치지 않았습니다. 그리고 전날 기베르티가 무언가를 해놓으면 다음날 어떤 바보가 이런 식으로 공사를 했냐고 소리치며 해체해 버리곤 했습니다. 그렇다고 기베르티가 할 수 있는 건 없었습니다. 돔 건축의 비밀을 알고 있는 사람은 기베르티가 아니라 브루넬레스키였기 때문입니다. 결국 건축의 주도권은 브루넬레스키에게 넘어가고 기베르티는 프로젝트에서 사실상 배제됩니다.

천재의 해결책

돔 건축에 있어서 가장 위험한 문제는 돔이 중력에 의해 붕괴되는 것입니다. 수만 톤의 돌이 아래로 짓누르는 건 마치 작은 공 위에 엄청 뚱뚱한 사람이 올라가 있는 것과 비슷합니다. 잠시 무게를 버틴다 해도 결국 공은 옆으로 터져버리겠죠. 마찬가지로 돔도 벽돌의 무게를 버티지 못하면 옆으로 터지게 될 겁니다. 브루넬레스키는 이 문제를 해결하기 위해 돌과 쇠로 된 네 개의 거대한 체인으로 돔을 내부에서 감싸는 방법을 구상했습니다. 공이 뚱뚱한 사람의 무게를 버티게끔 공의 옆면을 두꺼운 끈으로 칭칭 동여 매는 것과 비슷합니다.

그리고는 돔을 외부와 내부의 이중 구조로 설계하는 방법을 생각해 냈습니다. 이 아이디어는 브루넬레스키가 로마에서 판테온을 보고 배운 것입니다. 판테온의 돔은 외벽과 내벽으로 구성되어 있는데 이는 마치 사람이 피부와 뼈로 구성되어 있는 것과 비슷합니다. 외부 돔은 피부의 역할, 그러니까 비바람 같은 외부의 충격으로부터 돔을 보호하고, 내부 돔은 중량을 견디는 뼈대의 역할을 하는 것이죠. 게다가 이렇게 이중으로 설계하면 외부 돔과 내부 돔 사이에 빈 공간이 생겨 무게도 줄일 수도 있었습니다.

또 한 가지 해결책은 '헤링본(Herringbone) 구조'로 벽돌을 쌓는 것이었습니다. 헤링본은 '청어 등뼈'라는 뜻으로 우리나라의 '오늬 무늬'와 비슷한 패턴입니다. 이 역시 로마 건축에서 영감을 받은 것이었습니다. 벽돌을 지그재그로 쌓아 결속력을 강화하는 방법으로, 이 구조에서 중요한 역할

로마 트라야누스 광장의 벽돌 패턴(왼쪽)과 꽃의 성모 마리아 대성당 돔의 벽돌 패턴(오른쪽)

을 하는 것은 세로 벽돌들입니다. 중간중간에 서 있는 이 벽돌들은 일종의 '중간 기둥'의 역할을 하기 때문입니다. 예를 들어 책 여러 권을 그냥 세워 두면 버티지 못하고 도미노처럼 한쪽으로 쓰러질 수밖에 없는데, 중간에 기댈 수 있는 받침대를 하나 세워 두면 무너지지 않고 버틸 수 있는 것과 같은 원리입니다. 이 구조 덕분에 벽돌들은 건설 도중 떨어지지 않고 더 효율적으로 버틸 수 있었습니다.

당시에 이런 건축 방법은 전례 없던 것이었고, 다르게 말하면 이 방법을 쓰지 않으면 애초에 완성할 수 없기도 했습니다. 그래서인지 처음에 일꾼들은 낯선 건축 방식을 지시하는 브루넬레스키를 온전히 신뢰하지 못했다고 합니다. 이들은 단순한 일꾼이 아니라 석공 조합(Masonry)의 기술자들로, 건축 쪽에서는 산전수전을 다 겪은 사람들이었습니다. 그런데 브루넬레스키가 듣지도 보지도 못한 공법을 지시하니 도저히 믿기 어려웠던 것이죠.

하지만 이들은 곧 브루넬레스키를 신뢰하게 됩니다. 브루넬레스키는 벽돌을 공중으로 올리기 위한 기중기를 직접 제작했는데 이 기중기는 고작 소 한 마리의 힘으로 많은 벽돌을 한 번에 천장까지 들어 올릴 수 있을 만큼 효율이 좋았습니다. 이를 본 일꾼들은 이 정도 천재의 말이라면 믿을 수 있다고 생각하게 되었습니다. 실제로 브루넬레스키의 기중기는 근대 이전까지는 최고의 효율을 가진 기중기였다고 합니다.

거대한 돔을 완성하는 일은 마치 군대를 운용하는 것과 같았습니다. 브루넬레스키 입장에서 '병사'인 일꾼들은 수십 미터의 아파트 높이에 매일같이 올라가서 일을 해야 했기 때문에 엄청난 체력 소모가 있었습니다. 때문에 그들에게 임산부들이 먹는 특식을 제공했고, 사고를 방지하기 위해 포도주에는 물을 절반 섞도록 했습니다. 일꾼들은 포도주에 물을 섞는 것만큼은 엄청나게 반대했던 모양이지만, 브루넬레스키는 총책임자로서 무엇보다 안전을 먼저 생각할 수밖에 없었습니다.

수백만 개의 벽돌을 쌓는 일은 몇 달 안에 할 수 있는 일이 아니었습니다. 브루넬레스키와 일꾼들이 매일 최선을 다해서 작업을 했음에도 한 달에 고작 30센티미터 이상 벽돌을 올리기는 어려웠죠. 결국 이 작업은 총 16년 23일이 걸렸습니다. 능력도 능력이지만 웬만한 고집과 끈기 없이는 완성될 수 없는 엄청난 프로젝트였다고 해야 할까요.

1436년, 최초 건축 설계자였던 아르놀포까지 계산해 보면 거의 4세대에 걸쳐 진행된 대성당 건축이 드디어 완공되었습니다. 같은 해 3월 25일, 수태고지 기념일에 맞춰 완공식이 진행되었습니다. 완공식에는 마침 피렌체에 거주 중이던 교황과 37명의 주교, 7명의 추기경, 피렌체의 의회에 해당하는 시뇨리아의 의원들, 그리고 여러 외국 사절들이 참석했습니다. 이들은 비싼 카펫, 꽃과 화려한 무늬의 융단, 실크로 장식된 통로를 지나 대성당으로 들어와 성대한 봉헌식을 거행했습니다.

꽃의 성모 마리아 대성당의 돔

브루넬레스키의 돔은 그렇게 16년의 노력 끝에 완성될 수 있었습니다. 집념을 가진 한 천재의 승리라고 해야 할까요. 완성된 돔의 크기를 이해하려면 그 위에 올라가 있는 사람들을 보면 됩니다. 브루넬레스키는 사람들이 꼭대기에 올라가 피렌체의 시내 전경을 바라볼 수 있도록 이중 돔의 빈 공간 사이에 계단을 설치했습니다. 지금까지도 멀쩡한 이 계단은 여전히 피렌체를 방문하는 관광객들에게는 중요한 관광지 중 하나입니다. 돔에 올라간 사람들이 마치 개미처럼 보일 만큼 대성당의 돔은 엄청난 크기를 자랑합니다. 인간의 한계를 시험하는 듯한 어마어마한 크기의 돔을 브루넬레스키는 고집과 끈기로 완성해 낸 것입니다.

건축가의 지위

브루넬레스키는 피렌체 시민들의 마음속에 지난 100년간 묵어 있던 응어리를 풀어주었습니다. 아무도 완성할 수 없을 거라고 생각했던 돔을 그가 완성했기 때문입니다. 피렌체의 시민들은 당시 유럽에서 가장 빠르게 성장하는 자신들의 도시에 대해 강한 자긍심을 가지고 있었습니다. 그런 피렌체의 수준에 걸맞은 유럽 최고 크기의 대성당과 돔을 가지게 되었으니 기뻐하지 않을 수 없었을 겁니다.

이는 피렌체가 앞으로 유럽에서 지성과 문화와 예술의 중심, 즉 르네상스의 중심 도시가 될 거라고 선포하는 것과 같았습니다. 그리고 조토의 그림을 두고 많은 피렌체인들이 자랑스러워했던 것처럼, 이제 피렌체인들은 모두가 브루넬레스키의 천재성에 관해 이야기하기 시작했습니다. 이는 건축가의 사회적 지위가 브루넬레스키를 통해 다시 한번 높아지게 되었음을 의미합니다.

다만 아쉽게도 브루넬레스키는 자신이 설계한 돔이 최종적으로 완공되는 것을 보지 못했습니다. 돔 위의 작은 집처럼 생긴 장식을 '쿠폴라

(cupola)'라고 하는데, 1436년에 돔을 완성하고 쿠폴라까지 완성하는 데는 시간이 더 필요했기 때문입니다.

앞의 사진에 보이는 꼭대기의 하얀색 쿠폴라는 브루넬레스키의 설계에 따라 1461년에 그의 친구 미켈로초(Michelozzo)에 의해 완성되었고, 맨 위의 금빛 구리 공과 십자가는 베로키오(Andrea del Verrocchio)에 의해 완성되었습니다. 그래서 돔이 최종적으로 완공된 해는 1469년입니다.

돔의 구리 공을 완성했던 베로키오의 작업실에는 레오나르도 다빈치(Leonardo da Vinci)라는 젊은 견습생이 있었습니다. 베로키오는 이 무거운 구리 공을 들어 올리기 위해 브루넬레스키가 고안한 기중기를 사용했는데, 이 기계를 직접 본 다빈치는 브루넬레스키의 천재성에 매료되어 버립니다. 그래서 기중기를 관찰하면서 여러 장의 스케치를 남기기도 했죠.

잘 알려져 있다시피 다빈치 또한 수많은 기계를 발명한 것으로 유명합니다. 이후에 설명하겠지만 그가 유독 기계공학에 관심이 많았던 것은 아마 젊은 시절 브루넬레스키의 천재성에 매료되었기 때문이 아닐까 생각합니다.

초기의 천재들

브루넬레스키는 돔을 완성한 이후 10년간 피렌체 최고의 건축가로 활동하다 1446년에 사망합니다. 그의 유해는 그가 돔을 완성시킨 꽃의 성모 마리아 대성당 지하에 묻는 것으로 결정되었습니다. 대성당에 가면 지금도 그의 묘비를 볼 수 있습니다. 묘비에는 이렇게 쓰여 있습니다.

CORPVS MAGNI INGENII VIRI

PHILIPPI S BRVNELLESCHI FLORENTINI

피렌체의 위대한 천재

필리포 브루넬레스키 여기 잠들다

브루넬레스키는 위의 말처럼 르네상스 초기의 위대한 천재 중 한 명이 었습니다. 그는 당시 아무도 시도하지 않았던 로마 방문을 통해 고대 로마 건축을 연구하며 르네상스 건축의 시대를 열었습니다. 실제로 이후 등장할 성 베드로 대성당 같은 르네상스의 뛰어난 건축물들, 그리고 앞으로 4세기 동안 이어질 유럽의 새로운 건축물들은 모두 그의 영향을 받았다고 평가할 수 있습니다.

게다가 미켈란젤로나 다빈치 같은 예술가들 역시 브루넬레스키가 발명한 원근법을 통해 그림을 그렸습니다. 그런 점에서 그는 명실상부 르네상스의 완성을 향한 길을 닦은 위대한 천재 가운데 한 사람이라 할 수 있습니다.

유물 사냥꾼,
도나텔로

영원의 도시, 로마로

1403년, 아직 열일곱 살 청소년이었던 도나텔로는 들뜬 마음으로 여행을 준비하고 있었습니다. 친한 형 브루넬레스키가 함께 로마로 여행을 가자고 했기 때문입니다. 브루넬레스키는 로마 건축을 연구하기 위해 떠나는 것이었지만 한편으로는 친한 동생이었던 도나텔로가 조각을 공부하도록 돕고 싶은 마음도 컸을 것입니다. 아홉 살이라는 나이 차이에도 둘은 '단짝'이라고 불러도 좋을 만큼 사이가 좋았기 때문입니다.

히에로니무스 콕, 〈콜로세움의 두 번째 전망〉, 1550년경

도나텔로는 소문으로만 듣던 영원의 도시 로마를 여행한다는 생각에 여러 날 밤잠을 설치며 준비했을 것입니다. 준비를 마친 두 사람은 드디어 들뜬 마음을 안고 로마로 출발했습니다.

그런데 막상 로마에 도착하니 그들이 생각했던 모습과는 전혀 달랐습니다. 더 이상 빛나는 '영원의 도시'가 아니었던 것입니다. 이끼와 잡초로 뒤덮인 거대한 건물의 폐허들, 벽에는 비바람에 갈려 나가 해독할 수 없는 글자들이 가득할 뿐이었습니다. 로마제국의 영광을 상징하는 콜로세움조차 앙상한 뼈대만 남아 있었습니다. 중세를 지나는 동안 콜로세움의 쓸 만한 외벽 자재들을 사람들이 모두 떼어가고 장식들은 파괴된 채로 방치되어 있었기 때문입니다. 을씨년스러운 로마는 그저 '영원의 도시의 그림자'에 불과했습니다.

로마의 슬럼화 현상은 당시 인구만 봐도 알 수 있습니다. 두 사람이 방문했던 15세기 초, 로마의 인구는 약 3만 명 정도였다고 합니다. 전성기 시절의 로마에는 100만 명에 가까운 인구가 살기도 했으니 격세지감이라고 해야 할까요. 특히 흑사병이 몰아친 이후 로마의 인구는 더 줄어들었고, 로마 시민들은 가난에 시달리며 황폐한 유적지들 사이에서 방랑자들처럼 살고 있었습니다.

도나텔로는 실망했습니다. 특히 조각을 공부하고자 했던 그는 아름다운 고대 조각이 넘쳐나는 화려한 도시를 상상했지만, 실제로는 부서져 형체를 알아보기 어려운 파편만이 굴러다닐 뿐이었습니다.

유물 사냥꾼이냐 역술인이냐

그런데 이건 로마에 살던 시민들의 입장도 들어봐야 합니다. 이들이 보기에는 도나텔로와 브루넬레스키도 '황폐해' 보이는 건 마찬가지였기 때문입니다. 브루넬레스키는 공모전에서 기베르티에게 패배한 이후 돈이 없었기 때문에 가지고 있던 작은 농장을 팔아서 겨우 로마로 온 상황이었습니다. 그리고 도나텔로는 아직은 어린 견습생에 불과했으니 돈이 있을 리 없었죠. 아마 로마에 간다고 나름 차려입은 새 옷도 가는 동안 많이 더러워졌을 겁니다. 비행기가 없던 시절의 여행은 몇 주가 걸리는 고행에 가까웠기 때문이죠.

로마 주민들은 이 두 사람을 불쾌한 눈으로 지켜보고 있었습니다. 그런데 행색이 거지꼴인 두 사람은 마치 폐허 속의 원숭이들처럼 부서진 로마 건물의 잔해들 사이로 이리저리 뛰어다닐 뿐이었습니다. 게다가 진짜 원숭이처럼 자꾸 땅에서 뭘 파내려고 했으니, 마을 사람들은 이들의 행동이 도무지 이해가 되지 않았습니다.

그래서 마을 사람들은 처음에 이 두 사람을 '유물 사냥꾼 듀오'라고 생각했습니다. 두 사람이 로마 폐허에서 동전들을 발견했다는 소문이 돌았기 때문입니다. 실제로 그들은 로마의 유적을 찾기 위해 땅을 파다가 운 좋게 메달들이 가득 든 꽃병을 발견하게 됩니다. 그리고 그 메달들을 팔아서 한동안 생활비를 마련할 수 있었죠. 가뜩이나 어려운 재정 상태였던 두 사람에게 이 메달들은 가뭄에 단비 같았을 겁니다. 상황이 이렇다 보니 마을 사람들이 둘을 유물 사냥꾼이라고 생각하는 것도 무리는 아니었습니다. 아마 젊은 사람들이 딱하다고 생각했을지도 모릅니다.

매일 유물 사이를 뛰어다니는 두 사람은 계속 땅을 파기는 했지만 메달 사건 뒤로는 뭔가를 시장에 내다 팔지 않았습니다. 대신 계속해서 뭘 끄적끄적 적기도 하고 그리기도 했습니다. 그제야 마을 사람들은 이들이 어떤 사람들인지를 다시 한번 추측할 수 있었습니다.

'아, 이 둘은 풍수지리를 연구하는 젊은 역술인들이구나!'

이리저리 돌아다니면서 뭔가를 자꾸 그리고 적는 모습이 마치 땅의 신비한 기운을 찾아서 연구를 하는, 우리나라로 치면 '풍수지리 역술가'처럼 보였던 것입니다. 서양에서 웬 풍수지리냐고 생각할 수도 있지만 당시 서양에서도 'Geomancy'라는 지리와 관련된 역술이 있었습니다.

마을 주민들이 그렇게 생각하는 것도 무리는 아니었습니다. 그런 행동을 하는 사람은 당시에는 이 둘 말고는 아무도 없었으니까요. 행색이 추레한 두 사람이 향후 피렌체를 상징하는 '브루넬레스키의 돔'과 르네상스 조각의 전성기를 알리는 〈성 게오르기우스〉를 완성할 위대한 예술가들이 될 거라고는 꿈에도 상상하지 못했을 것입니다.

여전히 풍부한 식탁

사람들의 시선이 어떠하든 브루넬레스키는 건축 연구를, 도나텔로는 조각 연구를 계속 이어 나갔습니다. 비록 황량했지만 그럼에도 로마에는 여전히 도나텔로가 먹을 것이 넘쳐났습니다. 땅에서 파낸 고대 로마의 조각들은 그 어디서도 볼 수 없는 고귀한 '교과서'였기 때문입니다.

땅에서 파낸 고대 조각의 파편들이 왜 그토록 중요했는지를 이해하려면 르네상스 초기의 상황을 한번 생각해 봐야 합니다. 당시는 아직 르네상스가 전성기에 도달하기 전이었습니다. 니콜라 피사노 이후 조각가들은 고대 그리스 로마의 조각을 부활시켜야 한다는 막연한 생각은 가지고 있었지만, 그렇다고 무엇을 만들어야 할지, 어떻게 만들어야 할지 아는 사람은 아무도 없었습니다. 도나텔로가 로마에 가서 땅을 팔 수밖에 없었던 이유가 바로 여기에 있습니다. 출토된 고대 조각들에서 그리스 로마의 예술가들은 어떤 포즈의 조각을 만들었는지, 어떻게 근육을 묘사했는지, 또는 어떤 주제를 다루었는지를 배울 수 있었던 것입니다.

〈벨베데레 토르소〉는 로마 바티칸의 벨베데레 궁전에 전시되어 있어

아폴로니오스, 〈벨베데레 토르소〉, 기원전 1세기경

붙은 이름으로, 로마 시대의 조각입니다. 출토된 이 조각을 보고 당시 조각가들은 깜짝 놀랐을 겁니다. 비록 다 부서져 온전한 형태를 알아볼 수는 없지만 자연스러운 몸의 뒤틀림, 살이 접힌 부분의 묘사, 그리고 허벅지의 근육 등 모든 점에서 14세기의 피렌체 조각가들보다 훨씬 뛰어났기 때문입니다. 도나텔로는 이런 것들을 배우고자 했습니다.

두 사람의 로마 유학은 결코 헛되지 않았습니다. 브루넬레스키는 판테온을 연구하고 돌아가서 꽃의 성모 마리아 대성당의 돔을 완성할 수 있었고, 도나텔로 또한 드디어 르네상스다운 조각을 발전시킬 수 있었기 때문입니다. 어쩌면 다소 무모해 보이기도 하는 이들의 로마 여행이 없었다면 르네상스 예술의 발전은 적어도 반 세기는 뒤쳐졌을지도 모릅니다.

다시 피렌체로

얼마 뒤 도나텔로는 피렌체로 돌아와 조각가로서 활동을 시작했습니다. 다만 아직 어렸던 그는 독립 예술가로 활동하기 전에 우선 기베르티의 공방에 들어갔습니다. 청동문 공모전에서 브루넬레스키를 누르고 우승을 차지했던 바로 그 기베르티 말이죠. 그의 공방에서 피렌체 세례당 청동문 제작을 도우며 돈도 벌고 기술도 더 익혔습니다. 하지만 도나텔로는 자타공인 당대 최고의 조각가였던 기베르티 밑에서 일하면서도 그와는 전혀 다른 생각을 가지고 있었습니다. 자신이 로마를 여행하며 보았던 고대 조각들의 자연스러운 아름다움을 언젠가는 피렌체의 조각에 실현시키겠다는 야심을 품고 있었던 것입니다.

도나텔로를 르네상스 조각 전성기의 시작이라고 보는 이유가 이 때문입니다. 그는 당시 피렌체에 활동하던 르네상스 초기의 조각가들을 한 차원 뛰어넘는 새로운 조각을 창조하기 시작했습니다. 르네상스 조각 전성기의 본격적인 시작을 알리는 작품은 바로 도나텔로의 대표작이기도 한 〈성 게오르기우스〉입니다.

성 게오르기우스

성 게오르기우스는 사실 우리에게 매우 익숙한 이야기의 주인공입니다. 영어로는 성 조지(George), 프랑스어로는 성 조르주(Georges) 등 여러 가지 발음으로 불리는 이 기사는 서브컬처에 등장하는 '드래곤 슬레이어(Dragon Slayer)'의 원형이기 때문입니다. 판타지 소설이나 게임 등을 보면 성에 갇힌 공주를 어느 용사가 용(드래곤)으로부터 구해 내는 이야기를 자주 볼 수 있습니다. 예를 들어 일본 게임 슈퍼마리오는 '쿠파'라는 용이 사는 성에 '데이지'라는 공주가 갇혀 있고, 이를 용감한 기사가 구해 온다는 설정입니다. 물론 슈퍼마리오에서 '용감한 기사'는 '배관공'으로 대체되어

도나텔로, 〈성 게오르기우스〉, 1415–1417년

있기는 하지만, 어쨌든 기본적인 줄거리는 성 게오르기우스의 이야기에서 차용한 것입니다.

이 이야기는 4세기에 기독교 박해가 한참이던 시절의 어느 기사에 관한 것입니다. 당시 리비아의 실레네라는 도시가 용에게 점령당했는데, 이 용은 입으로 불이 아닌 독으로 된 숨결을 뿜었다고 합니다. 용은 왕에게 하루에 양 두 마리를 제물로 바치라고 요구했습니다. 그렇지 않으면 독을 내뿜어 성과 마을 전체를 파괴시키겠다며 협박했죠. 이에 왕은 양을 바쳤지만 시간이 지나면서 양의 개체수가 점점 줄어들기 시작했습니다. 사정을 말하자 용은 대신 양 한 마리와 사람 한 명을 바치라고 요구했습니다.

왕은 어쩔 수 없이 제비뽑기로 희생될 사람을 선택하기로 합니다. 그런데 하필이면 자신의 딸인 공주가 다음 희생 제물로 뽑히게 됩니다. 왕은 깊은 고뇌와 슬픔에 빠졌습니다. 이때 용사 게오르기우스가 등장합니다. 우연히 이 지역을 지나가다가 딱한 소식을 전해 들은 그는 자신이 용을 무찔러주겠다고 왕에게 제안했습니다. 다만 한 가지 조건을 걸었는데, 만약 자신이 용을 무찌르고 공주를 구해 낸다면 이 왕국과 마을 사람들은 모두 기독교를 믿어야 한다는 것이었습니다. 왕은 이에 동의했습니다.

얼마 후 공주를 제물로 바치는 행렬에 몰래 숨어든 게오르기우스는 용에게 가까이 다가갔습니다. 그는 숨을 죽이고 기회를 엿보다가 용이 입을 벌려 공주를 먹으려고 하는 순간, 기다란 창을 용의 입에 그대로 찔러넣었습니다. 그리고는 괴로워하는 용의 목을 칼로 내려쳤습니다. 이때 용을 죽인 칼이 게임에도 가끔 등장하는 명검 '아스칼론'입니다. 왕은 너무 기쁜 나머지 기사에게 왕국의 반이라도 주겠다고 했지만, 용사는 하느님과 교회를 잘 섬기고 성직자들을 존경하며 가난한 사람들을 잘 보살펴 달라는 말을 남기고는 그대로 뒤돌아서 자리를 떠났다고 합니다.

베르나트 마르토렐, 〈용을 죽이는 성 게오르기우스〉, 1434–1435년

물론 용이 등장하는 이 이야기가 실화는 아닐 것입니다. 성 게오르기우스는 실존 인물이지만 역사에는 로마 황제 디오클레티아누스에게 순교 당한 군인으로 기록되어 있습니다. 아마 순교자 게오르기우스의 이야기가 어떤 고대의 용 전승과 결합하면서 '드래곤 슬레이어' 이야기로 변형된 게 아닐까 싶습니다. 어쨌든 게오르기우스의 이야기는 다소 지루한 삶을 살았던 중세인들에게는 자극적이고 흥미롭지 않았을까요?

오르산미켈레 교회

도나텔로가 조각한 〈성 게오르기우스〉는 피렌체 중심에 있는 오르산미켈레 교회의 외벽을 장식할 조각으로 제작되었습니다. 오르산미켈레 교회는 피렌체의 상인들과 수공업자 길드들을 위해 봉헌된 곳입니다. 이 교회는 특이하게도 사각 형태의 건물 외벽에 좌우로 네 개, 앞뒤로 세 개씩, 총 열네 개의 조각이 들어갈 수 있는 공간이 있었습니다. 그래서 피렌체의 길드들은 아래 사진에 보이는 것처럼 이 열네 개의 공간을 하나씩 맡아 각 길드의 수호성인 조각을 세우기로 결정했습니다.

그중 '검과 방어구 길드(Arte dei Corazzai e Spadai)'는 무기 길드인 만큼 용을 무찌른 용감한 기사 성 게오르기우스를 전통적으로 자신들의 수호성인으로 삼고 있었습니다. 바로 이 길드에서 도나텔로에게 성 게오르기우스의 조각을 의뢰했던 것입니다.

재미있는 점은 열네 개의 길드들이 경쟁적으로 참여한 덕분에 지금 우리가 당대 여러 조각가의 작품들을 한 자리에 놓고 비교 감상할 수 있게

오르산미켈레 교회. 중앙 왼쪽이 도나텔로의 〈성 게오르기우스〉이다

되었다는 것입니다. 성장하는 도시 피렌체의 활기 넘치는 길드들은 각자 최고의 조각가들을 섭외하기 위해 노력했습니다. 요즘으로 치면 기업 소속 프로축구팀이 뛰어난 선수를 섭외하는 것과 비슷합니다. 어느 길드의 예술 가가 더 뛰어난 조각을 완성하느냐가 일종의 기업 간 경쟁으로 발전한 것입니다. 도나텔로에게는 자신의 진짜 실력을 보여줄 좋은 기회였습니다. 마침 이때 부르넬레스키를 꺾으며 피렌체 최고의 조각가로 승승장구하던 기베르티도 참여했는데, 그가 제작했던 조각은 〈성 마태〉입니다.

고딕에서 르네상스로

도나텔로와 기베르티의 작품을 한번 비교해 보겠습니다. 왼쪽은 도나텔로가 만든 〈성 게오르기우스〉의 얼굴이고 오른쪽은 기베르티가 만든 〈성 마태〉의 얼굴입니다. 기베르티의 작품도 물론 뛰어나지만, 얼굴 묘사를 비교해 보면 같은 시대의 작품이라고 믿기 어려울 만큼 도나텔로는 다른 차원의 실력을 보여주고 있습니다. 아마 기베르티도 한참 후배였던 도

〈성 게오르기우스〉 부분

기베르티, 〈성 마태〉 부분

도나텔로, 〈공주를 구하는 성 게오르기우스〉, 1416–1417년경

나텔로가 이 정도까지 만들 수 있다는 사실에 충격을 받았을 법합니다. 도나텔로가 표현한 〈성 게오르기우스〉의 찡그린 얼굴은 마치 살아 있는 사람을 보는 듯하기 때문입니다. 반면 기베르티의 작품은 어딘가 모르게 뻣뻣해 보입니다.

두 사람의 차이를 단순히 '재능'의 차이라고 해야 할까요? 이는 '재능'이 아닌 '생각'의 차이에서 비롯되었다고 할 수 있습니다. 도나텔로는 로마에서 깨달은 바가 있었습니다. 바로 그리스 로마 시대의 조각가들은 자연이 가진 아름다움을 있는 그대로 표현하려고 노력했다는 것입니다. 이는 니콜라 피사노의 조각에서도 이미 나타났던 자연주의입니다.

반면 기베르티가 만든 〈성 마태〉를 보면 수염 양쪽이 돌돌 말린 대칭으로 표현되어 있습니다. 수염을 왁스로 고정시키지 않고서야 저렇게 완벽히 대칭일 수는 없을 텐데 말이죠. 당시까지만 해도 미술은 이렇게 일정 부분 '도식화'되어 있었습니다. 중세 특유의 엄숙한 분위기가 아직까지 남아 있는 것이죠. 도나텔로는 이를 깨려고 했습니다.

또 한 가지는 도나텔로가 조토처럼 조각에 '환영'을 창조하려고 했다는 점입니다. 게오르기우스가 땅 위에 단단하게 서서 방패를 들고 오른쪽을 노려보는 모습은 마치 용의 목구멍을 겨누는 듯한 긴장감까지 전달합니다. 도나텔로는 성 게오르기우스를 그저 사실적으로 표현하기만 한 것이 아니었습니다. 게오르기우스가 실제로 용과 대치하고 있는 모습을 보는 듯한 긴장감, 진짜처럼 느껴지는 가짜, 즉 '환영'을 조각에도 구축해야 한다는 생각을 가지고 있었던 것이죠.

기베르티는 당시 명실상부 피렌체 최고의 조각가였음에도 불구하고 도나텔로는 그보다 한 발짝 더 앞을 내다보고 있었습니다. 도나텔로의 로마 유학이 결코 헛되지 않았던 듯합니다. 그는 로마 땅에서 파낸 유물들에서 남들이 보지 못한 것들을 보고 왔던 것입니다.

여담이지만 성 게오르기우스는 '창'을 들고 있는 모습으로 묘사되는 것이 보통입니다. 용의 입에 찔러 넣은 무기가 창이었기 때문이죠. 그래서 중세 조각에서 창을 들고 있는 기사가 있다면 성 게오르기우스라고 봐도 거의 틀리지 않습니다.

그런데 도나텔로는 창 대신 방패를 들고 있는 모습으로 묘사했습니다. 이는 조각을 주문한 길드가 '검과 갑옷 길드'였기 때문이 아닐까 싶습니다. 자신들이 취급하지 않는 창을 쥐고 있으면 아무래도 홍보 효과가 없을 테니 방패를 들게 했다는 것이죠. 그래서 도나텔로는 대신 창을 꼬나쥐고 있는 게오르기우스의 모습을 아래 부조로 '부연 설명'해 놓았습니다. 도나텔로 입장에서는 고육지책이었겠지만 개인적으로는 방패를 들고 있는 게오르기우스의 모습이 마치 결의에 차 전투를 준비하고 있는 모습처럼 보여서 오히려 더 좋다는 생각이 듭니다.

언더독, 다비드

도나텔로의 또 다른 대표작 중 하나는 〈다비드(다윗)〉입니다. 이 작품은 조반니가 죽은 후 메디치 가문의 새로운 수장이 된 코시모 데 메디치(Cosimo de’ Medici)의 의뢰로 제작된 것입니다. 코시모는 아버지 조반니가 그랬던 것처럼 자신도 예술을 통해 시민들에게 영감을 주고 싶어했습니다. 그런데 코시모는 왜 굳이 ‘다비드’를 의뢰한 것일까요?

성경에서 다비드는 전형적인 언더독(Underdog, 강자를 상대하는 약자)을 상징하는 인물입니다. 성경에 따르면 작은 소년에 불과했던 다비드는 힘차게 던진 물맷돌로 거인 골리앗의 머리를 맞혀 쓰러뜨렸다고 합니다.

당시 피렌체는 정치적으로 다비드처럼 ‘강자를 상대하는 약자’의 위치에 있었습니다. 피렌체는 유럽에서 빠르게 성장하는 도시국가였지만, 규모 면에서는 여전히 밀라노나 베네치아에 미치지 못했습니다. 게다가 위쪽에는 신성로마제국과 프랑스가, 아래쪽에는 나폴리 왕국이 버티고 있었죠. 그러다 보니 주변국의 견제가 끊임없이 이어졌고, 이 때문에 피렌체의 시민들은 크고 작은 전쟁을 계속 치러야 했습니다. 그렇게 항상 강자들 사이에서 긴장을 놓지 않고 버텨야 했던 피렌체 시민들에게 코시모는 언더독의 상징 ‘다비드’를 통해 용기를 심어주고자 했던 것입니다. 나중에 미켈란젤로도 다비드를 만들게 되는데 여기에도 같은 의미가 담겨 있습니다.

그런데 이 작품을 처음 본 사람들

도나텔로, 〈다비드(다윗)〉, 1440년경

은 어쩌면 '도나텔로가 다비드를 너무 연약하게 표현한 게 아닐까?' 하는 의문이 들지도 모르겠습니다. 게다가 예쁜 모자까지 쓰고 있으니 '용기 있는 소년 다비드'라기보다는 '예쁜 몸매를 가진 미소년 다비드'로 보이기도 합니다.

도나텔로가 이렇게 '나약한 다비드'로 만든 표면적인 이유는 실제로 성경에서 다비드를 그렇게 기록하고 있기 때문입니다.

"골리앗은 얼굴이 붉그스름하고 예쁜 이 꼬마 소년을 보더니…."

– 사무엘상 17장 41–42절

사실 나약한 소년이 거인 골리앗을 이겼다는 것은 그 자체로 교훈적 의미를 가지고 있습니다. 다비드가 골리앗을 쓰러뜨릴 때 그가 자신의 나약한 육체에 의지한 것이 아니라 '신의 도움'에 의지했다는 것이 이 이야기의 핵심 교훈입니다. 성경에는 다음과 같이 기록되어 있습니다.

"다윗(다비드)이 블레셋 사람(골리앗)에게 이르되 너는 칼과 창과 단창으로 내게 오거니와 나는 만군의 여호와의 이름 곧 네가 모욕하는 이스라엘 군대의 하느님의 이름으로 네게 가노라."

– 사무엘상 17장 45절

그러니까 다비드를 나약한 미소년으로 표현한 것은 원칙적으로 맞습니다. 하지만 여기에는 도나텔로의 또 다른 목적이 숨겨져 있었습니다. 도나텔로가 만든 다비드는 르네상스에 등장한 '최초의 독립 누드 조각상'입니다.

르네상스가 시작되고 지금껏 수많은 조각상들이 만들어졌지만 이상하게도 아직까지 독립된 누드 조각은 등장한 적이 없었습니다. '누드 조각이 뭐가 특별한 걸까'라고 생각할 수도 있지만, 아직 기독교의 교리 아래 살아가던 당시 사람들의 입장에서는 성경의 인물을 성기까지 노출한 전신 누드로 표현하는 것은 상당히 과감한 시도였습니다.

도나텔로가 다비드를 과감하게 미소년 누드로 표현했던 건 아마도 자신이 그리스 로마의 미술을 부활시키려 한다는 확실한 의지를 보여주려 했던 게 아닐까 싶습니다. 그리스 로마 시대의 조각들을 떠올려 보면 비너스상이든 아폴로상이든 예외 없이 대부분 나체로 표현했다는 것을 알 수 있습니다. 고대 예술가들은 왜 인체를 꼭 벗겨서 표현하려고 했을까요? 고대에는 육체의 아름다움을 중요시하는 풍토가 있었기 때문입니다. 잘 알려진 것처럼 고대 그리스의 올림픽이나 로마 콜로세움에서 열린 경기에서 선수들은 활을 쏘거나 원반을 던지고, 레슬링을 할 때도 예외 없이 나체로 경기를 치르는 것을 당연하게 생각했습니다. 여기에는 승부를 겨루는 목적뿐만 아니라, 육체의 아름다움을 뽐내려는 의도도 담겨 있었습니다.

그 시절의 소크라테스나 플라톤 같은 철학자들도 방구석에서 촛불 아래 매일 책만 읽었을 거라고 생각하기 쉽지만, 실제로는 상당한 '헬스 중독'이었을 가능성이 높습니다. 소크라테스는 매일 레슬링을 연마했던 것으로 유명하고, 플라톤도 운동으로 다져진 넓은 어깨 때문에 '넓은'을 뜻하는 그리스어 '플라티(πλατύς)'에서 유래한 별명 '플라톤(Πλάτων)'을 얻었으니까요. 이후 이 별명이 아예 이름으로 정착되어 오늘날까지 사용되고 있죠. 이처럼 그리스 로마의 사람들은 건강한 육체에 건강한 정신이 깃든다고 생각했습니다. 그래서 육체의 아름다움을 매우 중시했죠.

도나텔로는 아마 '인체의 아름다움'을 중시하는 그리스 로마의 풍토를 전신 누드의 다비드를 통해 부활시키려고 했던 것으로 보입니다. 이러한 시도는 르네상스 조각에서 굉장히 중요한 의미를 지닙니다. 실제로 이후 미켈란젤로를 포함한 많은 조각가가 도나텔로가 세운 이정표를 따라갔기 때문입니다.

그래서 이를 도나텔로의 최고 업적이라고 할 수밖에 없습니다. 만약 도나텔로가 이 시기에 이러한 변화를 만들어놓지 않았다면, 미켈란젤로의 〈다비드〉나 〈천지창조〉의 아담이 모두 옷을 입고 있었을지도 모릅니다.

가타멜라타 기마상

도나텔로는 여러 가지 의미에서 르네상스 조각의 이정표를 세운 사람입니다. 그가 만든 기마상 또한 이후 유럽 기마상의 원형이 되었기 때문입니다. 도나텔로의 뛰어난 조각 실력에 대한 소문이 널리 퍼지자, 베네치아 공화국에서는 그를 초청했습니다. 얼마 전 사망한 베네치아 공화국의 사령관 가타멜라타의 기마상을 만들어달라고 주문한 것입니다. 이 기마상은 가타멜라타가 사망한 베네치아 옆 도시인 파도바의 산토 광장에 세워질 예정이었습니다.

그때만 해도 유럽에는 아직 제대로 된 기마상이 없었습니다. 이에 도나텔로는 4차 십자군 때 유럽으로 넘어와 베네치아 광장에 전시되어 있던 〈승리의 마차〉와 고대 로마 시절 가장 유명한 기마상인 〈마르쿠스 아우렐리스의 기마상〉을 참조하여 〈가타멜라타 기마상〉을 만들었습니다.

지금 입장에서는 평범한 기마상처럼 보일지 몰라도, 이는 중세 천 년 동안 사실상 잊혔던 기마상을 처음으로 복원한 것입니다. 거대한 기마상을 만드는 방식과 기술이 완전히 사라졌었기에 도나텔로는 옛 방식을 스스로 연구하고 부활시켜야 했습니다. 이후 유럽에는 수많은 왕과 장군의 기마상이 세워지게 되는데 도나텔로가 그 기틀을 처음 만들어놓은 셈입니다.

도나텔로, 〈가타멜라타 기마상〉, 1453년

　도나텔로는 이 기마상과 다른 몇 개의 작품을 완성하기 위해 10년 정도 베네치아와 파도바에 머무르게 됩니다. 재미있는 점은 베네치아와 파도바 사람들이 도나텔로의 작품에 감동하여 어떻게든 그를 도시에 붙잡아 두려고 계속 새로운 작품을 주문했다는 것입니다. 사람들은 보통 에너지가 넘치는 사람을 좋아하기 마련인데, 베네치아 사람들은 도나텔로의 예술적 에너지가 좋았던 모양입니다. 그가 남아 있었다면 베네치아 또한 르네상스에서 '조각의 중심지'로 발전했을지도 모르겠습니다. 그러나 도나텔로는 결국 10년 뒤 고향 피렌체로 돌아오게 됩니다.

마리아 막달레나

　이처럼 혁신적인 조각을 만들며 르네상스 조각의 기틀을 만들었던 도나텔로는 후반기에 접어들어 갑자기 지금까지와는 전혀 다른 작품을 만들게 됩니다. 그의 또 다른 대표작 〈참회하는 마리아 막달레나〉는 15세기 조각이라고 믿기 어려울 만큼 파격적입니다. 마리아 막달레나는 아름다운 여인보다는 노숙자 같은 느낌이며, 야윈 얼굴은 매우 수척해서 좀비 같아 보이기도 합니다. 누더기처럼 그녀의 몸을 덮고 있는 것은 옷이 아니라 사실은 자르지 않고 늘어져 있는 그녀의 머리카락인데, 마치 불꽃처럼 거칠게 마리아의 몸을 휘감고 있습니다.

얼마나 파격적이었는지 어떤 사람들은 도나텔로의 이 작품을 '최초의 표현주의'라고 말하기도 합니다. 반 고흐의 〈별이 빛나는 밤〉이나 뭉크의 〈절규〉보다 500년 앞선 표현주의라고 말이죠.

그렇다면 이 작품의 내용을 한번 살펴보겠습니다. 두 손을 모으고 있는 여인 마리아 막달레나는 젊은 시절 음란하게 살았던 자신의 죄를 회개하고 있는 모습입니다. 하지만 성경에는 마리아가 창녀라는 기록이 없

도나텔로, 〈참회하는 마리아 막달레나〉, 1453–1455년경

도나텔로, 〈세례자 요한〉, 1455년경

죠. 사실 도나텔로의 마리아는 두 명의 마리아가 섞여 있는 것으로 추정됩니다. 고대 동방의 전승 중에는 성경의 마리아 말고 '이집트의 마리아(Mary of Egypt)'로 알려진 또 다른 마리아가 있는데, 그녀는 자신의 성적 방탕함을 회개하기 위해 사막에서 고행을 했다고 알려져 있습니다. 마리아 막달레나와 이집트의 마리아는 모두 이름이 마리아였던 탓인지 중세 때 두 캐릭터가 섞여버린 듯합니다. 도나텔로 역시 두 명의 마리아를 섞어서 표현한 것으로 보입니다.

어쨌든 마리아는 젊고 아름다운 여인으로 묘사되는 것이 일반적인데, 도나텔로는 마리아를 거친 모습으로 새롭게 표현했습니다. 이는 지금까지 해왔던 작업 스타일과도 전혀 다릅니다. 그가 〈다비드〉에서 성경 속 용감한 소년 다비드를 에로틱한 그리스의 젊은 신으로 만들어놓았던 것처럼 항상 대상을 이상화해서 표현하는 것이 그의 특기였으니까요.

다른 작품인 시에나 대성당의 〈세례자 요한〉도 마찬가지입니다. 세례자 요한은 기독교에서 예수 그리스도의 '길을 예비하는 자'로 등장하는 광야의 선지자입니다. 그는 광야에서 살았기 때문에 보통은 반나체에 나무 십자가 지팡이를 들고 있는 허름한 모습으로 묘사되는데, 지금껏 이렇게 거칠게 표현한 예술가는 없었습니다. 세례 요한도 기독교의 위대한 성인 중 한 명이기 때문에 고상하고 아름답게 묘사하는 것이 일반적이었죠. 도나텔로는 왜 말년에 갑자기 이렇게 표현적인 조각을 만들었던 것일까요?

사실 도나텔로는 젊은 시절부터 한 가지 안 좋은 소문이 따라다녔습니다. 그가 동성애자라는 소문입니다. 도나텔로뿐 아니라 당시 피렌체에는 동성애가 은근하게 유행하고 있었습니다. 르네상스는 그리스 로마의 정신을 깨우는 것인데, 이때 같이 깨어난 것 중 하나가 바로 동성애 문화였기 때문입니다. 그리스 시대에는 동성애를 이성애보다 더 '고귀한 사랑'

으로 보는 특이한 풍토가 있었는데 어쩌다 보니 이런 문화도 같이 깨어 난 듯합니다.

도나텔로는 항상 '잘생긴 꽃미남' 조수들을 고용했다고 알려져 있습니다. 들리는 풍문에 의하면 조수들 얼굴에 화장을 시키기도 했고, 어느 날은 남자 애인으로 알려진 사람이 도망가자 그를 잡으러 북부의 페라라까지 뒤집고 다녔다는 소문도 있었습니다. 우리나라로 치면 애인을 찾기 위해 서울에서 대전까지 찾아다닌 셈입니다. 게다가 도나텔로는 결혼을 하지 않았습니다. 메디치 가문의 후원 덕분에 부족할 것 없는 삶을 살았으니 가정을 꾸릴 만했는데도 여자와의 스캔들이나 결혼설도 없었고, 평생 독신으로 살았습니다.

어떤 사람들은 〈다비드〉에도 도나텔로의 동성애적 성향이 강하게 드러나 있다고 말합니다. 다비드상은 누가 봐도 에로틱한 느낌이 숨어 있는 것이 사실입니다. 다리를 살짝 꼰 소년의 오묘한 자세도 그렇고, 애매하게 봉긋 솟아올라와 있는 가슴, 그리고 골리앗의 투구 깃털이 교묘하게 다비드의 허벅지를 간지럽히고 있는 모습을 봐도 그렇습니다.

도나텔로는 어쩌면 말년에 자신의 동성애 성향에 대한 죄책감을 마리아 막달레나와 세례 요한에게 투영시키고 있었던 것은 아닐까요? 아무리 르네상스 시대라고 해도 여전히 기독교 정신이 지배하고 있던 피렌체에서 동성애는 분명 '죄'였습니다.

마리아 막달레나의 깊은 눈을 보면 어쩐지 지친 인간의 영혼이 보이는 것 같습니다. 도나텔로가 젊은 시절 자신의 조각에서 강조했던 인간의 육체적인 아름다움은 사라지고, 삶의 마지막 문턱에 서서 언젠가 자연으로 분해될 수밖에 없는 인간의 한계를 고뇌하는 모습이 보이는 듯합니다. 그도 나이를 먹으면서 질병과 육체적 쇠퇴로 인해 삶과 죽음, 죄와 인간의 회개에 대한 관심이 커졌을 테니까 말이죠.

반세기 일찍 시작된 르네상스 조각의 전성기

도나텔로는 르네상스 조각이 전성기로 가는 길을 열어준 예술가입니다. 도나텔로 덕분에 르네상스 조각의 전성기는 회화보다 일찍 나타날 수 있었죠. 르네상스 회화에서 전성기의 시작을 말한다면 마사초부터라고 해야 할 텐데, 도나텔로는 마사초보다 스무 살 정도 형이니까 조각의 전성기는 한 세대 일찍 나타났다고 할 수 있습니다. 이렇게 조각이 일찍 발전할 수 있었던 건 도나텔로가 로마 여행을 통해 수많은 고대 로마 조각품을 연구하기 시작했기 때문일 것입니다.

한편 『서양 미술사』의 저자 에른스트 곰브리치는 조각이 회화보다 빨리 발전하는 것이 '당연하다'고 보기도 했습니다. 조각은 방법적으로 회화보다 발전시키기 훨씬 쉽다는 것이었죠.

도나텔로를 예로 들어본다면 그는 땅에서 파낸 그리스 로마의 조각을 교과서 삼아 연습할 수 있었습니다. 하지만 동시대의 화가들은 그렇게 교과서로 삼을 작품이 전혀 없었습니다. 회화는 조각에 비해 보존력이 약하기 때문에 천 년의 세월을 버티고 남아 있는 고대의 그림이 사실상 없었던 것입니다. 그리고 기술적인 측면에서도 조각은 모델을 앞에 세워 두고 무작정 만들어볼 수 있지만, 회화는 원근법이나 단축법 같은 기법을 통해 입체를 평면에 욱여넣는 기술을 먼저 발전시킬 필요가 있었습니다. 재료의 측면에서 봐도 조각은 돌과 망치만 있으면 되지만 회화는 붓, 캔버스 천, 물감, 마감재 등 여러 가지 재료의 발전이 필요했죠. 나중에 설명하겠지만 다빈치의 〈최후의 만찬〉의 보존 상태가 엉망인 이유는 다빈치 시대에조차 여전히 완벽히 안정적인 물감 제작 방법이 없었기 때문이기도 합니다. 그만큼 회화의 발전은 조각보다 시간이 더 필요했습니다.

피렌체의 국부,
코시모 데 메디치

도나텔로와 코시모

메디치 가문에서 조반니의 후계자로 결정된 사람은 그의 첫째 아들 코시모 데 메디치였습니다. 그는 아버지와 마찬가지로 예술 후원에도 열심이었는데, 코시모가 눈여겨보고 있던 예술가는 단연 도나텔로였죠. 아버지보다 더 예술에 관심이 많았던 코시모는 도나텔로가 피렌체의 미술을 유럽 최고의 수준으로 이끌어줄 천재라는 것을 알아보았습니다. 그래서 그는 자신이 할 수 있는 한 최선을 다해 도나텔로를 도와주려고 했습니다.

한 번은 코시모가 도나텔로에게 일감을 구해 준 적이 있었습니다. 어

브론치노, 〈코시모 데 메디치의 초상화〉,
1565–1569년경

작가 미상, 〈이탈리아 르네상스의 5대 유명인사〉 중
도나텔로 부분, 1500–1550년경

느 제노바 부자 상인의 실물 사이즈 두상을 만드는 일이었는데, 도나텔로 입장에서는 코시모가 상류층 사람들의 주문을 열심히 알선해 주는 일이 가장 도움이 되었습니다. 제노바의 상인은 멀리 가야 하니 최대한 가볍게 만들어달라고 주문했고, 도나텔로는 주문받은 대로 최선을 다해 그의 두상을 만들어주었습니다. 그런데 막상 비용을 지불할 때가 되자 상인이 갑자기 상인 특유의 잡기술을 쓰기 시작했습니다. 소위 '일당 후려치기' 기술이었습니다. 상인은 자신이 계산해 보니 두상을 만들기 위해 한 달 조금 더 일한 건데, 하루에 대략 0.5플로린 금화를 받는 셈이니 너무 비싼 것이 아니냐고 주장했습니다. 현대로 치면 0.5플로린 금화는 대략 50만 원 정도 되니 분명 일당으로 적은 금액은 아니었습니다. 하지만 도나텔로는 자신의 예술을 고작 일당으로 계산하려는 제노바 상인의 태도를 도저히 받아들일 수가 없었습니다. 분노한 도나텔로는 그 자리에서 두상을 길바닥에 던졌고, 두상은 산산조각이 났습니다. 그리고는 덧붙였습니다.

"당신은 고작 콩 가격이나 깎던 버릇을 못 버린 모양인데, 이건 조각입니다!"

상인은 난처해졌습니다. 돈을 주지 않으려 했던 건 아니었고 평소에 하던 대로 그냥 가격을 조금 깎고 싶었던 것뿐인데, 눈앞에는 이미 박살 난 두상이 널브러져 있었습니다. 무엇보다 걱정되었던 건 코시모와의 관계였습니다. 혹시라도 이 일로 코시모와 관계가 나빠지면 피렌체에서의 장사에 지장이 생길지도 모를 일이었습니다. 순간 겁에 질린 제노바 상인은 돈을 두 배로 지불할 테니 얼른 화를 풀고 다시 조각을 만들어달라고 부탁했습니다. 하지만 도나텔로는 요지부동이었습니다. 코시모는 어떻게든 둘 사이를 중재해 보려고 했지만 이미 자존심이 상한 도나텔로는 코시모의 간청에도 그 상인의 일은 맡지 않았습니다.

코시모는 언젠가 예술가들에 관해 이렇게 말한 적이 있습니다.

"이들을 하늘의 별과 같은 영혼을 가진 비범한 천재들로 대접해야지, 짐을 싣고 다니는 짐승처럼 대해서는 안 된다."

어쩌면 코시모도 기껏 일감을 가져다줬더니 까탈스럽게 구는 도나텔로가 내심 피곤하다고 생각했을지 모릅니다. 하지만 코시모는 이후에도 변치 않고 도나텔로를 지원해 주었습니다. 아버지가 그랬던 것처럼 예술가를 존중하는 마음은 변하지 않았던 것이죠.

따뜻한 남자

사실 코시모는 예술가에게만 따뜻한 사람이 아니었습니다. 그는 피렌체 최고의 부자임에도 누구에게나 예의가 발랐죠. 시내 거리를 돌아다닐 때도 항상 수수한 복장으로 다녔고, 길에서 노인이라도 마주치면 길을 양보했습니다. 공직에 있을 때도 고위직 공무원들에게 항상 예우를 갖췄고, 누군가 사업적으로 도움을 요청하거나 개인적인 일을 상담하면 항상 신중하게 경청하며 도울 방법을 찾았습니다. 메디치 가문은 어느덧 피렌체의 최상류층이 되었지만, 시민들과 동등한 위치에 있으려는 태도를 잃지 않았던 것입니다.

그의 이런 예의 바른 태도는 아버지 조반니의 철저한 교육 때문이었을 것입니다. 조반니는 아들 코시모가 어릴 적부터 부자임을 티 내지 말고 가장 소박한 옷을 입고 다니도록 교육했는데, 평소에도 복장 검사를 했다고 합니다. 조반니는 코시모에게 시민들을 어떤 마음으로 대해야 하는지에 대해 이렇게 말했습니다.

"사람들 앞에 절대 나서지 않도록 하고, 어쩔 수 없이 나서야 한다면 가
능한 적게 나서도록 해라. 사람들의 눈에 띄지 않아야 하고, 시민들이
완전히 망하는 방향으로 가는 것만 아니라면 가능한 한 시민들의 의지
에 맞서지 않도록 해라."

코시모의 한결같은 태도를 보면 그가 아버지의 조언을 마음으로 받아
들였음을 알 수 있습니다. 콩 심은 데 콩 난다는 속담이 잘 어울리는 부자
지간입니다.

경제에서 정치로

메디치 가문은 코시모 때부터 본격적으로 정치에 나서게 됩니다. 조반
니도 정치 참여가 없었던 것은 아니지만 그는 주로 메디치 은행 사업에
몰두했고 되도록 정치 참여는 피하려고 했습니다. 권력까지 갖게 되면 시
민들의 반감을 살까 봐 우려했기 때문입니다. 그런데 그의 아들 코시모
때부터 주변 상황이 점점 달라지기 시작했습니다. 메디치가 계속 성장하
자 정적들이 생기기 시작한 것입니다. 때문에 코시모는 어쩔 수 없이 정
치에 참여해야 했습니다.

코시모의 첫 등장은 1414년입니다. 해적 교황 발다사레 코사가 최후의
선택을 받기 위해 콘스탄츠 공의회로 떠나는 길에 동행했던 메디치 측 사
람이 바로 코시모였습니다. 말을 탄 스물다섯 살의 청년 코시모는 아마
아버지 조반니로부터 발다사레 코사를 잘 보좌하라는 지시를 받았을 것
입니다.

하지만 앞서 보았던 것처럼 교황을 꿈꾸었던 해적 발다사레 코사는 이

공의회에서 최종적으로 폐위되고 맙니다. 그렇게 발다사레 코사의 꿈은 날아가 버렸지만, 아직 젊은 청년이었던 코시모에게는 새로운 시작이기도 했습니다. 이 여행에서 어디서도 얻을 수 없는 귀중한 경험들을 얻을 수 있었기 때문입니다.

콘스탄츠 공의회는 당시 유럽 최고의 이슈였던 '교황 선출'을 결정하는 자리였습니다. 때문에 교황 후보들, 신성로마제국 황제, 프랑스·영국·폴란드·헝가리·덴마크의 대사들, 29명의 추기경, 수백 명의 대수도원장과 대주교, 수많은 법학·신학 박사 등, 쉽게 말해 당시 유럽을 주무르던 최고의 인물들이 한자리에 모이게 됩니다. 이 공의회에서 폭풍의 중심에 있던 인물이 바로 발다사레 코사였으니, 그런 인물의 동행으로 온 코시모는 아마 남들보다 더 많은 주목을 받았을 것입니다.

코시모는 이 시기에 수많은 유럽 최고의 유력자를 만날 수 있는 기회를 얻었습니다. 그리고 그는 공의회가 끝난 뒤 피렌체로 돌아가지 않고 2년 동안 독일과 프랑스의 거의 모든 지역을 여행하며 사람들을 만났습니다. 이때 쌓아 올린 인맥과 경험은 메디치 은행이 전 유럽으로 확장하는 데 중요한 역할을 하게 됩니다. 당시 아직 피렌체 주변에 한정되어 있던 메디치의 은행은 이후 런던, 피사, 아비뇽, 브뤼헤, 밀라노, 독일의 뤼베크까지 확장하게 되었죠. 그렇게 메디치 가문은 조반니 이후 코시모 대에 이르면서 더 빠르게 성장하기 시작했습니다.

메디치의 공

피렌체를 주름잡던 기존의 귀족 가문들 입장에서 보면 평민 주제에 급성장하고 있는 메디치 가문은 여러모로 달갑지 않은 존재였습니다. 자기들은 고작 피렌체에서 아옹다옹하고 있는 동안 코시모는 어린 나이에 벌써 전 유럽을 돌아다니며 교황과 왕을 비롯한 유럽 최고의 거물들을 만나고 있었으니까요. 게다가 진심인지 가식인지 메디치 가문 사람들은 연신 시민들에게 고개를 숙이고 겸손한 모습까지 보였으니 더 꼴 보기 싫었던 모양입니다.

이 불편한 감정은 점점 부풀어 올라 마침내 메디치 가문에 대한 적대감으로 바뀌기 시작했습니다. 당시 피렌체에서 영향력 있는 가문은 알비치, 스트로치, 파치였는데, 이 가문들은 급성장하는 메디치 가문이 언젠가 자신들을 제치고 피렌체를 지배하게 될 것이라고 생각했습니다. 그래서 이들은 메디치가 더 성장하기 전에 코시모를 제거할 방법을 찾기 시작합니다.

먼저 행동을 취한 쪽은 알비치 가문이었습니다. 알비치 가문의 수장이었던 리날도(Rinaldo degli Albizzi)는 시민들 사이에 메디치 가문에 관한 이상한 소문을 퍼뜨리기 시작했습니다.

"코시모는 사제들의 화장실까지 메디치의 '공'으로 장식했다."

여기서 말하는 '공'은 메디치 가문의 문장에 있는 '붉은 공'을 의미합니다. 당시 메디치는 조각과 회화뿐 아니라 건축이나 공공사업도 적극적으로 후원했는데, 메디치에서 후원한 공공건물에 가문의 문장을 새겨 넣곤 했습니다. 그런데 리날도는 시민들에게 "메디치 가문이 지금 도시 곳곳을 가문의 장식으로 도배하고 있는데 이것은 다른 나라 왕들이 왕족의 문장을 도시에 새기는 것과 비슷하다. 결국 메디치 가문은 자신들의 문장을 전 피렌체에 도배하고 언젠가 왕위에 오를 것이다"라고 소문을 냈던 것입니다. 선동은 대개 그렇게 시작됩니다. 메디치 가문의 공공사업은 시민에 대한 봉사였지만 어느새 독재의 밑작업이 되어버렸습니다.

또한 서구권에서 '공'은 남성의 '고환'을 부르는 은어이기도 합니다. 그

메디치 가문의 문장. 베키오 궁전(왼쪽)과 피렌체 길거리(오른쪽)

러니까 이 말은 "코시모가 사제들의 화장실에까지 '코시모의 불알'을 장식했다"고 놀리는 듯한 의미도 됩니다. 아마 리날도는 지저분한 농담을 섞어 메디치의 깨끗한 이미지에도 타격을 입히려고 했던 모양입니다.

리날도는 시민들뿐 아니라 귀족들도 선동하기 시작했습니다. "지금 메디치 가문이 점점 성장하고 있는데, 어쩐지 불안하다. 시민들도 메디치 가문을 그토록 좋아하니 언젠가 우리 모두 메디치 가문에게 먹혀버릴 것이다"라고 바람을 넣고 다닌 것입니다.

리날도는 그중 과다니(Guadagni) 은행 가문의 베르나르도(Bernardo)에게 접근했습니다. 베르나르도는 피렌체 공화국의 최고지도자에 해당하는 곤팔로니에레(Gonfaloniere)에 출마하려고 했지만, 개인 빚 때문에 나가지 못하고 있는 상황이었습니다. 리날도는 베르나르도에게 제안했습니다. 모든 빚을 자신이 갚아줄 테니 그 대신 출마해서 당선되면 함께 코시모를 제거하자고 말이죠. 베르나르도는 고민 끝에 '코시모 제거 작전'에 합류하기로 결정합니다. 리날도는 약속대로 빚을 갚아주었고 베르나르도는 곧 곤팔로니에레에 당선될 수 있었습니다.

추방

1433년, 상황을 엿보고 있던 리날도에게 드디어 기회가 찾아왔습니다. 피렌체에 역병이 다시 스멀스멀 피어오르자 코시모와 메디치 가문 사람들은 베로나에 있는 별장으로 잠시 피난을 떠났습니다. 메디치 가문이 자리를 비운 이 시점이야말로 절호의 기회였습니다. 리날도는 재빨리 피렌체의 최고 의결기관 시뇨리아(Signoria)를 소집하고 메디치 가문을 완전히 축출할 계획을 실행하기 시작했습니다.

얼마 뒤, 시골에서 쉬고 있는 코시모에게 피렌체 정부로부터 한 장의 편지가 날아왔습니다. 중요하게 논의할 일이 있으니 얼른 피렌체로 돌아오라는 것이었죠. 편지를 수상하게 생각한 가족들은 피렌체로 돌아가지 말라고 그를 한사코 말렸습니다. 물론 코시모 또한 상황이 심상치 않게 돌아간다는 것을 전해 들었지만

"그래도 나는 정부에 순종해야 한다."

라고 말하면서 피렌체로 돌아가기로 결정했습니다.

그러나 피렌체에 도착한 코시모를 기다리고 있는 건 의회가 아닌 근위병들이었습니다. 코시모는 항변 한 번 못 해보고 바로 그 자리에서 체포되어 피렌체 베키오 궁전의 종탑에 있는 감옥에 갇히고 맙니다. 죄목은 '왕이 되려고 한 죄'였습니다. 코시모는 억울했지만 칼자루를 쥐고 있는 쪽은 리날도였습니다.

코시모가 갇혀 있던 베키오 궁전의 종탑

코시모가 감옥에 갇혀 있는 동안 음식이 들어왔습니다. 그는 곰곰이 생각하다가 음식을 먹지 않았다고 합니다. 혹시라도 독약을 탔을까 봐 걱정했던 것입니다. 실제로 두 명의 간수가 리날도에게 매수되었다고 하니 독살 시도는 진짜였던 모양입니다. 그렇게 이틀 동안 코시모는 아무 음식도 먹지 않고 버텼습니다. 독살에 실패하자 리날도는 계속해서 베르나르도에게 그를 사형에 처해야 한다고 강력하게 주장했습니다. 하지만 메디치 가문에 대한 시민들의 지지가 워낙 높았기 때문에 베르나르도도 차마 사형 선고까지 내리지는 못했습니다.

한편 코시모도 가만히 있지는 않았습니다. 감옥에서 베르나르도에게 뇌물을 보내 회유를 시도했던 것이죠. 코시모의 회유가 성공했는지 결국 피렌체의 최고 의결기관 시뇨리아가 내린 결정은 다음과 같습니다. 사형 대신 메디치 가문을 10년 동안 도시에서 추방한다는 것입니다.

코시모는 그렇게 억울한 누명을 쓰고 피렌체에서 추방되어 베네치아로 피난을 가게 됩니다. 이참에 그를 완전히 죽여야 한다고 생각했던 리날도는 아쉬움에 입맛을 다셨겠지만 일단 그 정도로 만족해야 했습니다.

운명의 여름

알비치 가문은 메디치를 물리치고 피렌체 정부를 장악했습니다. 하지만 리날도는 통치에 무능했던 모양입니다. 메디치 가문이 피렌체를 떠나자 경제 상황이 급속도로 나빠지기 시작한 것입니다. 무엇보다 메디치 가문과 함께 메디치의 자본이 피렌체에서 빠져나간 타격이 컸습니다. 추방을 당하자 코시모가 재산을 분산시켜 해외로 피신시켰던 것입니다. 결국 리날도는 정부의 부족한 돈을 메우기 위해 세금을 올릴 수밖에 없었습니다. 이는 여전히 역병이 창궐하던 피렌체 시민들의 마음을 더 우울하게 만들 뿐이었습니다.

리날도의 통치가 시작되고 1년이 채 지나기도 전에 시민들뿐 아니라 그에게 협조했던 귀족들마저 후회하기 시작했습니다. 그들도 리날도가 이 정도로 무능할 거라고 예상하지 못했던 것이죠. 분위기가 나빠진 것을 감지한 리날도는 오히려 더 강경하게 나가기 시작했습니다. 그는 의회에 남은 중립적인 사람들마저 전부 없애고 측근들을 배치하기 시작했습니다. 하지만 이는 상황을 더 악화시킬 뿐이었습니다. 그렇게 강제로 의회를 장악한다 한들 피렌체의 경기가 다시 좋아질 리도 없었을뿐더러 피렌체 시민들이 보기에 의회 전체를 자기 측근으로 채우는 행위는 독재 같았기 때문입니다. 분명 '코시모가 왕이 되려 한다'라고 선동하고 다녔는데 오히려 본인이 더 왕같이 행동하고 있었던 것이었죠. 피렌체는 누가 뭐라 해도 자랑스러운 공화국이었습니다. 공화국에 자부심이 강했던 피렌체 시민들은 '왕'처럼 구는 지도자는 견딜 수 없었습니다.

리날도와 알비치 가문의 운명은 1434년 여름에 결정되었습니다. 정치를 못 하면 전쟁이라도 잘 했어야 하는데, 알비치가 이끄는 피렌체의 군대가 이몰라 전투에서 밀라노에게 크게 패배하고 맙니다. 경제도 망치고 국방도 망친 지도자에게 미래란 없는 법입니다. 리날도에 대한 여론이 나빠지자 '친(親) 메디치 가문'의 사람들은 다시 의회를 장악할 수 있었습니다. 그리고 메디치 가문이 장악한 의회는 이번에는 거꾸로 리날도를 소환했습니다.

리날도는 두려움에 사로잡혔습니다. 1년 전에는 자신이 의회를 장악하고 코시모를 재판한 뒤 추방시켰는데 반대로 자신이 코시모처럼 체포되어 재판을 받을 상황이 된 것입니다. 더 이상 물러날 곳이 없다고 판단한 리날도는 실력 행사에 나섰습니다. 몰래 500명의 군대를 모아 베키오 궁전을 무력으로 탈취하려 한 것입니다. 하지만 낌새를 이미 알아챈 '친 메디치 의회'는 그보다 한발 앞서 병력을 소집했습니다. 이렇게 두 세력이 맞붙는 가운데 자칫하면 내전으로 발전할 수도 있는 상황이 되었습니다.

이때 교황이었던 에우제니우스 4세(Eugenius IV)가 중재를 시도했습니다. 당시 교황은 피렌체에 머물고 있었는데, 그는 가능하면 피렌체에 유혈 사태가 일어나지 않기를 바랐습니다. 교황은 눈물을 흘리며 리날도를 말렸고, 지금 군대를 거두면 이에 대한 일체의 책임을 묻지 않겠다고 설득했습니다. 리날도 입장에서는 어차피 친메디치 세력이 장악한 의회를 이길 수 없었습니다. 게다가 무력으로도 이길 수 있다는 확신이 없었으니 이대로 사건을 끝내는 편이 낫다고 판단했던 모양입니다. 결국 교황이 개입하면서 두 세력 사이의 전쟁은 피할 수 있었습니다. 하지만 여전히 친메디치 세력과 시민들의 반발은 강력했습니다. 때문에 리날도와 알비치 가문 그리고 그에 협력했던 사람들을 피렌체에서 추방하는 것으로 최종 합의되었습니다.

알비치 가문이 추방됨과 동시에 코시모에게 내려진 추방형은 철회되었습니다. 1434년 9월 28일, 코시모 데 메디치는 그렇게 피렌체를 떠난 지 1년 만에 복귀할 수 있었습니다.

위선자가 되어야 한다

코시모와 메디치 가문은 다시 고향 피렌체로 복귀했습니다. 메디치 가문이 없던 지난 1년간 고통을 겪었던 시민들은 길에 양옆으로 서서 돌아오는 코시모를 마치 '왕의 귀환'을 보는 듯 환영했다고 합니다. 완전한 승리였지만 코시모는 환영을 받는 와중에도 고민이 깊어졌습니다. '1433년에 리날도가 장악한 의회에서 추방이 아닌 사형 선고를 내렸었다면 어떻게 됐을까? 만약 감옥에서 주는 음식을 생각 없이 받아먹었다면 나는 지금 살아 있을까?' 하는 생각이 들었던 것이죠. 그리고 다시 이런 일이 일어나지 않는다는 보장은 없었습니다. 아무리 어마어마한 재산을 가졌다고 해도 정치 권력이 없으면 한순간에 사라져버릴 수 있는 것이 평민 출신이었던 메디치 가문의 한계였으니까요. 그는 죽지 않기 위해서라도 권력을 잡아야 한다고 결론을 내렸습니다.

그렇다면 어떻게 권력을 잡아야 할까요. 최고 권력자인 곤팔로니에레에 출마해서 당선되면 권력을 잡는 것일까요? 코시모는 그렇게 간단하다고 생각하지 않았습니다. 만약 곤팔로니에레에 당선된다고 해도, 분명 어디선가 평민 출신인 자신을 무시하는 또 다른 귀족들이 나타나 죽이려 할지도 모를 일이었으니까요. 그리고 자신이 갑자기 정치 전면에 나서면 시민들도 리날도가 선동했던 것처럼 그가 정말로 '왕'이 되려 한다고 의심할지도 모를 일입니다. 다시 말하지만 피렌체 시민들은 공화국에 자부심이 상당히 강한 사람들이었습니다. 코시모는 다른 건 몰라도 절대로 시민들과 척을 지면 안 된다고 생각했습니다.

"질투는 물을 주면 안 되는 식물이다."

그는 이렇게 말했습니다. 시민들이 자신이 가진 돈과 권력을 질투하지 않도록 해야 한다는 것입니다.

그래서 코시모는 '위선자'가 되기로 결정합니다. 위선자는 '겉과 속이 다른 사람'을 말합니다. 코시모는 겉으로는 권력이 없는 척하지만 실제로는 뒤에서는 모든 것을 완전히 통제하는, 이른바 '참주(僭主)'가 되기로 결정했습니다. 참주를 한자 그대로 풀이하면 '주제넘은 주인', 즉 '합법적인 권력은 없지만 실제로 권력이 있는 자'를 말합니다.

"군림하되 통치하지 않는다."

이는 입헌군주제가 시작된 근대에 왕은 명목상의 자리만 유지하고 실질적인 통치는 의회에 맡기기 시작하면서 탄생한 말입니다. 하지만 참주는 완전히 그 반대의 뜻이라고 할 수 있습니다.

"통치하되 군림하지 않는다."

코시모는 겉으로 피렌체의 평범한 시민처럼 소박하게 행동하면서, 실제로는 뒤에서 피렌체를 통치하기 시작했습니다. 그가 사용할 수 있는 가장 강력한 무기는 역시 돈이었습니다. 그는 우선 돈으로 사람들을 매수해 지방 의회와 피렌체의 최고 의결기관인 시뇨리아에 메디치 측 사람들을 심었습니다. 자신은 나서지 않고, 대신 나서는 사람들을 통제할 수 있다면 결국 모든 것을 통제할 수 있기 때문이죠. 코시모는 고위직에 손사래를 치면서 몸을 뺐지만 뒤에서는 바쁘게 움직이면서 피렌체의 정치를 조정하기 시작했습니다.

말은 쉬워도 사실 이런 식의 정치는 엄청난 정치력과 긴장감을 필요로 합니다. 시민들이 코시모에게 통치받지 않는다고 굳게 믿게 만들면서도 실제로는 피렌체 전체를 통치해야 했기 때문입니다. 교황 비오 2세는 이런 코시모를 두고 다음과 같이 말했습니다.

"정치적 문제가 생기면 모든 문제는 코시모의 집으로 모여든다. 그가 선택하는 사람이 의회를 움직이며 그가 결국 평화와 전쟁을 결정한다. 그는 왕이라는 이름을 빼고는 모든 면에서 왕이었다."

코시모는 겉으로는 '독재'가 아닌 것처럼 보이지만 분명히 '독재'였던, 위선의 정치로 피렌체를 통치하기 시작했습니다. 코시모의 정치는 너무

나도 교묘하게 위장되어 있었기 때문에 일반 사람들은 그를 그저 '뛰어난 시민'으로 생각했고, 그가 독재자라는 것은 전혀 짐작하지 못했습니다. 피렌체의 한 작가는 그를 평가할 때 "전 세계에서 '위대한 상인'으로 불렸던 코시모"라고 기록했는데, 이 말은 같은 시대를 살던 피렌체 시민들조차도 그를 그저 돈 많은 사람 정도로 인식했다는 것을 보여줍니다.

코시모는 이런 방식으로 자그마치 30년 동안 피렌체를 통치할 수 있었습니다. 물론 코시모도 곤팔로니에레에 당선된 적이 있지만 긴 통치 기간 동안 곤팔로니에레로 활동한 기간은 단 6개월, 즉 석 달씩 두 차례에 불과했습니다.

코시모의 통치 기간은 피렌체 공화국이 전성기로 진입하던 시점과 일치합니다. 그의 아버지 조반니가 경제력으로 피렌체를 성장시켰다면 코시모는 정치력으로 피렌체를 이끌었다고 해야 할까요. 이러한 피렌체의 전성기와 함께 르네상스 또한 전성기로 진입하게 됩니다.

인문학의 터, 도서관 기증

코시모가 이런 방식으로 피렌체를 장기간 통치할 수 있었던 건 그의 인문학적 소양이 누구보다도 깊었기 때문일 것입니다. 조반니는 코시모를 산타 마리아 델리 안젤리 수도원에서 공부시켰습니다. 이곳은 그리스어와 라틴어, 즉 그리스와 로마의 언어를 중점적으로 교육하는 기관이었습니다. 그 덕분에 코시모는 최고 수준의 라틴어를 구사했고, 그리스 로마의 철학에 많은 관심을 갖게 됩니다. 그는 학자들과 대등한 수준에서 토론할 수 있을 정도로 높은 소양을 지녔으니, 당연히 고대 '참주정치'의 역사를 알고 있었을 것입니다.

그리스의 페이시스트라토스나 로마의 카이사르와 아우구스투스 같은 정치인들도 한동안 아무런 직책 없이 제국을 통치하는 참주정치를 사용한 것으로 유명합니다. 그들의 방식을 모사한 것이죠.

이런 인문학에 대한 관심은 그가 1444년 산 마르코의 수도원 내부에 피렌체 최초의 공공도서관을 열었다는 점에서도 알 수 있습니다. 이 도서관은 피렌체 르네상스가 더 활짝 꽃피는 데 중심적인 역할을 하게 됩니다. 도나텔로와 브루넬레스키처럼 무작정 로마로 쳐들어가 연구하는 것이 아니라, 이제는 고대의 문헌과 사본들을 한곳에 모아 체계적으로 연구를 시작한 것입니다.

무엇보다 이렇게 상류층의 사람이 도서관을 만들어 시민들에게 기증하는 것이야말로 '그리스 로마적인 것'이기도 했습니다. 로마제국의 귀족들은 자신들과 노예들의 차이는 단순히 신분이 아닌, 사회적 의무를 실천할 수 있는 능력의 차이에서 발생한다고 생각했습니다. 그래서 부유한 귀족들은 도서관이나 공중 목욕탕, 공공 도로 등을 건설해서 사회에 환

산 마르코 수도원의 공공도서관

원하려고 했죠. 브루넬레스키가 연구했던 판테온도 로마 제정 초기의 2인자였던 아그리파에 의해 기증된 건물입니다. 코시모에게는 그 '공공성'의 마인드가 있었던 것입니다.

도서관의 질을 결정하는 것은 도서관 건물이라는 '하드웨어'와 함께 그 안의 수많은 책들, 즉 '소프트웨어'입니다. 코시모는 발다사레 코사를 보좌하여 콘스탄츠 공의회를 가던 길에도 고대 그리스 로마의 책들을 수집했던 것으로 유명합니다. 그는 공공도서관을 완성하기 위해 학자이자 고문서 수집가였던 니콜라 니콜리에게 우선 많은 양의 책을 사들였습니다. 니콜라 니콜리는 상당히 괴짜였던 모양인지 고문서 수집이라는 독특한 취미 때문에 6,000플로린 금화, 현대로 치면 60억 정도의 빚을 지고 있었다고 합니다. 당시에는 쿠텐베르크의 활자가 아직 보급되지 않아 책 한 권의 가격이 집 한 채에 맞먹을 정도로 매우 비쌌습니다. 예를 들어, 성경과 같은 두꺼운 책은 고소득 지식인인 필사자가 적어도 몇 년에 걸쳐 한 글자씩 손수 옮겨 적어야 했기에 그만큼의 비용이 필요했던 것이죠. 어쨌든 코시모는 그 빚을 청산해 주는 대가로 800여 점에 이르는 사본 컬렉션을 손에 넣었습니다. 빚쟁이들에 의해 공중분해될 뻔한 책들을 모두 모아 공공도서관에 기증하는 것으로 도서관의 '소프트웨어'를 풍요롭게 만든 것입니다. 그 이후에도 코시모는 시리아, 이집트뿐만 아니라 여러 유럽 도시로 사람들을 보내 중요한 책들을 사 모으도록 했습니다.

신플라톤주의

1462년, 코시모는 피렌체 북부의 마을 카레기에 있는 메디치 가문의 빌라에서 '플라톤 아카데미'를 열었습니다. 그는 더 적극적으로 그리스 로마의 철학을 부활시키려고 했습니다. 피렌체에 이른바 '신플라톤주의'가 꽃피는 순간입니다. 나중에 살펴볼 보티첼리의 〈비너스의 탄생〉도 그

빌라 메디치, 피렌체 카레기

리스 신화의 이야기인데, 코시모 때 피어오른 신플라톤주의의 영향으로 볼 수 있습니다. 코시모는 이 일을 할 적임자로 신플라톤주의자였던 마르실리오 피치노(Marsilio Ficino)를 선택했습니다. 코시모는 마르실리오에게 앞으로 돈 걱정은 하지 않아도 되니 자유롭게 플라톤 철학을 연구하라고 말했습니다. 집과 농장까지 내주며 연구에 몰두할 수 있도록 후원했죠. 학자 입장에서는 더 없는 최고의 후원자라고 해야 할까요.

재미있는 점은 그리스 로마의 학문에 관심을 가졌던 코시모가 특히 주목한 주제가 신플라톤주의 철학의 '신비주의'였다는 사실입니다. 신플라톤주의는 신과의 정신적인 합일을 강조하면서 현대로 치면 명상을 통해 신과의 합일에 다다를 수 있었다고 주장했는데, 코시모는 그 부분이 특히 흥미로웠던 모양입니다.

그런 한편, 인문학을 부활시키려 했던 코시모가 실제로 가장 열심히 읽은 책은 성경이었다고 합니다. 아무리 인문주의에 심취했다고 하더라도 초월적 존재에 관심을 갖는 것은 인간의 본능이기 때문일까요?

예술의 후원자

코시모는 본격적인 활동을 시작한 후 대략 60만 플로린 금화를 문화예술 부흥에 투자했다고 알려져 있습니다. 이는 대충 계산해 봐도 6000억 원에 달하는 어마어마한 돈입니다. 그는 예술 후원에 관해 이렇게 말했습니다.

"이 모든 후원은 나에게 최고의 만족을 주었는데 왜냐하면 이는 신에게 영광을 돌리는 것뿐 아니라 나에게도 기쁨이었기 때문이다. 지난 50년간 나는 돈을 벌고 쓰기만 했는데 확실히 쓰는 게 버는 것보다는 즐거웠다."

돈을 쓰는 일은 당연히 즐거운 법인데, 어쩐지 얄밉게 느껴집니다. 그렇다고 코시모가 메디치가의 사업으로 벌어들인 돈을 허투루 쓰지는 않았습니다. 그가 문화와 예술에 투자한 돈은 피렌체 르네상스의 양분으로 작용하며 문화예술로 꽃피웠기 때문입니다. 따지고 보면 지금도 관광객들이 피렌체로 가는 이유는 코시모가 살던 15세기의 피렌체를 보기 위해서죠.

코시모가 이렇게 예술을 후원한 데에는 분명 정치적인 목적도 있었을 것입니다. 그의 아버지 조반니가 그랬던 것처럼 코시모 또한 시민들의 환심을 사려는 목적이 있지 않았을까요? 코시모는 리날도 사건을 겪으면서 정치적으로 살아남기 위해서는 시민들의 지지가 필요하다는 것을 명백히 깨달았습니다. 그래서 그는 아버지보다 더 많은 예술과 공공건물에 돈을 지원하는 것으로 시민들의 확실한 지지를 얻으려고 했던 게 아닐까 싶습니다. 눈에 보이는 미술이야말로 가장 확실한 홍보 효과를 가져오니까요.

그 외에도 코시모는 통치기간 동안 여러 축제를 열기 위해 노력했습니다. 사람들은 무언가 보는 것을 좋아하는 법입니다. 교황같이 유명한 사람들의 방문, 성인들을 기리기 위한 행사, 행렬, 무도회, 짐승 쇼 등 그가 여러 대규모 공공 축제를 기획한 건 특히 가난하고 평범한 사람들을 즐겁게 하기 위함이었습니다. 아무래도 심심한 삶을 살아가던 중세의 피렌체 사람들에게 이런 멋진 '쇼'를 즐기는 것만큼 즐거운 일은 없었을 테니까요. 게다가 이 모든 축제는 코시모의 후원 덕분에 공짜였습니다.

변함없는 두 사람

코시모는 어느 날 도나텔로가 허술한 옷차림을 하고 길을 다니는 모습을 발견했습니다. 도나텔로는 피렌체에서 가장 유명한 예술가였던 데다 코시모의 충분한 후원도 받고 있었으니 돈이 없지는 않았을 것입니다. 그럼에도 그는 늘상 허름하게 입고 다녔던 것으로 유명합니다.

어느 축젯날, 코시모는 조용히 도나텔로에게 고운 옷 한 벌과 붉은색 모자가 달린 외투를 보내주었습니다. 그래도 축제인데 예쁘게 입고 즐기라는 배려였죠. 하지만 도나텔로는 며칠 입는 둥 마는 둥 하더니 다시 예전처럼 후줄근한 옷차림으로 돌아갔습니다. 그렇게 고급스러운 붉은 외투는 자신과 어울리지 않는다고 생각했던 모양입니다.

이것은 도나텔로의 자격지심일 수도 있고 아니면 자존심일 수도 있습니다. 그는 노동자 집안 출신이었기 때문에 상류층과 부자들에 대한 반항심이 있었습니다. 도나텔로는 자신이 번 돈을 천장에 끈으로 매달아 둔 바구니에 던져놓곤 했는데 일꾼들이나 친구들이 필요하면 마음대로 가져가도록 했습니다. 이는 '예술가가 하늘을 봐야지 부자들이나 귀족들처럼 저급하게 돈에 얽매여 살지 않겠다'는 의지의 표현입니다. 그는 항상 친구들과 일꾼들에게는 관대하고, 자비롭고, 예의 바르게 대했지만 반대로 귀족이나 교회의 상류층 사람들을 대할 때는 불친절했던 것으로 유명합니다.

그렇게 부자들을 경멸했던 도나텔로가 사실 가장 미워했어야 할 인물은 피렌체 최고의 부자였던 코시모여야 합니다. 그런데 둘의 사이는 그 누구보다 가까웠다고 하니 이를 모순이라고 해야 할까요, 아니면 코시모의 뛰어난 인품 덕분이라고 해야 할까요? 혹은 코시모가 최고 부자였음에도 같은 평민 출신인 데다, 항상 소박한 생활 태도를 유지했기 때문에 고집스러운 도나텔로조차 그에게는 마음을 열었던 것일까요?

1454년, 도나텔로의 나이가 어느덧 70세가 되자 코시모는 그에게 농장을 주어 남은 여생을 편안히 보내도록 배려했습니다. 세월은 누구에게나 공평하게 흐르고 두 사람 모두 늙어가고 있었지만, 코시모는 예나 지금이나 변함없이 도나텔로를 뒤에서 챙겨주는 키다리 아저씨 같은 존재였습니다. 도나텔로는 이제 굶어 죽는 일은 없겠다며 기뻐했지만 그 기쁨은 채 1년도 가지 않았습니다. 농사일이 생각했던 것보다 신경 쓸 부분이 많았기 때문입니다. 평생 작품을 만들던 사람이 비둘기 똥을 치우고, 가축에게 풀을 먹이고, 폭풍이 지나간 뒤 엉망이 된 지붕을 수리하고, 포도나무 가지를 정리하는 일 따위를 제대로 할 수 있을 리 없었습니다. 도나텔로는 자신은 이제 지쳤다며, 차라리 굶어 죽는 게 낫겠다고 한탄하기 시작했습니다.

소식을 들은 코시모는 아들 피에로를 통해 도나텔로에게 농장 대신 정기적으로 돈을 보내주도록 했습니다. 그제서야 도나텔로는 만족했다고 합니다. 이런 코시모였기에 부자들을 미워하던 도나텔로조차 그를 좋아할 수밖에 없었던 것인지도 모릅니다.

국부 코시모와 도나텔로의 죽음

30년간 피렌체를 지배하며 부흥기를 이끌었던 코시모에게도 결국 마지막은 찾아왔습니다. 코시모는 삶이 끝날 무렵 매우 조용해졌고 때로는 몇 시간 동안 말을 하지 않고 생각만 했다고 합니다. 어느 날 그의 아내가 코시모에게 당신 요즘 왜 이렇게 조용하느냐고 묻자 그는 이렇게 대답했습니다.

"여보, 우리가 시골집에 갈 때 당신은 이사를 준비한다고 보름 동안이나 정신없이 보냈잖소. 나도 이제 곧 이 땅에서 저 세상으로 이사 가야 하는데, 아무래도 생각할 것이 많지 않겠소?"

이처럼 코시모는 위트가 넘치는 인물이기도 했습니다. 그는 자신의 인생이 충분히 길었기 때문에 하느님이 원하실 때 가는 것이 만족스럽다고 덧붙였습니다. 코시모는 얼마 뒤 깨끗한 옷을 갖춰 입고 산 로렌초 성당에서 미사를 드렸습니다. 신부가 신앙고백을 요청하자 그는 한 마디 한 마

코시모 데 메디치의 무덤, 산 로렌초 성당

디 직접 고백한 뒤, 지나온 삶의 모든 사람에게 용서를 구한 후 말로 표현할 수 없는 경건한 마음으로 성찬을 받았습니다.

1464년, 코시모는 조용히 눈을 감았습니다. 메디치 가문은 그의 아들 피에로(Piero)가 이어받았습니다. 코시모는 장례를 조용히 치르길 바랐었지만 온 도시에서 사람들이 모여들었기 때문에 시끌벅적할 수밖에 없었습니다. 피렌체의 최고 의결기관 시뇨리아는 피렌체에 30년의 평화와 함께 최고의 부흥기를 가져다준 코시모에게 '조국의 아버지(Pater Patriae)'라는 칭호를 수여했습니다. 그렇게 국부(國父)가 된 코시모는 산 로렌초(San Lorenzo) 성당에 안치되었습니다.

2년 뒤인 1466년, 도나텔로 또한 코시모를 따라 세상을 떠났습니다. 코시모는 도나텔로가 죽으면 그의 유해가 자신과 가까이에 묻힐 수 있도록 미리 손을 써놓았습니다. 죽어서까지도 도나텔로를 챙겨주었던 코시모였으니 천국에서도 그를 반가워하지 않았을까요? 그렇게 위대한 예술가 도나텔로와 피렌체의 국부 코시모는 지금도 함께 산 로렌초 성당 아래에 나란히 묻혀 있습니다.

덤벙이 천재,
마사초

27세 클럽

역사에는 가끔씩 알 수 없는 우연이 나타나곤 합니다. 예술계에는 유독 27세에 요절하는 천재 예술가들이 많습니다. 지미 헨드릭스, 커트 코베인, 에이미 와인하우스, 장 미셸 바스키아 같은 예술가들은 하늘의 별

마사초, 〈테오필로스 총독 아들의 부활과 성 베드로의 착좌〉 중 자화상 부분, 1426–1427년

처럼 빛나다가 모두 27세라는 나이에 갑자기 죽음을 맞이했죠. 이들의 사인은 자살, 의문사, 병사 등 다양하지만 이상하게도 모두 같은 나이에 생을 마감했다는 공통점이 있습니다. 이른바 '27세 클럽(The 27 Club)'입니다.

물론 27세 클럽의 탄생은 그저 우연일 것입니다. 다만 이들에게는 삶이 가장 뜨거울 시기에 자신의 삶을 모두 예술에 쏟아부었다는 공통점이 있습니다. 어쩌면 이들은 남들이 평생에 걸쳐 사용하는 에너지를 젊은 시절 너무 급격하게 예술에 불태웠던 것은 아닐까요? 그렇게 자신을 불태워 주변을 눈부시게 밝힌 다음 재만 남기고 사라져 버린 것이죠.

르네상스의 천재들 가운데도 27세에 사망한 예술가가 있었습니다. 바로 원근법을 최초로 회화에 구현한 천재 화가, 마사초(Masaccio)입니다. 르네상스의 천재들은 대부분 칠순을 넘어 팔순까지 장수하는 경우가 많았는데 마사초는 안타깝게도 일찍 생을 마감했습니다. 그럼에도 그는 짧은 생애 동안 르네상스 회화의 전성기를 여는 업적을 이루었습니다.

불꽃 같은 예술가

마사초가 본격적으로 활동을 시작한 것은 스물한 살 때부터였습니다. 겨우 6년 정도 활동한 셈이죠. 지금도 6년이라는 활동기간은 상당히 짧은 편이지만, 당시에는 프레스코 벽화 하나를 완성하는 데 몇 년이 걸리기도 했습니다. 때문에 마사초는 고작 몇 개의 회화와 벽화를 남긴 것이 전부입니다. 그럼에도 이후 르네상스 회화 전체의 방향을 바꾸었으니 대단하다고 말할 수밖에 없습니다.

마사초의 본명은 토마소(Tommaso di Ser Giovanni di Simone)이며 마사초는 별명입니다. '마사초'라는 별명을 통해 그가 어떤 사람이었는지를 추측할 수 있습니다. 마사초는 '서투른' 또는 '뚱뚱한'을 의미하는 'Maso'에 'ccio'를 붙여서 약간 놀리듯 만든 별명입니다. 우리말로 의역한다면 '덤벙이'

나 '덩치'쯤 되겠네요. 뛰어난 예술가인 그에게 이런 별명이 붙은 이유는 세상 사람들의 눈에는 그가 바보처럼 보일 만큼 예술밖에 모르는 곰 같은 남자였기 때문입니다. 조르조 바사리는 그를 이렇게 기록했습니다.

"그는 항상 딴 데 정신이 팔려 있고 부주의한 사람이었는데, 예술에 모든 마음과 의지가 고정되어 있어 자기 자신에 대해서는 거의 신경 쓰지 않았고, 다른 사람들에 대해서는 더더욱 신경 쓰지 않는 사람이었습니다. 그는 세상에 대한 관심이나 걱정거리가 전혀 없었고, 심지어 옷차림에 대해 전혀 생각하지 않았고, 빚진 사람에게서도 돈을 받는 데 신경 쓰지 않았으며 오직 궁지에 몰렸을 때만 받으려 했습니다."

그는 옷도 허술하게 입고 다녔고 매우 가난하게 살았다고 합니다. 돈에 대해 신경 쓰기보다는 차라리 그림을 그렸던 것입니다. 그가 죽기 한 해 전인 1427년의 재산 등록부를 살펴보면 마사초에게는 자기 소유가 전혀 없었습니다. 오히려 친구 화가 한 명에게 120리라, 다른 화가에게는 6플로린의 빚을 지고 있는 것으로 나와 있습니다. 요즘으로 치면 600만 원 정도의 돈입니다. 미술사에 큰 업적을 남긴 위대한 화가지만 고작 600만 원을 갚을 여력이 없었던 것이죠. 심지어 빚 때문에 그의 옷 몇 벌마저 '사자와 젖소(Lion and the Cow)'라는 전당포에 저당 잡혀 있었다고 합니다.

당시에는 예술가들 사이에서 재물을 탐하는 것을 부끄럽게 생각하는 경향이 있었던 게 아닐까 싶습니다. 저 높은 곳을 향해야 할 예술가가 고작 돈 몇 푼에 좌지우지되어서는 안 된다는 것이었을까요? 도나텔로도 그러했고 나중에 등장할 미켈란젤로도 재물을 하찮게 여기는 경향을 보입니다.

도나텔로와 브루넬레스키를 만나다

마사초는 비치 디 로렌조(Bicci di Lorenzo)라는 화가 밑에서 도제 교육을 받은 후, 21세 때인 1422년에 '기술 공예' 길드인 아르테 데이 메디치 에 글리 스페치알리(the Arte dei Medici e degli Speziali)에 등록하여 독립 예술가로 활동을 시작했습니다.

마사초가 예술 활동을 시작할 때만 해도 아직 피렌체 회화에는 큰 변화가 없었습니다. 조토가 르네상스 회화의 문을 연 지 벌써 한 세기가 흘렀지만 대부분의 화가들은 조토의 방식을 그대로 반복하거나 살짝 변형하는 데 그쳤습니다. 마사초도 마찬가지였습니다. 아래에 보이는 것처럼 그의 초기 작품들에는 특별한 것이 없습니다.

그렇다면 마사초는 언제 혁신을 일으킨 것일까요? 마사초 인생 최고

마사초, 〈산 지오베날레 삼부제단화〉, 1422년

의 행운은 피렌체에서 도나텔로와 브루넬레스키를 만난 것이었습니다. 두 사람은 자기들처럼 '예술에 미친 종자'였던 마사초를 금방 알아보았습니다. 그리고는 그에게 진심 어린 조언을 했습니다. 진짜 제대로 된 예술을 하려면 로마를 꼭 가봐야 한다고 말이죠.

마사초는 이들의 말을 듣고 1423년에 잠시 로마로 여행을 떠났습니다. 이 시점부터 그의 예술이 바뀌기 시작한 것으로 보입니다. 사실 마사초가 여행했던 로마에는 그가 본받을 만한 회화가 거의 남아 있지 않았습니다. 조각과 달리 보존력이 약하기 때문에 중세 천 년을 버텨낸 그림이 없었던 것이죠.

하지만 머릿속이 예술로 가득했던 마사초는 도나텔로와 브루넬레스키가 왜 로마에 가라고 했는지를 곧 이해할 수 있었습니다. 그들은 마사초가 고대 그리스 로마의 미술, 즉 자연에서 아름다움을 발견하고 그대로 재현하고자 했던 고대 예술가들의 '마인드'를 이해하길 바랐던 것입니다. 이때부터 마사초는 지금껏 배워 온 딱딱한 양식을 버리고 새로운 마음으로 자연을 모방하기로 결심했습니다. 그 결과 그는 도나텔로가 조각에서 실현했던 자연주의를 그림에서도 구현할 수 있었습니다.

브랑카치 예배당

1425년, 따뜻한 봄바람이 불기 시작할 때쯤, 마사초는 브랑카치 예배당(Brancacci Chapel)으로 향했습니다. 마사초보다 나이가 열여덟 살이나 많은 형이었던 마솔리노(Masolino)가 불렀기 때문입니다. 마솔리노는 마사초를 반갑게 맞이했습니다. 두 사람은 같은 길드에서 만나 가까운 사이로 지내고 있었습니다. 마사초는 아직 20대 초반이었고 마솔리노는 이미 40대에 접어들었지만, 큰 나이 차이에도 꽤나 마음이 잘 맞았던 모양입니다. 주변 사람들이 둘을 따로 부르는 별명도 있었는데, 바로 '일을 확실히 하는 유명한 듀오(Duo preciso e noto)'였습니다. 두 사람은 함께 작업을 여러 차례 진행했는데, 주문자의 마음에 쏙 들게 일처리를 했던 모양입니다. 아마 사회 경험이 많은 마솔리노가 예술밖에 모르는 '덤벙이' 동생 마사초를 잘 이끌어주지 않았을까요?

이번에도 마솔리노의 주도로 둘은 공동 작업을 시작하게 되었습니다. 마솔리노는 브랑카치 가문의 부탁으로 브랑카치 가족 예배당의 벽화를 그리고 있었습니다. 벽화 작업은 작년부터 시작했지만 겨울에는 회반죽이 얼기 때문에 프레스코 벽화를 그리기가 어려워서 잠시 쉬었다가 봄이 되면 마사초를 불러 같이 작업해야겠다고 생각했던 것입니다.

도착한 마사초는 마솔리노와 함께 작업을 시작했습니다. 둘은 양쪽 벽을 나누어서 그렸는데 왼쪽 벽은 마사초가, 오른쪽 벽은 마솔리노가 맡았습니다. 그러던 중, 여름을 지나 가을까지 한참 같이 작업하던 마솔리노는 갑자기 다른 일이 생겨 잠시 헝가리로 떠나게 되었습니다. 그렇게 형을 떠나보낸 마사초는 혼자 남아 열심히 벽화를 이어서 그렸습니다.

이때 마사초가 그린 그림을 보면 그가 로마에서 무엇을 느끼고 왔는지를 알 수 있습니다. 마침 마솔리노와 마사초가 동시에 '아담과 이브'를 주제로 그림을 그렸는데, 덕분에 두 사람의 그림을 비교해 보면서 자연스럽게 마사초의 혁신을 이해할 수 있게 됐습니다.

왼쪽은 마솔리노가 그린 〈아담과 이브〉, 그리고 오른쪽은 마사초가 그린 〈추방당하는 아담과 이브〉입니다. 우선 마솔리노의 그림은 특별히 흠 잡을 데 없이 깔끔해 보입니다. 인체 표현이나 색감, 명암 모두에서 40대에 접어든 화가의 노련함이 엿보입니다. 하지만 아담과 이브가 서 있는 자세가 어딘지 모르게 뻣뻣하게 느껴지기도 합니다. 이 '뻣뻣한' 스타일은 앞서 도나텔로와 기베르티의 조각을 비교할 때도 느낄 수 있었는데, 당시 종교를 주제로 한 예술에서는 당연한 방식이었습니다. 아무래도 성

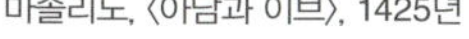
마솔리노, 〈아담과 이브〉, 1425년

마사초, 〈추방당하는 아담과 이브〉,
1426–1427년경

경의 인물을 그릴 때는 최대한 '신성한' 느낌이 들도록 표현해야 했던 것이죠. 우리나라의 불상에서 볼 수 있는 경직된 표정과 자세를 떠올리면 이해하기 쉽습니다.

반면 마사초의 그림을 보면 '덤벙이' 마사초답게 약간 정신없는 느낌이 듭니다. 하지만 마솔리노와는 다르게 아담과 이브를 '신성한' 존재가 아니라 우리와 똑같은 '평범한 인간'의 모습으로 묘사해 놓았습니다. 마치 같은 동네에 살고 있는 평범한 아줌마와 아저씨의 모습을 보는 듯합니다. 이브의 표정을 보면 그녀는 세상을 잃은 듯 엉엉 우는 와중에도 자신의 벗은 몸을 부끄러워하며 터덜터덜 걷고 있습니다. 그 옆의 아담은 모든 것이 내 책임이라고 말하는 듯 몸을 숙이고 체념한 얼굴을 감싸고 있습니다. 지상 천국 에덴 동산에서 쫓겨나는 처지였던 두 사람이 "다 끝났어…"라고 말하며 한탄하는 소리가 들리는 듯합니다.

마솔리노와 마사초는 분명 같은 성경의 인물을 그렸지만 전혀 다른 생각을 가지고 그렸습니다. 마솔리노가 아직 중세적 느낌이 남아 있는 '신성한 성경 인물'을 그리려고 했다면, 마사초는 아담과 이브를 우리와 같은 '땀 냄새 나는 인간'의 레벨에서 그리려고 한 것입니다.

예술가의 여주인인 자연

마사초의 이런 생각을 이해하기 위해, 레오나르도 다빈치가 훗날 마사초에 대해 평가했던 말을 들어봅시다.

"피렌체의 토마소, 마사초로도 알려진 그의 완벽한 작품을 보고 있으면, 예술의 여주인인 자연을 통해 양분을 얻지 않는 다른 예술가들의 노력이 얼마나 헛된지를 보게 된다."

여기서 레오나르도 다빈치가 말하는 '자연을 통해 양분을 얻지 않는 다른 예술가들'은 자연을 직접 연구하지 않고 양식으로 굳어진 전통을 따르는 평범한 예술가들을 말합니다. 레오나르도 다빈치는 진짜 위대한 예술가들은 주변 친구들의 손재주가 아니라, 예술의 진정한 어머니인 '자연'을 모방해야 한다고 생각했습니다.

파란 하늘과 흰 구름, 푸른 산과 그 속의 수많은 나무들, 그리고 나무 위에 쉬어가는 산새들까지, 자연은 어디를 바라봐도 언제나 완벽한 아름다움을 품고 있습니다. 레오나르도 다빈치는 조토가 위대한 이유도, 마사초가 위대한 이유도, 그리고 자신이 누구보다 열심히 자연을 관찰했던 이유도 모두 완벽한 자연에서 아름다움을 찾아내려고 했기 때문이라고 말하고 있습니다. '동료를 모방하는 예술가들은 옆으로 걸을 수밖에 없다. 하지만 자연을 모방하는 예술가들은 진정한 의미에서 앞으로 나아갈 수 있다'고 말이죠.

원근법의 본격적인 시작

마사초가 브루넬레스키와 도나텔로에게 배운 것이 한 가지 더 있습니다. 바로 선 원근법입니다. 브루넬레스키는 로마를 여행할 때 유적의 폐허를 스케치하다 우연히 선 원근법의 원리를 발견했습니다. 모든 풍경이 멀어지다가 결국 한 점에 모인다는 사실을 깨달은 것입니다. 그리고 이를 그리드에 이미지로 그려낸 적이 있습니다. 정확히 어떤 그림이었는지는 남아 있지 않지만 아마 다음의 그림과 비슷한 방식이었을 것입니다. 그림 내의 대상들은 멀리 갈수록 작아지다 결국 한 점에서 만나게 되는데 이것을 '사라지는 점', 즉 '소실점'이라고 합니다.

이렇게 선을 그어놓고 그림을 그리는 것은 앞으로 언급할 선 원근법의 기본 원리가 됩니다. 레오나르도 다빈치가 〈동방박사의 경배〉를 그리기 전에 연습으로 그렸던 스케치를 보면 마찬가지로 그리드를 그린 다음 스케치를 연구했다는 것을 알 수 있습니다.

당시 브루넬레스키는 이 원리를 가장 먼저 밝혀냈지만, 그는 회화보다는 꽃의 성모 마리아 성당의 돔을 건축하는 데 몰두 중이었습니다. 때문에 선 원근법을 구체적으로 회화에 적용시킬 생각까지는 하지 못했습니다. 하지만 마사초는 이 원리를 풀어서 자신의 그림에 처음으로 적용시켰습니다.

그리드와 레오나르도 다빈치의 〈동방박사 경배를 위한 원근법 습작〉(1481년경)

마사초가 브랑카치 예배당에 〈아담과 하와〉에 이어서 그린 벽화 〈성전 세〉를 보실까요. 그림의 주제는 예수 그리스도의 제자 베드로가 예수에 게 세금 문제에 관해 질문하는 내용입니다. 마사초는 이 성경 이야기를 세 가지 장면으로 나누어 한 화면에 분할해서 표현했는데, 당시에는 이 렇게 분리된 여러 스토리를 하나의 벽화 안에 동시에 그리기도 했습니다.

우선 중앙의 장면은 베드로가 예수 그리스도에게 기독교인들은 교회에 헌금을 내는데 국가에도 세금을 내는 것이 맞느냐고 묻는 장면입니다. 예

마사초, 〈성전세〉, 1426–1427년

수는 그래도 세금을 내야 한다고 답하고 있습니다. 그 왼쪽 장면은 예수가 베드로에게 낚시를 하라고 하자, 베드로가 물고기를 낚고 물고기 입에서 은전을 꺼내는 장면입니다. 마지막으로 맨 오른쪽 장면은 베드로가 그렇게 찾은 은전으로 세리에게 세금을 납부하고 있는 모습입니다. 이 이야기들의 주인공은 모두 베드로입니다. 베드로는 회색 머리에 노란 천을 두른 파란 옷을 입고 있어 같은 인물이라는 것을 알 수 있습니다.

마사초는 이 그림에서 정확히 예수 그리스도의 머리에 소실점을 위치시켰습니다. 소실점을 중심으로 선을 바깥으로 그어보면 오른쪽 건물들이 선의 연장선과 정확히 일치한다는 사실을 알 수 있습니다. 마사초는 이렇게 처음으로 선 원근법을 본격적으로 회화에 적용시키기 시작했습니다. 하지만 아직까지는 초보적인 형태의 원근법이라고 할 수 있습니다. 그의 원근법이 빛을 발한 건 다음 작품부터입니다. 바로 마사초의 대표작인 〈성 삼위일체〉입니다.

삼위일체

마사초는 브랑카치 예배당 벽화를 완성하고 얼마 뒤 산타 마리아 노벨라 성당에 이 그림을 그렸습니다. 그림의 내용은 제목 그대로 '성 삼위일체'입니다. 대좌 위에 하느님이 앉아 있고(성부), 그 아래 예수 그리스도가 못 박혀 있으며(성자), 그 사이를 잇는 하얀 비둘기(성령)를 표현하여 기독교의 삼위일체를 그림으로 담아낸 것입니다. 아래를 보면 왼쪽에는 성모 마리아, 오른쪽에는 성 요한이 서 있고, 맨 아래에는 작품 제작의 기부자로 추정되는 인물들이 그려져 있습니다.

〈성 삼위일체〉는 르네상스 회화의 분기점이라고 할 수 있는 중요한 작품입니다. 높이가 약 6미터에 달하는 이 벽화를 통해 마사초가 지금껏 예술가들이 한 번도 구현한 적 없는 완벽한 '환영'을 구축했기 때문입니다.

마사초가 벽화를 완성한 뒤 성당에 들어가 이를 처음 봤던 사람들은 깜짝 놀랄 수밖에 없었습니다. 전례 없던 삼위일체의 표현 방식도 새로웠지만, 사람들이 경악을 금치 못했던 이유는 당장 눈앞에서 일어난 착시 때문이었습니다. 사람들은 그림을 보다가 문득 인물 뒤쪽의 공간이 진짜가 아니라 그림이었다는 것을 깨닫고는 놀라움을 금치 못했습니다. 마사초는 상당히 자신감이 있었는지 인물들뿐 아니라 아래 제단마저 모두 그림으로 그려놓았습니다. 그래서 제단이 그림인지 조각인지, 혹시 뒤에 공간이 있는 건 아닌지 확인하려고 옆으로 가 보기도 했지만 그저 벽만 있을 뿐이었죠. 자신이 마사초의 기술에 완전히 속았다는 것을 깨닫게 되는 순간입니다. 이렇듯 당시 사람들은 평면에 이 정도로 착시를 일으키

마사초, 〈성 삼위일체〉, 1425년경

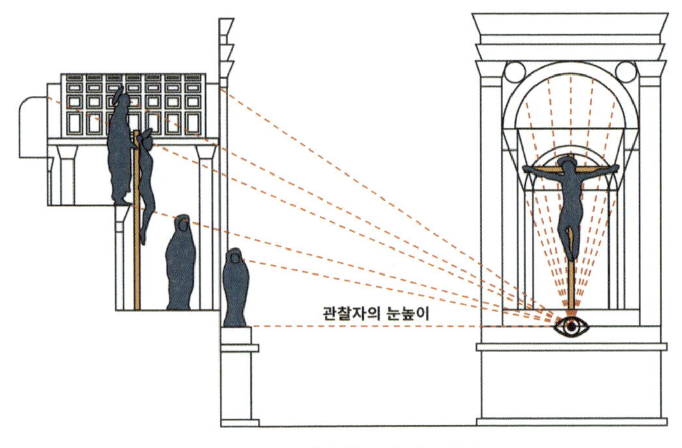

〈성 삼위일체〉의 소실점

는 3차원의 공간을 구현할 수 있을 거라고 상상하지 못했습니다. 마사초는 역사에 존재하지 않던 그림을 그려낸 것입니다.

마사초는 상당히 의도적이었습니다. 그는 소실점을 그림의 아래에서 약 180센티미터 지점에 위치시켰습니다. 이는 관객의 키를 고려해 최대한 눈높이에 정확히 초점을 맞추기 위함이었습니다. 그리고는 마치 기계나 건축물을 설계하듯이 소실점의 정중앙에 못을 박고, 그 못을 중심으로 선을 이어가며 정확한 수학적 계산을 통해 환영을 구축했습니다. 여러 스케치가 동반된 그림 제작 과정은 건축가의 설계 과정과 비슷했을 것입니다.

마사초의 〈성 삼위일체〉를 르네상스의 분기점이라고 하는 이유는 회화의 완전히 새로운 가능성을 보여주었기 때문입니다. 원근법의 가능성은 이미 100년 전 조토 때부터 있었지만 이를 이토록 정교하게 구현할 수 있을 거라고는 아무도 생각하지 못했습니다. 그런데 마사초가 선 원근법을 완벽하게 구현하며 회화의 새로운 길을 열게 된 것이죠.

당시 선 원근법이 예술가들에게 얼마나 충격적으로 느껴졌는지는 그 이후 화가들의 태도를 보면 알 수 있습니다. 같은 피렌체 화가였던 파올로 우첼로(Paolo Uccello)는 원근법을 처음 배운 후 얼마나 신기했는지 밤낮으로 원근법을 연구했다고 합니다. 부인이 당신은 도대체 잠은 언제 잘거냐고 따지자,

"원근법이 얼마나 매력적인데!"

라고 말하며 계속 원근법 연구에 몰두했다고 합니다.

아래 그림을 보면 우첼로가 바닥 쪽에 병사들의 창을 교묘하게 그리드처럼 배치해서 원근법을 표현하려고 했다는 것을 알 수 있습니다. 이렇듯 르네상스 회화의 판도는 마사초 이후 완전히 바뀌게 됩니다.

파올로 우첼로, 〈산 로마노의 전투〉, 1438–1440년경

마지막 1년

2년 뒤 헝가리에서 돌아온 마솔리노는 다시 마사초와 재회했습니다. 마솔리노는 분명 마사초가 그린 〈아담과 이브〉와 〈성 삼위일체〉를 보았을 겁니다. 그가 이 새로운 그림들을 보고 어떤 감상을 가졌는지에 대해서는 알려져 있지 않습니다. 아마 마솔리노는 예술밖에 모르는 곰 같은 어린 동생을 질투하기보다는 그의 천재성을 인정해 주고 오히려 응원해 주지 않았을까 싶습니다.

오랜만에 재회한 둘은 함께 작업을 시작했습니다. '일을 확실히 하는 유명한 듀오'가 다시 뭉친 것이죠. 다음 작품 계획은 로마의 순례 교회인 산타 마리아 마조레의 제단화였습니다.

하지만 작업을 시작한 1428년의 6월은 두 사람이 함께한 마지막 시간이 되었습니다. 마사초가 갑작스러운 죽음을 맞이했기 때문입니다. 마사초는 잠시 작업을 중단하고 제작 중인 제단화의 제작 비용을 받기 위해 로마를 방문했던 것으로 보입니다. 그런데 하필 그해 여름, 로마에서 흑사병이 다시 창궐하기 시작했던 것이죠. 그렇게 마사초는 전염병에 휩쓸린 이후 다시는 일어나지 못했습니다. 27세의 젊은 천재가 너무도 어이없는 죽음을 맞이하고 만 것입니다. 마사초에게 원근법을 알려주었던 브루넬레스키는 그의 사망 소식에

"마사초의 죽음으로 우리는 지금 엄청난 상실감을 겪고 있다."

라고 말했습니다. 브루넬레스키는 그저 한 젊은 예술가의 죽음을 애도하는 것이 아니라 진정으로 가까운 친구 같은 동생의 죽음을 슬퍼하고 있었습니다. 예술밖에 모르는 이 순박한 청년을 선배 예술가들은 진심으로 사랑했던 것입니다.

나도 한때는 당신이었다

문득 마사초가 삼위일체 아래에 제단을 그리며 해골 위에 새겨 넣은 문구가 떠오릅니다.

"IO FU[I] G[I]A QUEL CHE VOI S[I]ETE E QUEL CH['] I[O] SONO VO[I] A[N]CO[R] SARETE."

"나도 한때는 당신이었고, 당신도 지금의 나처럼 될 것이다."

이 문장은 서양에서 고대부터 전통적으로 내려오는 로마의 철학 '메멘토 모리(Memento mori, 죽음을 기억하라)', 즉 언젠가 우리 모두 저 해골처럼 죽음을 맞이한다는 것을 의미합니다. 중세 기독교에서는 이 내용을 약간 변형하여, '예수 그리스도만이 우리의 덧없는 삶을 구원할 수 있다'는 신앙

〈성 삼위일체〉의 아랫부분

적 교훈으로 만들었습니다. 다소 희망적인 의미를 담고 있다고 할 수 있지만, 해골이 누워 있는 모습은 어쩐지 안타깝고 슬프게 느껴집니다. 한창 예술가로서 전성기를 누려야 할 그가 이 작품을 남기고 너무 일찍 세상을 떠났기 때문일까요. 결과적으로 이 문장은 땅에 묻힌 마사초의 마지막 숨결이 되어버렸습니다.

마사초는 그렇게 '27세 클럽'에 합류했습니다. 하지만 그의 예술은 이후 르네상스 예술이 가야 할 방향을 밝게 비추는 역할로 계속 살아남게 됩니다. 고작 6년의 활동 중에 전성기는 3년에 불과했으니 남긴 작품도

브랑카치 예배당. 왼쪽 벽면이 마사초의 벽화

몇 개 없습니다. 그럼에도 이후 거의 모든 피렌체의 예술가들은 몇 안 되는 작품이라도 보기 위해 브랑카치 예배당과 산타 마리아 노벨라 교회로 찾아갔습니다. 레오나르도 다빈치, 미켈란젤로, 라파엘로, 필리포 리피, 로렌조, 기를란다요, 반디넬리, 폰토르모 등 사실상 피렌체 전성기의 거의 모든 예술가가 그의 그림을 보기 위해 찾아갔던 것입니다. 이들이 말하길 '좋은 예술의 계율이 무엇인지' 영감을 얻기 위해 마사초의 그림을 찾았다고 합니다. 이 '계율'이 의미하는 바는 무엇이었을까요?

아마도 예술가들은 단순히 원근법을 공부하러 간 것이 아닐 듯합니다. 마사초가 세상을 떠난 뒤 얼마 지나지 않아 원근법이 이론적으로 완전히 정립되면서 이미 책으로도 나왔기 때문입니다. 이들이 말한 마사초의 계율은 어쩌면 예술가라면 예술만 생각해야 한다는, 그의 순수한 태도가 아니었을까 싶습니다. 마사초가 몸소 보여주었던 것처럼 뛰어난 예술가가 되려면 잡다한 세상사에 관심을 갖기보다는 오로지 예술적 완성에만 몰두해야 뛰어난 예술을 완성시킬 수 있다는 것이죠.

3세대

황금기의 르네상스

불꽃남자,
로렌초 데 메디치

코시모의 고민

피렌체는 코시모의 리더십 아래 르네상스의 꽃을 활짝 피우기 시작했습니다. 하지만 누구에게나 공평한 세월 아래 코시모도 점점 나이를 먹기 시작했죠. 그런 코시모에게는 고민이 한 가지 있었습니다다. '나의 시대도 곧 끝날 텐데 나 다음으로 누가 피렌체를 이끌어가야 할까?' 하는 고민이었죠. 코시모에게는 온화한 아들 피에로가 있었지만, 그는 몸이 너무 병약했습니다. 피에로의 별병은 'Il Gottoso'였는데 이는 '통풍이 있는 사람'이라는 뜻입니다. 30대의 젊은이에게 사람들이 그렇게 짓궂은 별명을 지어줄 만큼 몸 상태가 좋지 않았던 것입니다.

이런 상황에서 코시모는 언젠가부터 손자인 로렌초 데 메디치(Lorenzo de' Medici)를 눈여겨보기 시작했습니다. 로렌초는 항상 쾌활하고 에너지가 넘치며 지식을 사랑하는 소년이었습니다. 코시모는 어느 순간 자신이 로렌초와 대화하면서 즐거움을 느끼고 있다는 사실을 깨닫게 됩니다. 로렌초는 사람을 끄는 매력이 있는, 리더가 될 재목이었던 것이죠. 그리고 로렌초는 어린 나이에도 메디치 가문의 남자가 짊어져야 하는 짐에 대해 정확히 이해하고 있었습니다.

코시모는 로렌초에게 자신이 세운 '플라톤 아카데미'의 학장 마르실리오를 가정교사로 붙여주었습니다. 혹시 피에로가 빨리 죽더라도 로렌초가 다음 세대의 피렌체를 잘 이끌어갈 수 있도록 하기 위한 '지도자 교육'

브론치노, 〈로렌초 데 메디치의 초상화〉, 1565–1569년경

의 일환이었을 것입니다.

코시모의 예측은 틀리지 않았습니다. 아들 피에로는 코시모 사후 지도
자 자리를 물려받았지만 고작 5년 정도 통치했을 뿐이었습니다. 통풍이
심해져 사망한 것입니다. 피에로는 코시모 못지않은 자질을 갖춘 지도자
였지만 병마를 이겨내지는 못했습니다. 그는 짧은 통치 기간 내내 병세
로 인해 대부분의 정무를 침대 위에서 처리했다고 합니다.

그렇게 피에로가 죽고 로렌초는 스무 살의 어린 나이에 피렌체의 지도
자 자리를 물려받았습니다. 다행히 코시모가 설계해 놓은 '참주정치' 시
스템은 여전히 잘 작동하고 있었습니다.

아름다운 두 형제

이렇게 피렌체에는 젊은 로렌초와 그의 동생 줄리아노가 전면에 등장하게 됩니다. 로렌초는 나중에 '위대한 자(Il Magnifico)'라는 별명을 얻을 만큼 피렌체 공화국의 역사에서 중요한 인물입니다.

그런데 그에게는 한 가지 단점이 있었습니다. 바로 외모가 다소 볼품없었다는 점입니다. 메디치 가문을 일으켰던 조반니의 추남 유전자가 내려갔던 모양인지 짧은 다리, 검은 머리카락과 눈을 가졌고, 특히 코가 뭉개진 듯한 인상이었다고 합니다. 그래도 로렌초는 넓고 탄탄한 어깨와 상당한 운동신경을 지니고 있었습니다. 동시대의 정치인 니콜로 발로리(Nicoolo Valori)는 그를 이렇게 평가했습니다.

"그는 키가 평균치보다 크고 어깨가 벌어지고 당당했으며, 운동에는 누구에게도 뒤지지 않았다. 피부는 검었고, 얼굴은 잘생긴 편이 아니었으나 존경심을 자아낼 만큼 위엄이 넘쳤다."

1469년에 피렌체에서 마상시합이 열린 적이 있었는데 로렌초는 이 대회에서 스무 살의 나이에 우승을 했다고 합니다. 마키아벨리(Niccolò Machiavelli)는 이를 두고 로렌초가 '누가 봐줘서가 아니라 자신의 용기와 능력으로' 우승했다고 기록했습니다. 정정당당하게 권력이 아닌 실력으로 승부했다는 뜻이죠. 앞으로 설명하겠지만 로렌초의 뛰어난 운동신경은 그가 죽음의 위기를 극복하는 데 중요한 역할을 하게 됩니다.

그런데 유전자가 어떻게 갈라졌는지, 로렌초의 동생 줄리아노(Giuliano de' Medici)는 반대로 피렌체에서 유명한 미남이었다고 합니다. 얼마나 미남이었던지 보티첼리는 그의 그림 〈비너스와 마르스〉에서 줄리아노를 마르스의 모델로 기용하기도 했습니다. 그림에서 오른쪽에 나른하게 누워

산드로 보티첼리, 〈비너스와 마르스〉, 1485년경

있는 남자가 바로 동생 줄리아노입니다. 왼쪽 비너스의 모델은 시모네타
(Simonetta Vespucci)로, 당대 피렌체 최고의 미인으로 유명했습니다. 시모네타
가 피렌체를 대표할 만한 미녀라면, 줄리아노는 피렌체를 대표할 만한 미
남이라고 생각할 만큼 그의 외모는 출중했습니다.

이렇게 젊은 두 형제의 등장에 피렌체 시민들은 하나같이 피렌체의 밝
은 미래를 기대했습니다. 외모는 볼품없었지만 자신감과 지성, 책임감까
지 고루 갖춘 형 로렌초, 그리고 그의 아름다운 동생 줄리아노까지. 사람
들은 두 형제를 보는 것만으로도 희망찬 기분이 들지 않았을까요?

하지만 안타깝게도 피렌체 시민들의 그런 기대는 오래가지 못했습니
다. 먹구름은 내부가 아닌 외부에서 몰려오고 있었습니다.

세속 교황 식스토 4세

역사에서 대표적인 '세속 교황'으로 알려진 인물이 있습니다. 바로 1471
년에 즉위한 식스토 4세입니다. 즉위 후 그는 교황의 권위가 점점 땅으로
떨어지고 있다는 것을 몸소 느끼고 있었습니다. 십자군의 실패와 교황 난

유스투스 데 겐트 · 페드로 베루게테,
〈교황 식스토 4세〉, 15세기

립 사건 이후로 유럽의 왕과 귀족들뿐 아니라 심지어 서민들까지도 교황을 우습게 여기고 있었기 때문입니다. 식스토 4세는 자신의 취임식 때 이를 몸소 경험했습니다. 대관식날 기병행렬이 가다가 갑자기 멈추는 바람에 충돌 사고가 생겼는데, 사람들이 교황을 탓하며 마차에 돌을 던지기 시작했던 것입니다. 감히 '신의 대리인'인 교황에게 돌을 던지다니 확실히 세상은 바뀌어가고 있었습니다.

하지만 식스토 4세는 상당히 현실적인 인물이었습니다. 그는 이미 무너질 대로 무너진 교황의 권위는 더 이상 되살릴 수 있는 성질의 것이 아니라는 점을 정확히 알고 있었습니다. 그래서 그는 '권위'가 아닌 '실력'을 키워야 한다고 생각했습니다. 종교 지도자가 아니라 마치 세속 군주처럼 행동하기 시작한 것입니다.

식스토 4세가 재임 기간 중 행했던 대표적인 세속 정책은 족벌주의 정책입니다. 추기경이나 주교 자리가 생기면 공정하게 서임하는 것이 아니라 자신의 친척이나 최측근을 꽂아 넣는 식이었습니다. 교황은 아마 자신이 무슨 짓을 하든 확실히 지지해 줄 강한 세력이 필요했을 것입니다. 그는 여섯 명의 추기경을 자신의 친척들로 채워나갔고, 자신의 어린 조카 피에로 리아리오를 피렌체의 대주교로 서임했습니다.

이 젊은 주교는 자신의 애인에게 황금으로 된 요강을 선물하는 기괴한 취미를 가진 인물이었죠. 로렌초는 물론이고 피렌체 시민들도 찜찜한 기분으로 이 상황을 바라보고 있었습니다. 이후로도 교황은 세속 군주처럼 행동하며 차근차근 이탈리아 중부에 자신의 세력을 확장해 나갔습니다.

숨겨놓은 자식

그런 식스토 4세에게는 한 가지 이상한 소문이 있었습니다. 그에게 사실은 숨겨놓은 자식이 있다는 것이었습니다. 자식으로 추정되는 인물은 지롤라모 리아리오(Girolamo Riario)로, 표면적으로는 교황의 조카로 알려진 인물이었습니다. 이런 소문이 돈 데에는 그럴 만한 이유가 있었습니다. 식스토 4세가 뜬금없이 이몰라라는 작은 도시를 밀라노로부터 구매하더니 지롤라모에게 넘겨주려 했기 때문입니다. 사람들은 교황이 갑자기 도시를 통째로 사서 지롤라모에게 넘기려는 것을 보고 그가 사실은 조카가 아니라 숨겨놓은 아들이며, 유산을 상속하듯 도시를 넘겨주는 것이라고 의심하기 시작했습니다.

지롤라모가 진짜 교황의 숨겨둔 아들인지는 확실히 알 수 없습니다. 어쨌든 당시 이몰라를 소유하고 있던 밀라노는 이 거래를 긍정적으로 검토했습니다. 밀라노 입장에서 보면, 이몰라는 남쪽에 멀리 떨어져 있어 통치가 쉽지 않은 도시였기 때문입니다. 거리상으로 이몰라는 오히려 피렌체에 훨씬 가까운 곳이었습니다. 결국 밀라노는 교황에게 총 4만 플로린 금화, 요즘 돈 400억 원 정도에 이몰라를 넘겨주기로 결정했습니다.

식스토 4세는 이 거래를 성사시키기 위해 교황청의 주거래 은행이었던 메디치 은행에 대출을 요구했습니다. 그런데 돌아가는 상황을 유심히 지켜보고 있던 로렌초는 고민에 빠졌습니다. 원래 같으면 교황의 요청이니 두말 않고 돈을 빌려줬겠지만, 교황 식스토 4세는 지금까지의 교황들과는 너무 다른 느낌의 인물이었기 때문입니다. '교황이 이몰라를 갑자기 구입하고는 조카인지 자식인지 알 수 없는 인물을 꽂아 넣으려는 이유는 무엇일까? 단순히 교황이 숨겨놓은 자식을 챙겨주려는 것이라면 차라리 다행이겠지만, 혹시 세력을 키워 결국 피렌체에도 영향력을 행사하려는 게 아닐까? 단순히 영향력만 끼치는 게 아니라 이몰라 다음 아예 피렌체를 집어삼키려고 하는 것은 아닐까?'와 같은 고민이 들기 시작한 것이죠. 결국 로렌초는 핑계를 대면서 돈을 빌려주길 차일피일 미루게 됩니다.

식스토 4세는 교황청 주거래 은행인 메디치 은행에서 돈을 빌려주지 않자 화가 나기 시작했습니다. 참다못한 교황은 당시 메디치의 경쟁 은행이었던 파치 은행에서 돈을 빌렸습니다. 파치 가문은 피렌체에서 메디치 다음으로 부유한 은행 가문이었습니다. 피렌체에서 그나마 메디치의 '라이벌'이라고 할 만한 가문이었죠.

그런데 교황은 정말로 화가 많이 났던 모양입니다. 지금껏 메디치 가문에게 주던 교황의 수익 관리권마저 파치 가문에게 넘겨버린 것입니다. 로렌초 입장에서는 피렌체의 안전이 걱정되어 신중히 행동한 것이었지만, 결과적으로로 메디치 가문의 가장 중요한 고객이었던 교황청을 잃는 결과를 낳게 되었습니다. 이렇게 조반니 이후 거의 한 세기 동안 친분 관계였던 메디치와 교황청의 사이는 점점 멀어지게 되었습니다.

파치 음모

이 상황을 보고 군침을 흘리는 사람이 한 명 있었습니다. 바로 교황과 직접 거래했던 파치 가문의 로마 지점장 프란체스코(Francesco de' Pazzi)였습니다. 가만히 앉아 있다가 돈벼락을 맞은 프란체스코는 갑자기 욕심이 나기 시작했습니다. '지금까지 거의 한 세기 동안 메디치 가문이 피렌체의 일인자였는데 우리 가문이라고 피렌체의 일인자가 되지 못할 이유가 있나? 교황까지 우리 쪽으로 넘어온 마당에 피렌체를 한번 뒤집어 볼 수 있는 거 아닌가?' 하고 말이죠.

그래서 그는 정말로 메디치를 뒤엎을 계획을 짜기 시작했습니다. 그 유명한 '파치 음모 사건'입니다. 프란체스코는 우선 자신과 함께할

파치 가문의 문장

동료들을 모으기 시작했습니다. 가장 먼저 물망에 오른 인물은 교황의 아들로 추정되는 인물이자 이몰라의 신임 군주가 된 지롤라모였습니다. 그 다음 합류한 인물은 피사의 대주교 살비아티였습니다. 살비아티가 갑자기 합류한 이유는 그도 로렌초를 미워하고 있었기 때문입니다. 원래부터 교황 식스토 4세의 최측근이었던 그는 피렌체의 대주교가 되고 싶었습니다. 그런데 교황의 의도를 의심하던 로렌초가 피렌체의 대주교 자리까지 교황의 최측근이 차지하는 것을 막고자 부임을 계속 거부했습니다. 피렌체의 대주교가 되지 못한 게 억울했던 살비아티는 로렌초에게 분을 품었던 것이죠. 이렇게 해서 프란체스코, 지롤라모, 살비아티로 구성된 삼총사가 모여 음모를 꾸미게 됩니다.

음모의 내용은 간단했습니다. 피렌체의 수장이자 메디치 가문의 수장 로렌초와 그의 동생 줄리아노를 동시에 죽이자는 것이었습니다. 두 명을 반드시 함께 죽여야 하는 이유는 로렌초만 죽일 경우 동생 줄리아노가 권

력을 이어받아 메디치 가문이 건재할 것이기 때문입니다.

이들 세 명은 우선 로마로 가서 교황 식스토 4세에게 암살 계획을 보고했습니다. 아무래도 메디치 가문의 형제를 암살하는 시도는 정치적 부담이 큰 일이라 교황의 지지가 필요했기 때문입니다. 하지만 아무리 메디치 가문이 얄밉다고 한들 식스토 4세는 교황의 체면에 차마 메디치 가문의 형제들을 암살하라는 승인을 할 수는 없었습니다. 그래서 그는 그저 침묵했습니다. 답답했던 음모자들은 교황에게 돌려서 묻는 방식을 택했습니다.

“성스러운 교황이시여, 저희가 배의 키를 돌리길 원하십니까? 저희가 잘 돌리길 원하십니까?”

그러자 교황은 드디어 고개를 끄덕였습니다. 말하자면 암묵적인 동의인 셈입니다. 그렇게 세 명은 교황의 묵인 아래 행동에 나서기 시작했습니다.

암살팀과 선동팀

스타워즈나 마블 시리즈 같은 영화를 보면 보통 적과 싸울 경우 ‘보스 암살조’와 ‘주력 부대 전투’로 나누어서 싸우는 것이 일종의 공식입니다. 어벤저스가 타노스와 싸우는 동안 밑에서는 병사들끼리 싸우고, 스타워즈에서도 스카이워커가 다스베이더와 결투를 벌이는 동안 아래서는 제국군과 저항군이 싸웠죠. 파치 음모 사건도 비슷했습니다.

이들은 작전을 세 가지로 나누어 세웠습니다. 우선 가장 먼저 처치해야 할 사람은 로렌초와 줄리아노 형제였습니다. 이는 파치 가문의 프란체스코가 직접 맡기로 했습니다.

두 번째 목표는 친메디치 사람으로 가득한 피렌체 의회 시뇨리아였습니다. 피렌체 의회의 점령은 살비아티 대주교가 맡기로 했습니다.

마지막 세 번째 목표는 피렌체 시민들을 선동하는 것이었습니다. 시민들을 움직여 메디치 가문이 피렌체의 공화주의를 무너뜨리고 있다고 주장하며 파치 가문을 지지해 달라고 호소하는 것이었죠. 많은 인원의 동원이 필요했던 이 임무는 프란체스코의 삼촌이자 파치 가문의 수장이었던 야코포(Jacopo de' Pazzi)가 맡기로 합니다. 야코포는 이 음모가 실패할 것이라고 생각했기에 처음에는 단호히 거절했지만, 교황의 승인을 받았다는 말에 결국 합류했다고 합니다.

부활절 아침

1478년 4월 26일, 부활절 주일 아침이 밝았습니다. 부활절은 크리스마스와 함께 서양에서 가장 큰 명절입니다. 이들이 부활절을 거사 날로 택한 데는 분명한 의도가 있었을 것입니다. 암살만 한다면 조용히 뒤에서 처리하는 게 좋겠지만, 대중 선동도 같이 진행하려면 아무래도 사람들이 많이 모여 있는 곳에서 암살하는 것이 확실한 홍보 효과가 있기 때문입니다. 현대에도 정치인 암살이 보통 광장에서 행해지는 것도 비슷한 이유입니다.

부활절 아침, 로렌초와 그를 따르는 한 무리의 남자들이 예배를 드리기 위해 꽃의 성모 마리아 대성당에 도착했습니다. 로렌초는 피렌체 최고의 권력자인 만큼 많은 사람과 함께 이동하는 것이 일반적이었습니다. 그런데 이 모습을 지켜보던 프란체스코는 예상치 못한 문제가 생긴 것을 발견했습니다. 로렌초와 나란히 있어야 할 동생 줄리아노가 보이지 않았던 것입니다.

급하게 알아보니 줄리아노는 전날 과음으로 몸이 좋지 않아 집에서 쉬고 있었고, 이에 프란체스코는 급하게 줄리아노의 집으로 찾아갔습니다.

암살이 시도되었던 제단, 꽃의 성모 마리아 대성당

그리고는 빨리 일어나 성당에 가서 예배를 드리자며 그를 깨우기 시작했습니다. 죽이기 위해 사람을 굳이 깨우는 웃지 못할 상황이 연출된 것입니다. 프란체스코는 로렌초와 줄리아노를 동시에, 사람들이 보는 앞에서 죽여야 의미가 있다고 생각했던 모양입니다.

그렇게 줄리아노를 깨우는 데 성공한 프란체스코는 성당으로 가는 길에 마치 장난을 치듯 줄리아노의 몸을 계속 건드렸다고 합니다. 누가 보면 젊은 두 귀족이 장난을 치는 것처럼 보였겠지만, 사실은 줄리아노가 혹시 속에 갑옷을 받쳐 입었는지 확인한 것이었습니다.

아직 숙취로 몽롱하던 줄리아노가 성당에 도착하기 전, 부활절 미사는 이미 시작되었습니다. 곧 성당에 도착한 음모자들은 미사가 진행되는 동안에도 잔뜩 긴장을 놓치지 않고 있었습니다. 이들이 거사의 신호로 정한 것은 미사의 마지막을 장식할 성찬 예식이었습니다. 미사가 클라이맥스에 달했을 때 암살해 전시 효과를 높이려고 한 것입니다.

　신부가 높은 제단 앞에서 성경을 읽으며 빵을 들어 올렸습니다. 드디어 성찬 예식이 시작된 것입니다. 그러자 때를 기다렸던 프란체스코와 그의 친구 베르나르도는 함께 단검을 뽑아 줄리아노를 향해 소리치며 돌진했습니다. 아무도 예상치 못한 암살이었습니다. 줄리아노가 피할 겨를도 없이 베르나르도의 칼날이 그의 머리에 그대로 명중했습니다. 하지만 전문 암살자들이 아니었던 이들은 자신의 행동에 겁에 질려 너무 흥분했던 모양입니다. 프란체스코는 줄리아노의 몸에 뛰어올라 미친 사람처럼 소리치며 그를 계속 찔러댔습니다. 반쯤 정신이 나간 상태에서 열아홉 번쯤 칼을 내리꽂았을 때 프란체스코는 이상하게도 자신의 허벅지에서 피가 나고 있는 것을 발견했습니다. 정신이 없어 자신의 허벅지를 찔러버린 것이었죠. 하지만 줄리아노는 이미 첫 번째 칼날에 사망한 뒤였습니다. 그렇게 꽃처럼 아름다운 청년이었던 줄리아노는 스물다섯 살의 나이에 파치 가문에 의해 암살되고 말았습니다.

　한편 앞쪽에서 미사에 참여 중이던 로렌초는 아직 완벽하게 상황을 파악하지 못하고 있었습니다. 꽃의 성모 마리아 대성당이 상당히 커서 뒤쪽에서 일어난 사건이 앞쪽까지 전달되는 데 시간이 필요했던 것입니다. 그렇게 뒤에서 무슨 소란이 있나 싶어 이리저리 살피던 중이었습니다. 갑자기 성찬을 돕던 두 명의 사제가 그에게 달려들었습니다. 음모자들은 영리하게도 미사를 집전하는 사제들 중에 암살자를 숨겨놓은 것입니다. 안토니오와 스테파노로 알려진 이들은 단검을 뽑아 로렌초의 등을 노렸습니다. 하지만 로렌초는 마상시합에서 1등을 했던 민첩한 무인이었습니다. 왼손으로 잽싸게 휘둘러 감은 망토를 방패 삼아 첫 번째 칼을 막았고, 내리치는 두 번째 칼은 간신히 피할 수 있었습니다. 두 번째 칼날이 목에 스치긴 했지만 다행히 치명상은 아니었습니다.

로렌초는 얼른 뒤돌아 자세를 잡고 두 사제를 향해 칼을 꺼냈습니다. 두 사제는 계획이 틀어진 것을 직감했습니다. 평범한 사제에 불과했던 그들이 칼을 든 로렌초와 정면승부를 한들 승리할 가망성은 없었기 때문입니다. 둘은 혼란스러운 틈을 타 그대로 도망갔습니다.

일단 급한대로 대피할 장소를 찾던 로렌초의 시야에 성구실 문이 들어왔습니다. 성구를 보관하는 방의 문은 청동이었기 때문에 두껍고 튼튼해서 대피하기 적절했습니다. 로렌초는 목에 피를 흘리며 순식간에 제단을 가로질러 다른 메치디가 사람들과 함께 성구실로 들어간 뒤 문을 잠갔습니다. 측근 중 한 사람이 혹시 칼에 독이 묻어 있을 것을 우려해 입으로 피를 빨아냈고, 그렇게 로렌초는 겨우 목숨을 구할 수 있었습니다.

의회 점거

한편 살비아티 주교는 몇 명의 시종을 데리고 시청사의 역할을 하는 베키오 궁전으로 들어갔습니다. 그는 프란체스코가 로렌초와 줄리아노를 암살하는 동안 피렌체의 최고 지도자 곤팔로니에레였던 페트루치를 암살할 계획이었습니다. 베키오 궁전에 도착한 살비아티 주교는 교황의 급한 전갈이 있다며 페트루치에게 만날 것을 요청했고, 마침 식사 중이었던 페트루치는 조금만 기다려 달라고 했습니다. 페트루치는 당시 로렌초에게 무슨 일이 벌어지고 있는지는 꿈에도 알지 못했습니다. 그저 거리가 이상하게 평소보다 소란스럽다고만 생각했을 뿐이었죠.

식사를 마친 페트루치는 살비아티 주교가 기다리고 있는 사무실로 돌아왔습니다. 둘은 아무렇지 않게 서로 인사를 나누고 앉았습니다. 페트루치는 교황의 급한 전갈이 무엇인지 물어보았는데 살비아티 주교의 행동에서 이상함을 감지했습니다. 살비아티 주교가 교황의 전갈이 무엇인지는 말하지도 않고, 긴장한 듯 손을 떨고 식은땀을 흘리며 자꾸 이상한 말

베키오 궁전(시청사), 1299-1330년경, 이탈리아 피렌체

을 횡설수설했기 때문입니다. 게다가 마치 누굴 기다리기라도 하는 듯이 초조하게 문을 자꾸만 쳐다보았습니다.

살비아티 주교는 사실 시간을 끌고 있었습니다. 자신의 역할은 곤팔로니에레를 일단 사무실까지 불러오는 것이었고, 그동안 무장한 병사들이 올라와서 곤팔로니에레와 시뇨리아 의원들을 암살하고 베키오 궁전을 접수하는 시나리오였기 때문입니다. 그가 계속 초조하게 문을 봤던 이유는 용병들이 도착하지 않아서였습니다. 아무리 기다려도 병력들이 올라오지 않았던 것이죠. 어찌된 일이었을까요?

역사에는 가끔 심각한 순간에도 웃지 못할 상황이 발생하곤 합니다. 예정대로 용병들이 올라오지 못한 이유는 황당하게도 그들이 시청실에 갇혀버렸기 때문입니다. 살비아티 주교가 고용한 용병들은 이탈리아 페루자 출신의 거친 남자들이었는데, 그들의 사나운 표정과 거친 행동은 누가 봐도 깡패나 건달과 다름없었습니다. 이들을 살비아티 주교는 자신의 수행원인 양 위장해 데려왔습니다. 평생 싸움만 해온 용병들은 감옥 외의 공공건물에 대한 경험이 없었습니다. 살비아티가 시간을 끄는 동안 시청실 안에서 대기하던 이들은 막상 작전을 실행하려는 순간 문이 열리지 않자 당황했습니다. 무식한 그들에게 청동문의 구조가 너무 복잡했던 탓일까요? 진땀을 흘리며 문을 열려 애썼지만 끝내 방법을 찾지 못했고, 결국 용병들은 아무것도 하지 못한 채 그 안에 갇혀버렸습니다.

이런 상황을 알 리 없는 살비아티 주교의 초조함은 극에 달했습니다. 식은땀을 흘리며 병력이 올라오길 기다렸지만 아무런 소리도 들리지 않았습니다. 뭔가 잘못된 것을 느낀 그는 초조함을 이기지 못하고 문 앞으로 달려나가 용병들을 불렀습니다. 당연히 아무런 응답이 없었죠.

상황이 틀어진 것이 확실해지자 살비아티의 일행 중 한 명이 작전을 변경합니다. 직접 칼을 뽑아 페트루치를 공격한 것이죠. 그러나 이미 이상한 낌새를 눈치채고 있었던 페트루치는 급한 대로 손에 잡히는 것을 아무거나 집어 들어 방어했습니다. 그때 하필 그의 손에 잡힌 것은 벽난로 옆에 있던 기다란 바베큐용 꼬챙이였습니다.

그런데 페트루치도 로렌초처럼 젊은 시절 칼싸움을 꽤나 했던 모양입니다. 그는 바베큐용 꼬챙이를 공중에 가르며 몇 번의 합을 겨루더니 그대로 살비아티와 일행들을 제압하는 데 성공했습니다. 사실 평생 미사나 드리던 주교가 쉽게 누굴 암살할 수 있을 리 없었습니다. 집에서 인형에 대고 칼질이라도 연습했어야 했던 것은 아닐까 싶지만, 결국 곤팔로니에레 암살과 시청실 점거는 모두 실패로 끝나고 말았습니다.

대중 선동

음모자들에게 남은 최후의 수단은 대중 선동이었습니다. 광장 선동 임무를 맡은 사람은 프란체스코의 삼촌이었던 파치 가문의 수장 야코포였습니다. 야코포는 자신의 병사들과 광장에서 자리를 잡고는 크게 소리치기 시작했습니다.

“시민과 자유(Popolo e liberta)!”

이 외침은 전통적으로 피렌체 시민들이 권력에 대항할 때 사용하던 외침이었습니다. 공화주의 전통이 있는 피렌체 시민들은 이 외침이 어떤 의미인지 정확히 알고 있었습니다. 혁명을 일으키자는 선동 구호인 것입니다. 그러나 광장에 있던 사람들은 시큰둥하게 바라볼 뿐 아무도 선동에 참여하지 않았습니다. 사람들은 아마 ‘부활절날 점심에 저 사람들은 뭐 하는 거지?’라고 생각했던 모양입니다. 시민들 생각에는 피렌체가 메디치가를 중심으로 잘 굴러가고 있는데 갑자기 혁명이라니 황당했던 것이죠.

이때 메디치 궁전 옥상에서 갑자기 외치는 목소리가 들려왔습니다. 바로 로렌초였습니다. 그는 성구실에서 도망쳐 나와 급한 대로 목에 응급처치를 한 후 옥상에서 연설을 시작했습니다. 그는 침착하게 지금 자신이 처한 상황을 설명했습니다. ‘나의 동생 줄리아노는 벌써 끔찍하게 암살을 당했다. 그러나 나는 아직 살아 있다. 부디 폭도들의 손에 피렌체의 정의가 넘어가게 두지 말아 달라’고 시민들에게 간청한 것이죠. 이를 들은 시민들은 갑자기 외치기 시작했습니다.

“공 만세(Evviva le Palle)!”

메디치 궁전. 1444-1484년, 이탈리아 피렌체

　여기서 '공'은 메디치 가문의 문장의 빨간 공을 의미합니다. 피렌체 시민들은 메디치 가문의 편이었던 것입니다. "공! 공!(Palle! Palle!)"을 외치는 시민들에 의해 파치 가문의 사람들은 오히려 점점 구석으로 몰리기 시작했습니다. 이렇게 마지막 시도였던 대중 선동마저 실패로 끝나고 말았습니다.

복수의 시간

　파치가의 음모는 이렇게 좌절되었습니다. 시민들과 메디치 사람들은 이후 상황을 완전히 장악했습니다. 모든 음모의 중심이었던 프란체스코는 그대로 붙잡혀 알몸으로 벗겨진 채 시청 청사에 목이 매달렸습니다. 그다음은 살비아티 주교였습니다. 그도 마찬가지로 목이 매달렸는데, 생에 대한 집착이 유독 강했는지 옆에 죽은 채로 매달려 있는 프란체스코를 입으로 꽉 물고 잠시라도 더 살기 위해 발버둥 쳤다고 합니다. 하지만 분노로 얼굴이 일그러져 있던 그는 얼마 버티지 못하고 죽고 말았습니다. 그리고 줄리아노에게 치명타를 가했던 프란체스코의 친구 베르나르도 또한 청사에 목이 매달렸습니다.

대중 선동을 맡았던 야코포는 일이 실패하자마자 곧바로 도망쳤지만 며칠 뒤 아펜니노 산맥에서 체포되어 피렌체로 압송되었습니다. 지역의 어느 농부가 행색이 이상한 그를 신고했다고 합니다. 그도 다른 주동자 들과 마찬가지로 옷이 벗겨진 채로 목이 매달리는 최후를 맞이했습니 다. 다만 파치 가문의 수장이었던 만 큼 그는 죽은 뒤에 훨씬 끔찍한 처분 을 받게 됩니다. 분노에 찬 시민들이 야코포의 시신을 도시의 자갈길에 질질 끌고 다니며 알아볼 수 없을 정 도로 훼손시켰고, 그의 머리를 잘라 파치 가문의 궁전 문고리로 사용했 습니다. 그러다가 결국 야코포의 머 리는 아르노강에 던져집니다.

이후에도 파치 가문의 사람들이 하나 둘 잡혀와 처형을 당했습니다. 이때 음모의 여파로 쫓겨나거나 살 해된 사람이 80여 명에 달했다고 합 니다. 그나마 파치 가문의 어린아이 들은 죽이지 않고 피렌체에서 영구 히 추방하는 것으로 결정되었습니

레오나르도 다빈치, 〈교수형에 처해진
베르나르도 티 반디노 바론첼리의 초상〉,

다. 파치 가문은 말 그대로 '멸문지화'를 당한 셈입니다.

덧붙이자면 보티첼리는 이 사건이 끝나고 얼마 뒤 로렌초의 의뢰로 피렌체 세관 건물에 교수형을 당한 반역자들의 모습을 대형 프레스코화로 제작하게 됩니다. 하지만 이후 프레스코화가 철거되어 지금은 볼 수 없습니다. 예술가들이 남긴 기록 중에는 레오나르도 다빈치가 그린 드로잉이 전해지는데, 프란체스코의 친구이자 줄리아노의 머리에 처음 칼을 꽂았던 베르나르도를 그린 것입니다.

재반격

그렇게 파치 음모 사건은 일단락됩니다. 하지만 동생의 죽음을 슬퍼할 겨를도 없이 로렌초는 그다음 대응책을 마련해야 했습니다. 음모 3인방 중 프란체스코와 살비아티 주교는 사망했지만, 지롤라모가 아직 살아 있었기 때문입니다. 그리고 무엇보다 파치 음모를 뒤에서 '침묵'으로 지원해 주었던 교황 식스토 4세 또한 살아 있었습니다. 지롤라모가 교황의 숨겨놓은 아들이라는 소문이 맞다면 '아빠와 아들'이 살아남아서 피렌체에 여전히 위협을 가하고 있는 셈이었죠. 교황은 특히 자신이 임명한 심복이었던 살비아티가 끔찍하게 죽었다는 소식을 듣고 "이것은 신성모독이다"라며 불같이 화를 냈다고 전해집니다.

교황이 사용할 수 있는 최고의 카드는 역시 '파문'이었습니다. 교황은 우선 메디치 가문과 피렌체 도시 전체에 파문을 내렸습니다. 그리고 이어서 그가 할 수 있는 수단을 동원하여 로마의 메디치 은행을 비롯한 메디치 가문의 재산을 몰수했습니다. 교황의 파문은 이전보다 상당히 힘이 약해져 있었지만 적어도 금융업을 하는 사람에게는 치명적이었습니다. 당시에는 파문을 당한 자의 빚은 사실상 갚지 않아도 되었기 때문입니다. 그로 인해 메디치 은행은 많은 자금을 회수할 수 없었고 이 사건 이후로 실제로 메디치 은행은 점점 내리막길로 향하기 시작했습니다.

여전히 화가 풀리지 않은 교황은 직접 실력 행사에 나섰습니다. 남쪽의 나폴리와 동맹을 맺고 아예 피렌체와 전면전에 들어간 것입니다. 어쩌면 로렌초가 걱정했던 대로, 처음부터 교황은 피렌체를 집어삼키려는 계획을 가지고 있었던 것인지도 모릅니다. 한편 나폴리 입장에서는 급성장하는 경쟁도시 피렌체를 견제할 수 있으니 교황에게 협조해야 할 이유가 충분했습니다.

결국 전쟁이 시작되었고 이 전쟁은 2년 동안 이어지게 됩니다. 전쟁 과정을 전부 설명할 수는 없지만 교황청과 나폴리의 협공에 피렌체 산하의 많은 도시가 함락되었고, 무엇보다 전쟁으로 국토가 황폐화되면서 시민들의 삶이 급속도로 나빠졌습니다. 피난민이 급증했고, 하이에나 같은 도적 떼들은 이때다 싶어 서민들을 약탈하기 시작했습니다. 게다가 왜 나쁜 일은 항상 겹쳐서 오는지, 피렌체에는 역병까지 다시 창궐하기 시작했습니다. 이 모든 일을 동시에 해결해야 하는 로렌초는 어쨌든 돈이 필요했기 때문에 세금을 올릴 수밖에 없었죠. 그러자 지금껏 메디치에 우호적이었던 시민들도 점점 불만을 갖기 시작했습니다. 그렇게 피렌체는 순식간에 건국 이래 최대 위기에 빠지게 됩니다.

위대한 자, 로렌초

풍전등화의 피렌체를 두고 로렌초는 고민에 빠졌습니다. 그는 아마 상상하기 어려운 압박감에 시달렸을 것입니다. 따지고 보면 그는 아직 20대 청년에 불과했습니다. 그런 그의 손에 메디치 가문뿐 아니라 피렌체 공화국 전체의 운명이 걸려 있었던 것입니다.

로렌초는 어떻게 해야 이 역경을 이겨낼 수 있을까요? 어느 날 새벽, 그는 아무도 모르게 바다(Vada) 항구로 갔습니다. 그리고 최소한의 인원만 데

조르조 바사리 · 마르코 마르체티, 〈나폴리 왕 페르난도를 만난 로렌초〉, 1556–1558년

리고 조용히 나폴리로 가는 배를 탔습니다. 그렇게 배를 타고 남쪽으로 내려가 나폴리에 도착한 로렌초는 목숨을 건 배팅을 했습니다. 무장을 해제하고 나폴리의 왕 앞에 스스로 잡히는 선택을 한 것입니다. 로렌초의 이 계획은 최측근을 제외하고는 아무도 알지 못했다고 합니다.

그는 혼자 나폴리에 들어가 나폴리 왕 페르디난도 1세와 담판을 지을 생각이었습니다. 전쟁 중에 사령관이 무장을 해제하고 적의 품으로 들어가는 것은 마치 불구덩이에 홀로 기어들어가는 것과 같습니다. 관점에 따라서 이 행동은 무모하다 못해 지도자라면 절대로 해서는 안 되는 행동이라고 할 수 있죠. 나폴리 왕이 손가락 하나만 까딱하면 로렌초는 그대로 죽은 목숨이었고, 지도자를 잃은 군대는 절대로 승리할 수 없기 때문입니다. 나폴리 왕도 아마 이 무모한 용기에 놀라 적잖게 당황했을 것입니다. 어쨌든 그렇게 스스로 볼모가 된 로렌초는 인신을 구속당한 상태에서 3개월 동안 끈질기게 나폴리 왕을 설득하기 시작했습니다.

1480년 4월, 로렌초는 나폴리에서 풀려나 피렌체로 돌아왔습니다. 돌아오는 그의 손에는 둘둘 말린 문서가 한 장 들려 있었습니다. 바로 나폴리 왕의 서명이 담긴 평화 조약서였습니다. 로렌초가 왕을 설득하는 데 성공한 것입니다. 여기에는 지금까지 전쟁으로 잃어버린 피렌체의 영토들을 돌려준다는 내용도 포함되어 있었습니다. 두말할 것 없는 로렌초의 완전한 승리였습니다.

로렌초는 어떻게 나폴리 왕을 설득할 수 있었을까요? 사실 그가 아무 생각 없이 나폴리에 몸을 내던진 것은 아니었습니다. 로렌초는 동쪽에서 오스만 제국의 메흐메드 2세가 군사를 일으켰고, 곧 나폴리에 상륙한다는 정보를 알고 있었습니다. 따라서 나폴리가 오스만 제국의 침략을 상대하려면 피렌체의 군대가 필요하다는 것이 그의 계산이었습니다. 여기에 더해 로렌초는 식스토 4세가 지금까지의 교황과는 전혀 다른 인물이라는 것을 페르디난도에게 상기시켜 주었습니다. 당신이 이런 식으로 교황에게 이리저리 휘둘리다가는 피렌체뿐 아니라 언젠가 나폴리도 위험해질 거라는 점을 정확히 짚어낸 것이죠. 그렇게 로렌초는 칼도 없이 홀몸으로 적진에 뛰어들어가 배짱 하나로 풍전등화에 놓였던 피렌체를 구해냈습니다.

피렌체의 시민들은 영웅의 귀환을 소리쳐 환영했습니다. 그는 '위대한 자'라고 불릴 자격이 있었습니다. 수만의 군사력으로도 할 수 없는 일을 혼자 적진으로 들어가 이루어냈기 때문이죠.

한편 이 소식을 접한 교황 식스토 4세는 격노하며 전쟁을 지속해야 한다고 소리쳤지만, 나폴리가 전선을 이탈하자 더 이상 전쟁을 지속하기는 어려웠습니다. 그리고 무엇보다 주변국들도 지금 문제를 일으키는 사람이 누구인지 정확히 알고 있었습니다. 의미 없는 전쟁을 일으킨 쪽은 분명 식스토 4세였고, 로렌초와 시민들은 그저 피렌체를 지키고 싶어 했을 뿐이었습니다. 자신에 대한 여론이 점점 악화되고 있는 것에 더해 오스만 제국의 위협까지 신경 써야 했던 식스토 4세는 어쩔 수 없이 피렌체와 평화조약을 체결하게 됩니다.

르네상스의 전성기

그렇게 해서 결국 로렌초는 피렌체의 평화를 지켜냈습니다. 증조할아버지 조반니, 할아버지 코시모에 이어 가문의 이름에 부끄럽지 않게 피렌체를 다시 한번 성공적으로 이끌었습니다. 로렌초의 권력은 그저 혈통과 권위로 물려받은 것이 아니었습니다. 그는 파치 음모와 반피렌체 전쟁을 극복하며 스스로 피렌체의 새로운 통치자로 일어섰습니다. 로렌초는 파치 가문의 음모 사건 이후 1492년까지 14년 동안 피렌체를 안정적으로 다스렸습니다. 그리고 그의 시대에 피렌체의 르네상스는 최전성기를 맞이했습니다.

하지만 로렌초에게는 메디치 가문의 지도자로서 심각한 단점이 한 가지 있었습니다. 바로 '경제 감각'이 부족했다는 것입니다. 그는 주변 나라와의 동맹을 통해 피렌체의 평화를 지켜내며 정치에 있어서는 더할 나위 없이 뛰어난 능력을 보여주었지만, 메디치 은행은 로렌초 시절부터 내리막길로 가기 시작했습니다. 실제로 전 유럽에 퍼져 있었던 메디치 은행 분점들은 로렌초 시절 하나둘씩 문을 닫게 됩니다.

그럼에도 로렌초는 예술과 문화에 후원하는 것을 멈추지 않았습니다. 이는 결국 메디치 은행의 몰락을 가속화시켰습니다. 측근들은 메디치 은행이 어느 정도 회복될 때까지는 후원을 멈추는 게 어떻냐고 조언했지만 로렌초는 후원을 멈추지 않았습니다. 그는 이에 대해 다음과 같이 말했습니다.

"많은 사람들이 돈을 아껴야 한다고 생각하겠지만 나는 이를 전혀 후회하지 않는다. 나는 이 후원들이 국가에 크나큰 영광이었다고 생각한다. 이 돈들은 적절히 잘 쓰였다고 생각하고 나는 이에 대해 매우 기쁘게 생각한다."

로렌초의 선택을 어떻게 판단해야 할까요? 확실한 것은 르네상스 전성기 최고의 천재들은 대부분 로렌초의 시대에 태어나서 활동했던 인물들이라는 점입니다. 보티첼리, 레오나르도 다빈치, 미켈란젤로 모두 그의 영향력 아래 예술가로서 최고의 실력을 발휘할 수 있었습니다.

피렌체의 르네상스는 인류사 전체에서 가장 찬란하게 예술이 피어난 시대였습니다. 그리고 그 천재들이 인류 문화, 과학, 예술 발전에 끼친 영향을 생각해 보면 역사적으로도 근대로 가는 길을 연 가장 중요한 시대라고 평할 수 있습니다. 만약 로렌초가 이 시기에 메디치의 은행업을 살리기 위해 예술과 문화에 후원했던 돈들을 회수했다면 피렌체의 르네상스가 지금처럼 빛날 수 있었을까요? 메디치 가문은 살릴 수 있었겠지만 피렌체의 르네상스는 로렌초를 기점으로 내리막길에 들어섰을지도 모를 일입니다. '기회는 대머리'라는 표현이 있습니다. 앞으로 왔을 때 잡아야지 뒤따라가며 잡으려 하면 잡을 수가 없다는 뜻입니다. 로렌초는 르네상스의 앞머리를 움켜쥐며 분명 인류 전체를 위해 좋은 일을 해주었습니다.

앞으로 소개할 네 명의 예술가들, 보티첼리, 레오나르도, 미켈란젤로, 라파엘로는 피렌체 르네상스의 전성기를 상징하는 예술가들입니다. 그리고 이들 뒤에는 위대한 자 로렌초가 있었습니다. 피렌체를 구원한 것뿐 아니라 인류 역사에 다시없을 위대한 예술가들이 탄생하도록 그 바탕을 마련해 준 로렌초는 그 자체만으로도 위대한 자라고 불릴 만하다고 할 수 있습니다.

작은 술통,
보티첼리

과도기의 아름다움

르네상스는 신 중심에서 인간 중심의 새로운 세상으로 넘어가는 과도기입니다. 다르게 말하면 서로 다른 두 세계가 충돌하는 시기라고 할 수 있습니다. 르네상스의 아름다움은 어쩌면 양극단의 세계가 충돌할 때 발생하는 긴장감에서 꽃피는 것이 아닐까 하는 생각도 듭니다. 밤과 낮 사이에 엉켜 있는 새벽이 아름다운 것처럼, 바다와 육지 사이의 해변이 아름다운 것처럼, 르네상스 또한 종교가 가진 아름다움과 인본주의가 가진 아름다움이 섞이면서 더 아름답게 피어났습니다.

한편으로는 충돌로 인한 혼란 또한 적지 않을 것입니다. 아직 기독교 세계관에 젖어 있는 사람들은 개혁적인 르네상스가 세상을 오염시킨다고 생각할 것이고, 반대로 르네상스의 개혁자들은 중세적 사고방식을 가진 사람들을 과거에 갇혀 있는 답답한 옛사람으로 생각할 테니까요. 르네상스 예술가들도 마찬가지로 이러한 충돌 속에서 혼란을 겪었습니다. 이제 그들은 성모 마리아를 그려야 할까요, 아니면 비너스를 그려야 할까요?

곰곰이 생각해 보면 르네상스를 가장 앞서 이끌던 피렌체의 예술가들 중에서도 아직까지 비너스를 그린 화가는 한 명도 없었습니다. 조토, 도나텔로, 마사초 모두 그리스 로마의 방식과 생각을 부활시키려고 했지만 여전히 예수 그리스도와 성모 마리아를 그리고 있었던 것입니다. 그만큼

산드로 보티첼리, 〈동방박사의 경배〉 중 자화상 부분, 1476년경

기독교적 세계관은 여전히 유럽을 강력하게 지배하고 있었습니다. 그런데 아무도 쉽게 넘지 못한 그 선을 넘은 화가가 있습니다. 바로 산드로 보티첼리입니다.

보티첼리

마사초와 도나텔로가 별명인 것처럼, 보티첼리도 별명입니다. 본명은 알레산드로(Alessandro di Mariano di Vanni Filipepi)로, 보티첼리는 '작은 술통'이라는 뜻입니다. 설에 의하면 원래 보티첼리의 형이 술통처럼 뚱뚱한 몸매 때문에 '보티첼로'라는 별명을 갖고 있었는데, 그의 동생이었던 알레산드로도 몸매가 비슷했는지 끝만 살짝 바꿔서 '보티첼리'라고 부르기 시작했다고 합니다. 아마 보티첼리의 어머니는 어릴 적 보티첼리를 부를 때

"산드로야 밥 먹어라!"라고 불렀겠지만 언젠가부터 그는 자신의 본명보다 별명이 마음에 들었는지 보티첼리라고 사인하기 시작했습니다.

보티첼리는 어릴 적부터 평범하지 않은 학생이었습니다. 가죽을 만드는 무두장이였던 그의 아버지는 꽤나 교육열이 있었는지, 아들이 원하는 교육은 다 시켜주려고 했다고 합니다. 하지만 정작 보티첼리는 학교 생활을 매우 지루해했다고 하죠. 천재들이 대부분 그러하듯 보티첼리도 호기심이 왕성했기 때문입니다. 그래서인지 그는 읽기, 쓰기, 산수 같은 평범한 학교 수업으로는 만족하지 못했습니다.

선생님께 짓궂은 농담을 하던 참을성 없는 아이였던 그는 대신 미술에

필리포 리피, 〈성모와 아기 예수 그리고 두 천사〉,
1460–1465년경

산드로 보티첼리, 〈어린 세례자 요한과 함께 있는
성모 마리아와 아기 예수〉, 1450–1475년경

서 재능을 보였습니다. 일찍부터 학교 공부를 그만두고 미술 공방을 다니게 되었고, 그곳에서 스승 필리포 리피(Filippo Lippi)를 만나 기본적인 미술을 배우게 됩니다.

왼쪽은 보티첼리의 스승 필리포 리피의 그림이고 오른쪽은 비슷한 시기의 보티첼리의 그림입니다. 보티첼리 그림의 특징 중 하나는 인물의 외곽선을 강조하는 방식인데, 스승이었던 필리포 리피의 영향으로 여겨집니다. 그런데 보티첼리는 필리포 리피로부터 그림 기술보다 더 귀중한 것을 얻을 수 있었습니다. 당시 필리포 리피는 메디치 가문의 후원을 받는 중이었는데, 보티첼리도 스승을 통해 메디치 가문을 만나게 된 것입니다. 이 시기 예술가로서는 최고의 인맥에 닿게 된 셈입니다.

당시는 코시모의 아들인 피에로가 통치하던 시기였습니다. 피에로의 짧은 통치 기간 동안 보티첼리는 메디치 궁전으로 들어가 아들 같은 대우를 받으며 작업에 열중하게 됩니다. 특히 피에로의 아내 루크레이타의 열렬한 지지를 받았다고 합니다. 그렇게 보티첼리는 피에로가 사망하는 1469년까지 메디치 가문의 의뢰를 받아 그림을 그릴 수 있었습니다.

메디치 가문과 보티첼리

〈동방박사의 경배〉는 1475년경에 가스파레라는 피렌체의 금융 중개인이 보티첼리에게 의뢰한 그림입니다. 이 금융인은 자신의 가족 예배당을 위해 그림을 주문했습니다. 전승에 따르면 예수 그리스도가 탄생할 때 멀리서 경배하러 온 세 명의 동방박사 중 한 명의 이름이 '가스파레'였다고 합니다. 자신과 동방박사 중 한 명의 이름이 같다는 이유로 '동방박사의 경배'라는 주제를 보티첼리에게 주문했던 것으로 보입니다.

흥미로운 점은 이 그림에 당시 메디치 가문의 남자들이 숨겨져 있다는 것입니다. 맨 왼쪽에 붉은 옷을 입고 칼을 들고 있는 인물은 앞서 설명한

산드로 보티첼리, 〈동방박사의 경배〉, 1475년경

불꽃 남자 로렌초 데 메디치입니다. 이 그림이 그려진 시기가 1475년이니, 아직 파치 음모가 일어나기 3년 전이므로 로렌초가 매우 젊게 묘사되어 있습니다. 그리고 중앙에 아기 예수의 발을 만지며 무릎 꿇고 있는 동방 박사 1은 국부 코시모, 그리고 정중앙에 붉은 망토를 입은 동방박사 2는 통풍으로 일찍 죽었던 피에로, 그 옆에 흰옷을 입고 향로를 들고 있는 동방박사 3은 피에로의 동생 조반니, 그리고 조반니의 오른쪽에 검은 망토를 입은 검은 머리의 남자는 파치 음모 사건에서 암살당했던 줄리아노입니다.

이렇게 보티첼리는 동방박사의 주인공 세 명을 모두 코시모와 그의 아들들로 묘사하고, 그의 두 손자 로렌초와 줄리아노까지 등장시켰습니다. 그리고 재미있게도 자신의 자화상도 그려놓았습니다. 맨 오른쪽에 노란색 옷을 입고 관객을 응시하고 있는 사람이 바로 보티첼리입니다. '작은 술통'이라는 별명에 알맞게 참치처럼 통통한 몸매를 자랑하는 모습입니다.

그렇다면 의뢰인 가스파레는 자신의 가족 예배당에 올려놓을 그림에 왜 굳이 메디치가의 사람들을 등장시킨 것일까요? 확실한 기록은 남아 있지 않지만 피렌체의 금융인이었던 가스파레가 메디치 가문에게 잘 보이기 위해 '특별 주문'을 했던 게 아닐까 싶습니다. 여전히 피렌체 금융계가 메디치의 통제 아래 있었으니 잘 보일 필요가 있었을 법합니다. 어쨌든 이 그림을 보면 피에로가 죽고 로렌초가 집권한 이후에도 보티첼리는 여전히 메디치 가문과 신뢰 관계에 있었던 것으로 보입니다.

신플라톤주의

그러는 동안 피렌체에는 신플라톤주의가 꽃피고 있었습니다. 피렌체의 신플라톤주의는 앞서 설명했던 것처럼 코시모가 생전에 적극적으로 지원했기 때문에 성장할 수 있었습니다. 인문학에 누구보다 관심이 많았던 그는 신플라톤주의를 피렌체의 지성인들에게 적극적으로 소개했고, 신플라톤주의자였던 마르실리오를 물심양면으로 지원했습니다. 코시모가 손자 로렌초의 가정교사로 마르실리오를 선택했던 이유도 그만큼 그를 신뢰했기 때문일 것입니다.

그렇다면 코시모는 왜 아리스토텔레스나 소크라테스도 아닌 신플라톤주의를 택했을까요? 유럽은 여전히 기독교 중심 사회였습니다. 기독교를 믿는 유럽인들에게 그나마 가장 이질감이 없는 그리스의 철학 사상이 바로 플라톤의 사상이었습니다. 플라톤은 알려진 것처럼 '이데아'의 세계를 주장했는데, 이는 묘하게도 기독교에서 말하는 '천국'과 관념적으로 유사합니다. 또 기독교에서 말하는 '성부, 성자, 성령'의 삼위일체론도 신플라톤주의에서 말하는 '일자, 정신, 영혼'과 어딘가 비슷해 보입니다. 그래서인지 아직 기독교의 교리들이 완성되지 않았던 2-3세기의 교부 철학자들은 이를 정립하는 과정에서 플라톤의 사상을 많이 참조했던 것으로 알려져 있습니다.

메디치의 후원을 받으며 로렌초와도 가깝게 지냈던 보티첼리도 자연스럽게 신플라톤주의에 관심을 갖게 되었습니다. 보티첼리는 어릴 적부터 지적 호기심이 상당했기 때문에 자연스럽게 새로운 철학의 물결에 쉽게 빠져들었을 것입니다. 그 과정에서 나이 차이가 많이 나지 않는 마르실리오와도 자연스럽게 친해졌습니다. 아마 보티첼리는 카레기에 있는 플라톤 아카데미에서 밤새 등불을 켜고 앉아 마르실리오와 신플라톤주의나 그리스 철학에 관해 토론을 나누지 않았을까요?

프리마베라

보티첼리는 이 시점에 상당히 과감한 시도를 했습니다. 신플라톤주의를 그림에도 적용시키기 시작한 것입니다. 〈프리마베라(봄)〉는 르네상스 예술에서 본격적으로 그리스 신화를 다룬 첫 번째 그림입니다. 생각해 보면 르네상스 문화운동이 시작된 지 벌써 200년이나 됐음에도 그리스 신화를 직접 그린 그림은 아직 없었습니다. 이는 보티첼리의 혁신성이 돋보이는 부분이기도 하지만, 한편으로는 어느 분야에서든 변화를 일으키기란 정말 쉽지 않구나 하는 생각이 들기도 합니다.

그림의 전체적인 주제는 제목 그대로 '봄'입니다. 다소 복잡해 보이는 그림을 오른쪽에서부터 왼쪽으로 천천히 살펴봅시다. 오른쪽에는 서풍

산드로 보티첼리, 〈프리마베라(봄)〉, 1480년경

의 신 제피로스가 아름다운 요정 클로리스를 납치하고 있습니다. 신화에 따르면 제피로스는 클로리스를 납치한 이후 이내 미안한 마음이 들었는지 그녀를 꽃의 여신 플로라로 변신시켜주었다고 합니다. 그림에서 클로리스 옆에 등장하는 꽃무늬 원피스를 입은 여신이 바로 플로라입니다. 말하자면 동일인물을 바로 옆에 그린 셈인데, 꽃의 여신 플로라는 주변에 꽃잎을 뿌리면서 봄을 기념하고 있습니다.

중앙에는 그림의 주인공인 미(美)와 사랑의 여신 비너스가 서 있습니다. 그리고 그 위에는 비너스의 아들인 사랑의 신 큐피드가 화살을 어딘가로 겨누고 있습니다. '봄'이라는 제목과 사랑의 여신은 어떤 관계가 있을까요? 사실 동서양을 막론하고 봄은 사랑의 계절을 상징합니다. 우리나라의 춘화(春畵)도 직역하면 '봄 그림'이지만 실제로는 남녀 간의 성행위를 적나라하게 묘사한 그림을 뜻하죠. 비너스 역시 봄이 시작되는 4월의 여신인 동시에 사랑의 여신이기도 합니다.

비너스의 왼쪽에는 쾌락, 순결, 아름다움을 상징하는 그리스의 삼미신이 손을 맞잡고 서 있습니다. 특히 가운데 순결을 상징하는 여신은 장난스러운 큐피드의 화살을 맞고 왼쪽 끝의 남자를 바라보고 있습니다. 신화에 따르면 큐피드의 화살을 맞은 이는 처음 보는 상대에게 반한다고 합니다. 순결의 여신 역시 왼쪽의 남자를 보고 첫눈에 반한 듯합니다. 그녀가 사랑에 빠진 이는 전령의 신이자 5월을 관장하는 신, 머큐리입니다. 그는 하늘의 먹구름을 쫓아내며 봄을 지키고 있습니다.

보티첼리는 이 그림을 왜 그린 것이고 누구의 주문을 받은 것일까요? 학자들은 이를 위대한 자 로렌초가 6촌 조카의 결혼식에 선물로 보내준 그림으로 추정하고 있습니다. 그림의 전체적인 주제가 '사랑'이기 때문입니다. 제피로스와 클로리스의 사랑, 사랑의 여신 비너스, 순결의 여신과 머큐리와의 사랑 등 모두 사랑 이야기를 다루고 있으니 새로 결혼하는 커플의 집에 걸어놓기 딱 좋았을 것입니다.

그림의 전체적인 배경을 한번 살펴봅시다. 뒤에 있는 '오렌지 나무 숲'은 무엇일까요? 오렌지는 메디치 가문을 상징하는 과일입니다. 메디치 가문의 문장에 있는 '빨간 공'이 오렌지와 모양이 비슷하기 때문입니다. 그리고 배경에 전체적으로 가득한 꽃은 피렌체 도시 자체를 상징하기도 합니다. 피렌체 사람들은 자신들의 도시를 '꽃의 도시'라고 불렀습니다.

정리해 보면 주제는 '꽃의 도시 피렌체에 새로운 봄이 오게 할 메디치 가문'이고, 목적은 로렌초가 조카의 희망찬 결혼식을 축하하며 보내준 '사랑의 그림'입니다. 그런데 생각해 보면 묘한 지점이 있습니다. 르네상스에 처음 등장한 그리스 신화 그림인데 이 정도로 내용이 복잡할 수 있을까요? 그때나 지금이나 사람들이 보통 상식으로 알고 있는 그리스 신화라고 하면 제우스, 포세이돈, 비너스 정도였을 텐데 말이죠.

하지만 보티첼리는 삼미신, 서풍의 신 제피로스와 꽃의 여신 플로라, 그리고 4월과 5월을 상징하는 비너스와 머큐리, 말하자면 그리스 신화를 깊이 공부한 사람이나 알 법한 내용을 듬뿍 담아 복잡하게 그림을 그렸습니다. 추측건대 보티첼리는 그리스 철학 전문가였던 마르실리오의 도움을 받아 내용을 구성하지 않았을까 싶습니다. 코시모가 만든 플라톤 아카데미가 드디어 빛을 발하기 시작했다고 해야 할까요?

비너스의 탄생

보티첼리는 비슷한 시기에 그리스 신화를 다룬 또 한 점의 그림을 그렸습니다. 바로 그의 대표작 〈비너스의 탄생〉입니다. 이 그림은 〈프리마베라〉보다 조금 더 이해하기 쉽습니다. 기본적으로 호메로스의 시를 그대로 이미지화했기 때문입니다. 그리스 시대 최고의 시인이었던 호메로스는 자신의 찬가에서 비너스 여신의 탄생을 아래와 같이 묘사했습니다.

"키프로스섬, 촉촉한 제피로스의 숨결이 부는 곳으로 그녀는 부드러운 거품으로 울려 퍼지는 바다 위로 이끌렸습니다. 금빛 띠를 두른 호라이 여신이 그녀를 기쁘게 맞이하며 그녀에게 하늘의 옷을 입혀주었습니다."

그리스 신화에 따르면 비너스는 바다에서 탄생했습니다. 농경의 신 크로노스가 자신의 아버지이자 하늘의 신 우라노스에게 불만을 품고 거대한 낫으로 아버지를 거세했는데, 그때 우라노스의 정액이 바다로 떨어졌

산드로 보티첼리, 〈비너스의 탄생〉, 1485년경

습니다. 바다에 떨어진 우라노스의 정액은 바닷물과 섞여 거품이 되었고, 그대로 바람에 이끌려 키프로스섬에 도착했습니다. 그렇게 키프로스의 땅과 바다 위 거품 속에서 탄생한 여신이 바로 비너스입니다. 보티첼리는 호메로스의 시에서 비너스의 탄생을 다룬 장면을 그대로 그림으로 표현한 것이죠.

이번에는 그림을 왼쪽부터 한번 자세히 살펴봅시다. 우선 맨 왼쪽에는 보티첼리 그림에 단골로 출현하는 서풍의 신 제피로스와 그가 납치한 연인 플로라가 다시 등장합니다. 제피로스는 입으로 바람을 불고 있는데 서풍이 정액 거품을 밀어서 키프로스에 도착했다고 말하고 싶은 듯합니다.

244

작가 미상, 〈카피톨리노의 비너스〉, 기원전 4세기

그리고 그의 연인 플로라는 비너스의 탄생을 축하하는 듯 꽃을 뿌리고 있습니다.

중앙에는 주인공 비너스가 키프로스섬의 바닷가에서 이제 막 탄생했습니다. 비너스는 거대한 가리비 조개껍데기 위에 서서 부끄러운 듯 몸을 가리고 있습니다. 비너스는 한 손으로는 가슴을, 그리고 다른 한 손으로는 음부를 가리고 있는데 이 자세를 '비너스 푸디카(Venus Pudica)'라고 부릅니다. 고대부터 비너스를 표현하는 대표적인 자세입니다. 직역하면 '겸손한 비너스' 또는 '부끄러워하는비너스'쯤 되는데 그리스 로마 시절 만들어진 비너스 조각들에서 자주 나타납니다.

그리고 오른쪽에는 계절의 여신 호라이가 꽃으로 장식된 옷으로 부끄러워하는 비너스를 재빨리 덮어주고 있습니다. 그림의 주제가 봄과 사랑의 여신 비너스인 만큼, 꽃무늬 옷을 입고 비너스에게 꽃무늬 옷을 덮어주고 있는 인물은 호라이 가운데 봄을 상징하는 '탈로(Thallo)'가 아닐까 추측됩니다.

보티첼리가 그린 〈프리마베라〉와 〈비너스의 탄생〉에는 '기독교의 향기'가 아닌 '인문학의 향기'가 벌써부터 진하게 나기 시작합니다. 지금껏 르네상스의 회화에서 나타나지 않았던 세속적인 느낌입니다. 상당히 개혁적이었던 도나텔로조차 다비드나 마리아 같은 성경 속 인물들만 다뤘기에, 여전히 기독교의 틀 안에 머물렀다고 할 수 있습니다. 그러나 보티첼리부터는 분위기가 완전히 달라지기 시작한 것입니다. 게다가 보티첼리는 대놓고 정면을 바라보는 누드의 비너스를 내세운, 당시로서는 상당히 자극적인 그림을 그렸습니다. 여러 가지 의미에서 보티첼리는 선을 넘는 과감한 시도를 했던 예술가였습니다.

사보나롤라의 등장

삶과 죽음, 밝음과 어둠, 이성과 감성, 이상하게도 인간 세상에는 항상 서로 반대되는 두 가지가 대립하며 나타나곤 합니다. 르네상스도 마찬가지였습니다. 메디치가를 중심으로 인문학이 꽃피고 보티첼리가 아름다운 르네상스 예술들을 탄생시키던 그 시기에 피렌체의 분위기를 완전히 뒤집어놓는 인물이 등장합니다. 바로 예언자 사보나롤라(Girolamo Savonarola)입니다. 그는 불타기 시작한 피렌체의 인본주의 분위기에 갑자기 찬물을 끼얹었습니다.

젊은 수도사였던 사보나롤라는 처음에는 허름한 차림으로 광장에서 설교를 하며 피렌체의 타락을 꾸짖었습니다. 하지만 젊은 수도사가 거리에서 설교한들 사람들은 듣는 척도 하지 않았죠. 그도 그럴 것이 피렌체 시민들은 풍요로운 분위기를 누리며 잘 살고 있는데 웬 수도사가 나타나서 "금욕하라! 천국이 가까이 왔으니 회개하라!"라고 떠들어댔으니 사람들의 기분만 나빴던 것입니다.

사보나롤라가 피렌체에서 그렇게 거리 설교를 시작한 지 3년째 되던 해인 1485년, 그는 어떤 환상을 보았다고 합니다. 하늘이 열리고 여러 무서운 재난이 내려와 교회와 사람들이 고통받는 모습이었죠. 그의 말이 사실인지 아닌지는 확인할 길이 없지만 그는 신의 음성을 들었다고도 했습

프라 바르톨로메오, 〈사보나롤라의 초상〉, 1498년경

니다.

문제는 이후부터 사보나롤라의 설교 태도가 달라졌다는 것입니다. 그의 태도와 말투에는 너무도 강한 확신이 있었기 때문에 사람들은 하나둘씩 그의 설교에 빠져들기 시작했습니다. 그의 열정적인 설교는 금방 소문이 났고 피렌체의 사람들은 점점 사보나롤라의 설교를 듣기 위해 광장으로 모여들었습니다. 결국 주교도 추기경도 아닌, 그저 평범한 거리의 설교자였던 그는 어느새 피렌체에서 가장 영향력 있는 종교 지도자 중 한 명이 되었습니다. 로렌초도 점점 커져가는 그의 영향력을 의식하고 있었습니다. 아무래도 대중 친화적이었던 메디치의 로렌초는 결국 그를 산 마르코 수도원의 원장으로 임명하게 됩니다. 이제 더 많은 대중 앞에서 설교할 수 있게 된 것이죠. 그러던 와중 사보나롤라는 갑자기 한 예언을 하게 됩니다.

"교황과 독재자가 한 해에 같이 죽을 것이다!"

사람들은 이 말이 무슨 뜻인지 바로 이해하지 못했지만, 곧 이것이 중요한 예언이었음이 드러납니다. 그가 말한 '독재자'는 바로 메디치의 로렌초였습니다. 1492년, 여러 차례 피렌체를 위기에서 구해 낸 위대한 자 로렌초가 43세의 젊은 나이에 건강이 급속도로 나빠지기 시작한 것입니다. 로렌초의 병은 아버지 피에로와 같은 통풍이었습니다. 그는 자신의 마지막이 가까이 왔음을 짐작했습니다. 그리고 고해성사를 하기 위해 그의 침대맡으로 사보나롤라를 초청했습니다. 아마도 피렌체 내에서 점점 강해지는 사보나롤라의 영향력을 의식했기 때문일 것입니다.

사보나롤라는 로렌초에게 지금껏 지은 죄를 회개하느냐고 물었습니다. 로렌초는 고개를 끄덕였습니다. 문제는 두 번째와 세 번째 질문이었습니다. 사보나롤라는 "모든 재물을 포기할 수 있으십니까?"라고 물었지만, 로렌초는 답하지 않았습니다. 이어서 "피렌체 시민에게 자유를 돌려주시겠습니까?"라고 물었습니다. 로렌초에게 더 이상 후계자를 세우지 말고 메디치 가문이 피렌체 정치에서 손을 뗄 것을 요구한 것입니다. 이에 로렌초는 고개를 돌렸다고 합니다. 그리고 얼마 뒤 피렌체 최고의 전성기를 이끈 위대한 자 로렌초는 그렇게 이른 나이에 세상을 떠났습니다.

문제는 그다음이었습니다. 같은 해에 교황 인노켄티우스 8세도 사망한 것입니다. 사보나롤라의 예언대로 정말 '교황과 독재자(로렌초)'가 같은 해에 사망한 것이죠. 피렌체 시민들은 사보나롤라를 두려운 눈으로 바라보기 시작했습니다. '사보나롤라가 진짜 예언자일까? 진짜 신의 목소리를 들은 것일까?' 하던 때에 그는 다시 한번 예언을 합니다.

"세 번째 독재자, 나폴리의 왕은 곧 죽을 것이다!"

'세 번째 독재자'는 로렌초와 동맹을 맺었던 나폴리의 왕 페르디난도 1세를 일컫는 것이었습니다. 그가 세 번째인 이유는, 사보나롤라의 눈에 교황과 로렌초가 각각 첫 번째와 두 번째 독재자로 보였기 때문입니다.

그리고 예언을 한 다음 해인 1494년, 페르디난도 1세가 정말로 사망하게 됩니다. 학자들은 페르디난도 1세가 이때 이미 71세의 고령이었으니, 몸이 좋지 않다는 내부 정보를 사보나롤라가 알고 있었을 것이라고 추측하기도 합니다. 그러나 어찌되었건 그의 예언이 맞기는 한 것이죠.

사람들은 이쯤 되자 사보나롤라가 정말로 무서워지기 시작했습니다. 그리고 사보나롤라는 마지막으로 결정적인 예언을 합니다.

"외국 군대의 종말적인 침략이 알프스에서 이탈리아의 땅까지 흘러내려올 것이며, 이들은 무지막지한 외과의사처럼 도끼로 병들고 부러진 팔과 다리를 잘라낼 것이다!"

예언을 들은 피렌체 시민들은 이번에는 식은땀이 나기 시작했습니다. 이 예언은 쉽게 말하면 알프스 위쪽에서 누군가가 내려와 이탈리아를 공격한다는 뜻이었기 때문입니다. 피렌체는 이탈리아에서도 북쪽에 위치합니다. 혹시라도 이 예언이 사실이라면 피렌체야말로 직격탄을 맞는 것이었죠. 그리고 예언대로 실제로 일이 발생했습니다. 1494년에 프랑스 왕 샤를 8세가 알프스를 넘어 이탈리아를 침공한 것입니다.

프랑스의 침공, 예언의 완성

로렌초 시절에 한동안 평화를 유지했던 피렌체는 다시 한번 위기에 빠졌습니다. 전쟁은 인간 세계에 무서운 결과를 초래하곤 합니다. 지금껏 조토, 도나텔로, 마사초, 보티첼리, 그 외에도 수많은 예술가들이 수백 년간 쌓아 올린 르네상스의 업적은 고작 며칠 만에 파괴되어 버릴 수도 있는 것이 전쟁입니다. 피렌체 시민들은 공포에 빠졌습니다. 그런데 이 위기 상황에서 예언자 사보나롤라가 직접 나섭니다.

작가 미상, 〈샤를 8세의 초상〉, 16세기

누가 봐도 프랑스 왕 샤를 8세는 침략자였습니다. 그는 순식간에 피사까지 진격해 점령하고, 피렌체를 앞두고 있었으며, 더 나아가 나폴리까지 점령할 계획을 가지고 있었으니까요.

그런데 사보나롤라에게 프랑스 왕 샤를 8세는 침략군이 아니라, 오히려 자기의 예언을 실현하여 타락한 피렌체를 심판해 줄 '하느님의 검'에 불과했습니다. 그래서 사보나롤라는 직접 샤를 8세를 만나러 가기로 결심합니다. 대군을 맞닥뜨린 피렌체 정부도 딱히 방법이 없었기에 사보나롤라를 특별 사절로 임명하여 샤를 8세에게 보내기로 결정했습니다.

그렇게 사보나롤라는 소수의 사절단만 이끌고 평원에 주둔하고 있는 샤를 8세의 막사에 들어섰습니다. 나폴리 왕과 담판을 지었던 로렌초와는 다소 다른 느낌이었겠지만 어쨌든 사보나롤라는 수만의 병력을 끌고 온 왕 앞에서 당당하게 이렇게 말했습니다.

"하느님의 전령이여, 드디어 오셨군요. 신성한 정의의 징표시여. 우리는 당신을 즐거운 마음과 기쁜 얼굴로 맞이합니다!"

이 이야기를 들은 샤를 8세는 아마도 혼란스러웠을 것입니다. 자신은 분명 피렌체를 정복하러 왔는데 자신을 기다렸다느니 기쁘다느니 하는 황당한 말을 하고 있으니 말입니다. 그런데 뒤이어 갑자기 표정이 바뀐 사보나롤라는 이렇게 말했습니다. "당신이 비록 하느님의 심판자로 왔지만, 하늘에서는 때로 자신의 도구에게도 분노를 터뜨리기도 합니다. 만약 피렌체 시민들에게 경고를 내리는 역할에서 벗어나 위해를 가한다면 당신에게 끔찍한 하늘의 복수가 내려질 것입니다"라고 말이죠.

그런데 뜻밖의 일이 일어났습니다. 사보나롤라의 당당한 태도에 기가 눌렸던 것인지, 샤를 8세가 피렌체를 침략하지 않고 그대로 나폴리로 떠나기로 결정한 것입니다. 번쩍이는 도끼를 든 공포의 스위스 병사들, 브르타뉴 명궁수 4,000명, 프랑스군의 꽃 란스 기병 3,000기와 수많은 대포들이 줄지어 피렌체로 입성했지만, 이들은 얼마 뒤 나폴리로 그대로 떠났습니다.

피렌체가 받은 피해는 프랑스군이 잠시 체류하는 동안 일어난 자잘한 사고로 고작 열 명의 피렌체인이 죽은 것이 전부였습니다. 물론 샤를 8세가 협상금으로 12만 플로린이라는 거액을 받아내며 실리를 챙기긴 했지만, 이후 그가 나폴리로 내려가 도시를 초토화시킨 것을 생각하면 피렌체가 겪은 일은 거의 기적에 가까웠습니다.

대국 프랑스의 왕이 고작 수도사의 말 한마디에 그렇게 휘둘리다니, 이게 어떻게 된 일일까요? 생각해 보면 샤를 8세도 침략자이기 이전에 그 시대를 살아가는 한 명의 기독교인이었습니다. 사보나롤라는 왕을 접견할 때 허름한 샌들에 여기저기 해진 수도복을 입고 들어와서는 당당하게 말하고 그대로 뒤돌아 나갔다고 합니다. 사보나롤라의 과도하게 당당한 태도에 샤를 8세는 그가 진짜 예언자이며, 자신이 진짜 하느님의 검이 맞다고 여겼던 모양입니다.

결과적으로 사보나롤라의 배짱 혹은 신앙심, 그 무엇이라고 표현하든 그도 로렌초처럼 협상을 통해 피렌체를 다시 한번 구원했습니다. 피렌체 시민들의 영혼뿐 아니라 육체까지 구원하게 된 것이죠. 사보나롤라 덕분에 피렌체 시민들은 목숨뿐만 아니라 수많은 르네상스의 조각들과 예술품들도 보존할 수 있었습니다.

이 사건 이후 사보나롤라는 로렌초 사후 아직 구심점이 없는 피렌체에 새로운 지도자로 자연스럽게 등극하게 됩니다. 그리고 새로운 정치 제도의 개혁 또한 시작했습니다. 메디치 가문과는 전혀 다른 느낌의 '참주'의 등장이라고 해야 할까요.

허영의 화형식

하지만 사보나롤라는 정치인이 아니라 종교인이었습니다. 그는 진심으로 피렌체가 '정화'되어야 한다고 생각했습니다. 그는 르네상스의 인본주의로 더럽혀진 피렌체를 개혁한 다음, 다시 신성하고 완전한 기독교 국가로 탈바꿈시키려고 했습니다.

그의 관점으로 보면 르네상스 예술이야말로 타락의 상징이었습니다. 아마 전신 누드의 비너스를 그리며 남자들을 흥분시킨 보티첼리야말로 최악이라고 생각했을 것입니다. 지금 시점에야 보티첼리의 그림이 예술로 보이지만, 포르노가 없던 그 시절에는 헐벗은 비너스의 모습이 사람들에게 매우 자극적으로 느껴졌을 것입니다. 사보나롤라는 예술가들에게 이렇게 말했습니다.

"너희들은 동정녀 마리아를 창녀가 옷을 입은 것처럼 만들어놓았다!"

르네상스의 여파로 점점 예뻐지고 야해지는 '성모 마리아' 그림들을 보며 사보나롤라는 분노했습니다. 그렇다면 보티첼리는 당시 사보나롤라에게 반발했을까요? 재미있게도 그 반대였습니다. 정확히 언제부터였는지는 알 수 없지만 보티첼리는 사보나롤라의 설교에 감명되어 이미 그의 강력한 추종자가 되어 있었습니다. 실제로 보티첼리는 사보나롤라를 만난 뒤부터는 더 이상 그리스 신화의 아름다운 여신들을 그림으로 그리지 않았습니다.

1497년, 예수의 부활을 기념하는 사순절 축제가 있기 전에 사보나롤라는 '축복받은 순결한 아이들'로 알려진 어린이들에게 명했습니다. 집집마다 돌아다니며 '사치품과 허영의 물건들'을 모아 오라고 말이죠. 이 아이들은 사보나롤라가 집권하는 동안 흰옷을 입고 마을을 돌아다니며 찬송가를 부르고, 때로는 부자들의 기부를 받아 가난한 자들에게 나눠주는 일을 했었습니다. 그리고 이들은 무장한 군인들의 보호를 받았죠.

사보나롤라의 조치에 따라 사람들은 자신의 아름다움을 뽐내주었던 화장품, 가발, 가장 무도회용 드레스와 가짜 수염, 화려한 장신구들을 광장에 던져 놓았습니다. 그 위로는 수많은 부도덕한(?) 그리스 로마의 인문

허영의 화형식(게임 어쎄신 크리드)

학책과 르네상스의 시집들이 올라왔고, 다시 그 위에는 플루트와 루트, 비올라 같은 악기가 올라갔습니다. 그리고 다시 그 위로 수많은 조각과 회화 작품들이 쌓였죠. 그렇게 광장에는 대략 가로 30미터, 높이 18미터 가량의 거대한 '허영의 피라미드'가 형성되었습니다. 사람들이 둘러서서 찬양가를 부르는 가운데 누군가 불을 붙이자 순식간에 불타오르며 화염과 연기를 맹렬히 내뿜기 시작했습니다.

이 '허영의 화형식'에는 보티첼리의 그림들도 있었습니다. 그는 르네상스의 회화가 세속적으로 가는 길을 가장 먼저 연 혁신의 화가였지만, 이제는 반대로 가장 큰 책임감을 느끼고 있었습니다. 사보나롤라에 따르면 그의 '혁신'은 '타락의 혁신'이기 때문입니다. 그렇게 보티첼리는 모닥불에 던져진 자신의 작품들이 불타는 모습을 하염없이 바라보았습니다.

단테의 신곡

보티첼리는 사보나롤라의 설교를 들은 이후로 더 이상 세속적인 그림을 그리지 않게 됩니다. 이 시기 그의 심경 변화를 보여주는 작품 중 하나가 바로 단테의『신곡』의 삽화 시리즈입니다.

악마적 존재들, 사슬에 묶인 거인들, 하늘을 나는 초자연적 존재들 등 보티첼리는 단테의『신곡』에 나오는 신비의 이야기들을 그림으로 담아내고자 했습니다. 그리스 신화를 그리던 보티첼리가 이제는 기독교의 신비에 몰두하기 시작한 것입니다.

『신곡』은 기독교적 내용을 담고 있는 서사시입니다. 저자 단테가 스스로 주인공이 되어 고대의 시인 베르길리우스의 인도를 받아 지옥과 연옥을 탐험하고, 다음으로는 자신이 사랑했던 여인 베아트리체의 도움을 받아 천국을 여행하며 인간의 죄와 구원을 탐험하는 내용입니다. 웬만한 배경 지식이 없으면 한 장도 넘기기 어려운 이 시는 총 100곡(canto)으로 구성되어 있습니다. 보티첼리는 기독교적 상징으로 가득한 이 시를 설명하는 삽화를 그리려고 시도했던 것이죠.

당시 메디치의 후원을 받는 일류 화가였던 보티첼리에게 책의 삽화를 그리는 작업은 그다지 돈이 되는 일이 아니었을 것입니다. 그럼에도 그는 왜 이 일에 몰두했던 걸까요? 어떤 사람들은 누군가 의뢰한 게 아니라 보티첼리가 스스로의 신앙을 지키기 위해 이 삽화들을 그리기 시작했다고 생각하기도 합니다. 그 근거 중 하나는 실제로 보티첼리가 이 작업을 거의 20년 동안 진행했음에도 결국 완성하지 못했으며, 정확히 언제 시작했고 언제 손을 놓았는지조차도 알 수 없다는 점입니다. 누군가의 명확한 의뢰가 없었으니 본인이 하고 싶을 때 시작했다가 결국은 완성하지 못하고 그만두었다는 것이죠.

그렇게 미완성으로 지금까지 남아 있는 삽화는 총 92장인데, 그중 겨우 4장만 색칠이 완성되었을 뿐입니다. 왼쪽은 그나마 완성된 네 개의 삽화 중 하나인 〈지옥의 지도〉이고, 오른쪽은 완성되지 않은 여러 스케치 중 제34곡의 내용에 나오는 악마 '루시퍼'를 묘사한 삽화입니다.

비록 완성하지는 못했지만 스케치 버전에서 보이는 보티첼리의 상상력에 다시 한번 놀라게 됩니다. 아마 완성되었다면 르네상스의 또 다른

산드로 보티첼리, 〈지옥의 지도〉(「지옥」 제1곡), 1481-1487년

산드로 보티첼리, 「지옥」 제34곡 중 루시퍼 부분

대작으로 남았을 것입니다. 하지만 완성하지 못했다고 한들 그에게 무슨
의미가 있었을까요?

먼지가 풀풀 나는 자신의 어두운 집에 틀어박혀 지옥에서 올라온 악마
의 공포스러운 얼굴과 공중을 떠다니는 천사의 날개를 동시에 그리던 보
티첼리의 모습이 보이는 듯합니다. 어쩌면 그 행위 자체가 보티첼리에게
는 자신의 과거에 대한 속죄 의식이었을지도 모르겠습니다.

예언자의 죽음

사보나롤라의 등장으로 피렌체의 분위기가 순식간에 바뀌었지만, 그
의 신정 정치는 그리 오래가지 못했습니다. 너무 곧은 막대는 결국 부러지
기 마련입니다. 자신감을 얻은 사보나롤라는 이제 로마 교황까지 비판하
기 시작했습니다. 로마 교황청의 비리가 많았던 것은 사실이니 올바른 비
판이라고 생각할 수도 있겠지만, 세상은 그런 식으로 돌아가지 않는 법입
니다. 사보나롤라로부터 맹비난을 받은 교황은 뒤집히는 속을 누르고 일
단 그를 포섭하기 위해 추기경 자리를 제안합니다. 하지만 대쪽 같은 사보
나롤라는 자신이 써야할 것은 '추기경의 빨간 모자'가 아니라 '보혈의 붉
은 모자'라고 말하며 단칼에 거절했습니다. 보혈, 즉 피의 모자는 순교를
의미하는데, 사보나롤라가 자신의 미래를 예언한 걸까요?

사보나롤라의 태도에 심기가 불편해진 교황은 결국 그를 파문해 버립
니다. 파문의 효과는 피렌체의 여론에도 영향을 주었습니다. 사실 피렌체
시민들은 예술은커녕 색이 있는 옷까지 입지 못하게 하는 사보나롤라가
점점 못마땅한 상황이었습니다. 모두에게 수도사처럼 살도록 강요했으
니 다들 속으로는 답답했던 것이죠.

그리고 이보다 더 큰 문제는 경제 상황이었습니다. 원래 피렌체는 무
역으로 성공한 도시였습니다. 그런데 모든 '허영의 물건들'을 없애면서

상거래가 줄어들었고, 결국 도시의 경제가 급속도로 나빠지기 시작했던 것이죠. 사람들은 사보나롤라의 꽉 막힌 태도에 지쳐가고 있었습니다. 사람들은 그저 풍요롭고 활기찬 피렌체를 원했지, 도시 전체가 삭막한 수도원처럼 변해가는 것을 바라지는 않았습니다.

오랫동안 쌓여 있던 불만을 분출하기 시작한 사보나롤라의 반대파들은 귀족과 시민 구분 없이 모두 과격해졌습니다. 이들은 사보나롤라가 교황에게 파문을 당했다는 근거로 아예 그를 이단 재판에 세우기로 결정했습니다. 흥분한 폭도들에게 무기력하게 붙들려온 사보나롤라는 의회에 세워졌고, 재판을 통해 빠르게 사형 선고를 받게 됩니다. 결국 그는 '허영의 화형식'이 일어난 그다음 해인 1498년, 정확히 같은 장소에서 화형을 당하는 것으로 예언자의 삶을 마치게 됩니다.

사보나롤라를 진심으로 따랐던 보티첼리는 어떤 심정이었을까요? 보티첼리는 사보나롤라의 죽음 이후 한 장의 그림을 그렸습니다. 그의 후반기 대표작인 〈신비로운 탄생〉입니다. 이 작품은 기본적으로 예수 그리스도의 탄생에 관한 내용을 다루지만, 당시 사보나롤라를 추종하던 사람들이 보기에는 메시지가 너무 명확한 그림이었습니다. 사보나롤라는 줄곧 타락한 피렌체에 곧 하늘에서 하느님의 심판이 내릴 것이라고 설교했습니다. 보티첼리는 그가 예언했던 심판의 모습을 그대로 〈신비로운 탄생〉에 그린 것입니다.

그림을 보면 하늘이 열리고 천사들이 심판을 위해 내려오고 있습니다. 그리고 중앙에는 메시아 예수 그리스도가 탄생하였고, 아래에는 작은 악마들이 갈라진 땅으로 떨어지고 있습니다. 맨 위에는 이런 글귀가 적혀 있습니다.

"나 알레산드로(보티첼리)는, 1500년 말 이탈리아가 고난 속에 있을 때 이 그림을 그린다. 이 혼란기의 초반은 요한계시록 11장의 두 번째 재앙에 따라 악마가 3년 반 동안 풀려날 것이다. 그 후 악마는 12장의 말씀대로 묶일 것이고 이 그림에서처럼 땅에 묻힌 악마를 볼 것이다.”

보티첼리는 정말로 사보나롤라의 예언이 몇 년 내로 이루어져 하늘 문이 열리고 하느님의 심판이 내려질 것이라 믿었던 듯합니다. 사실 이전의 예언들이 워낙 신통했으니 그의 말을 믿은 것도 무리는 아닙니다.

위의 메시지를 해석해 보면 보티첼리는 자신이 추종하던 사보나롤라가 불타 죽은 날이 요한계시록의 11장에서 말하는 ‘악마가 3년 반 동안 풀려나는 시기’의 시작이라고 본 듯합니다. 그리고 앞으로 3년 반만 지나면, 예언자 사보나롤라를 죽게 만든 ‘악마들’이 그림과 같이 땅으로 꺼지며 하느님의 심판을 받을 거라고 생각했던 것이죠.

보티첼리는 이 그림에서 기법적으로도 확실히 중세로 회귀하려는 모습을 보여주고 있습니다. 마사초 이후 완벽하게 정착된 선 원근법을 거의 무시했기 때문입니다. 중앙의 주인공인 성모 마리아를 보면 마치 거인처럼 덩치가 매우 커 보이는데 이는 중세의 방식을 다시 가져온 것입니다. 중세로 회귀한 이 회화 기법도 일종의 ‘메시지’가 아니었을까요? 아마 동료 예술가들은 알아보았을 것입니다. ‘〈비너스의 탄생〉을 그리던 혁신의 아이콘 보티첼리가 점점 과거로 온몸을 구겨 넣고 있구나’ 하고요.

하지만 3년 반이 지난 뒤인 1501년, 세상은 바뀌지 않았습니다. 사람들은 여전히 바쁘게 살아가고 있었고 세상은 변함없이 돌아가고 있었습니다. 마치 사보나롤라 같은 사람이 피렌체에 존재한 적이 있었냐는 듯이 말이죠.

산드로 보티첼리, 〈신비로운 탄생〉, 1500년

보티첼리의 마지막

더 이상 세속적인 그림을 그리지 않게 된 보티첼리는 점점 가난해졌습니다. 교회와 관련된 그림은 여전히 그렸지만 상류층이 원하는 세속적 그림을 그리지 않았으니 아마 고객이 반으로 줄었을 것입니다. 그렇게 나이를 먹어가던 보티첼리는 너무 가난해져 다른 사람들의 도움을 받지 않으면 거의 굶어 죽을 지경에 이르게 됩니다. 그나마 메디치 가문의 도움으로 근근이 버틸 수 있었다고 하죠.

보티첼리의 특이한 점 중 하나는 자신이 태어난 지역이었던 피렌체의 보르고 오그니산티 지역에서 평생을 살았다는 것입니다. 그는 성인이 되어서도, 비너스를 그릴 때도, 사보나롤라를 만난 후에도 같은 마을에 계속 살았습니다. 누구든 살면서 한 번쯤은 이사를 하기 마련인데 한 마을에 박힌 돌처럼 살았던 것이죠. 어쩐지 고집 센 그의 인간성이 보이는 듯합니다.

젊은 시절 신플라톤주의를 공부하며 인문학의 꽃향기를 맡았을 때는 그 누구보다 열심히 그리스 신화를 파고들었지만, 신앙인으로 회귀하고 나서는 죽을 때까지 변함없이 기독교에 심취하여 살았습니다. 양 극단을 오갔지만 고집스러웠다는 점에서는 한결같았다고 해야 할까요?

어찌 보면 이는 우리 주변에서 흔히 볼 수 있는 평범한 사람의 모습이기도 합니다. 젊은 시절 방탕하게 살다가 노년에 과거를 후회하고 종교에 깊이 심취하며 살아가는 사람들은 얼마든지 볼 수 있으니까요.

그렇게 노년에 접어든 보티첼리는 몸이 점점 쇠약해졌고, 목발의 도움 없이는 똑바로 서기도 어려웠다고 합니다. 어쩐지 자신이 태어난 마을을 굳은 표정으로 배회하고 있는 늙은 보티첼리의 모습이 보이는 듯합니다. 그렇게 보티첼리는 1510년, 65세의 나이로 사망했습니다.

보티첼리의 마지막은 어쩐지 쓸쓸했지만 그의 유산은 계속 르네상스를 따라 이어졌습니다. 비록 그는 말년에 그리스 신화를 더 이상 그리지 않았지만, 다른 화가들이 그를 따라 그리스 로마 신화를 그리기 시작했기 때문이죠. 그리스 로마 신화의 그림은 이후로도 르네상스와 매너리즘, 바로크, 로코코까지 계속 이어지게 됩니다.

이제 르네상스의 3대 천재로 알려진 레오나르도 다빈치, 미켈란젤로, 라파엘로가 차례로 등장할 시기가 되었습니다. 조토, 브루넬레스키, 도나텔로, 보티첼리 같은 르네상스의 선구자들이 심은 나무가 드디어 열매를 맺을 때가 왔다고 해야 할까요.

최고의 천재,
레오나르도 다빈치

나눗셈을 못하는 천재

영국의 교육 컨설턴트 앤서니 피터 부잔(Anthony Peter Buzan)은 1995년에 재미있는 연구를 발표했습니다. 역사 속 유명 인물들의 지능을 순위로 한번 매겨본 것입니다. 그는 천재로 유명했던 사람들을 나름의 방법으로 지능을 측정한 뒤, 100위까지 순위를 매겼습니다. IQ(Intelligence Quotient, 지능 지수)와 GS(Genius Score, 천재성 지수) 두 가지 수치를 측정했다고 합니다.

순위	IQ	GS
1	레오나르도 다빈치	레오나르도 다빈치
2	괴테	윌리엄 셰익스피어
3	윌리엄 셰익스피어	괴테
4	알베르트 아인슈타인	미켈란젤로
5	아이작 뉴턴	아이작 뉴턴
6	토머스 에디슨	토머스 제퍼슨
7	토머스 제퍼슨	알렉산더 대왕
8	아리스토텔레스	피디아스(그리스 조각가)
9	아르키메데스	알베르트 아인슈타인
10	브루넬레스키	토머스 에디슨

레오나르도 다빈치, 〈자화상〉, 1517–1518년경

　개인적으로는 율리우스 카이사르가 순위권 밖이라는 점이 다소 의아하지만, 어쨌든 눈에 띄는 부분은 두 가지 측정에서 모두 1위를 차지한 사람이 바로 레오나르도 다빈치(Leonardo da Vinci)였다는 점입니다. 레오나르도 다빈치는 도대체 어떤 인물이길래 르네상스를 넘어 인류사 최고의 천재로 선정된 것일까요? 그는 과연 우리처럼 평범한 사람들과는 전혀 다른, 상상 속 괴물 같은 엄청난 천재일까요?

　그런데 재미있는 사실이 있습니다. 믿기 어렵겠지만 1위로 꼽힌 레오나르도 다빈치가 큰 수의 나눗셈은 잘하지 못했다는 점입니다. 우리나라 사람들 입장에서는 어이가 없다고 말할 수도 있습니다. 중학생만 되어도 쉽게 할 수 있는 나눗셈을 레오나르도가 어려워했다고 하니 말이죠.

그뿐만이 아닙니다. 레오나르도는 라틴어를 잘 못해서 40대가 되어서야 공부하기 시작했다고 합니다. 당시 유럽의 지성인들 사이에서는 라틴어가 공용어 같은 느낌이었으니, 현대로 치면 영어와 비슷하고 볼 수 있습니다. 만약 현대에 자신을 세계 최고의 천재라고 주장하는 어떤 사람이 나눗셈에 쩔쩔매고 영어도 거의 못한다고 하면 사람들은 어떻게 받아들일까요?

천재란 과연 무엇일까요? 생각해 보면 우리나라는 강한 교육열 때문에 초등학생들이 미적분을 배우기도 합니다. 다른 나라 사람들이 봤을 때 꼬마 영재들이 옹기종기 모여 미적분을 풀고 있으니 이 나라는 천재가 매년 수천 명씩 나오겠구나 하고 생각하겠죠. 하지만 안타깝게도 우리나라는 지금까지 역사에 남을 만한 천재는 거의 배출하지 못했습니다. 혹시 우리가 천재에 대해 뭔가 잘못 생각하고 있는 건 아닐까요?

귀족 청년과 시골 소녀의 사랑

그렇다면 최고의 천재라는 레오나르도의 어린 시절은 어땠는지 한번 살펴봅시다. 레오나르도의 아버지는 피렌체의 귀족이자 법률 공증인이었던 피에로 다빈치(Piero da Vinci)였습니다. 이름에 '다빈치'가 붙은 이유는 '빈치(Vinci) 출신'이라는 의미입니다.

1451년 6월의 여름날, 피에로는 빈치의 작은 마을 안키아노에서 한 시골 소녀를 만나게 됩니다. 카테리나라는 이름의 이 소녀는 평범한 농부의 딸이었습니다. 서로 눈이 맞은 두 사람은 한여름 밤의 꿈 같은 사랑을 나누게 됩니다. 그리고 그다음 해에 태어난 아이가 바로 레오나르도 다빈치였습니다.

하지만 귀족이었던 피에로는 농부의 딸이었던 카테리나와 결혼할 수 없었습니다. 그에게는 이미 다른 귀족 약혼녀가 있었기 때문입니다. 결국 둘은 헤어질 수밖에 없었고 레오나르도는 어쩔 수 없이 미혼모인 어머니 밑에서 자라게 됩니다. 어딘가 드라마에서 봤을 법한 씁쓸한 사랑 이야기처럼 들리지만 사실 피에로와 카테리나의 관계는 이후에도 별로 나쁘지 않았다고 합니다. 그 시절에는 이런 일이 꽤 흔했는지 두 사람의 가족들은 계속 친분을 유지했습니다. 오히려 피에로의 아버지는 카테리나가 다른 남자에게 시집갈 수 있도록 물심양면으로 도와주었다고 합니다. 레오나르도는 이런 관계 속에서 어릴 때는 어머니 집에서 자라다가, 조금 크고 나서는 친할아버지 집을 오가며 교육을 받을 수 있었습니다.

동굴 속의 괴물

레오나르도는 어린 시절 주로 친할아버지의 집에서 할아버지와 삼촌들에게 읽기, 쓰기, 산수 같은 기본적인 교육을 받았다고 합니다. 다만 서자 출신이라는 한계가 있었기 때문에 정규 교육은 받지 못했습니다. 덕분에 레오나르도는 어린 시절에 시간이 많았을 것입니다. 자연을 친구 삼아 지냈던 조토처럼 그도 시원한 바람이 부는 빈치의 초원을 누비며 자연을 친구 삼아 지내지 않았을까요.

어느 날 레오나르도는 홀로 산에서 놀다가 우연히 어떤 동굴을 발견하게 됩니다. 호기심에 가까이 다가간 레오나르도는 막상 동굴의 검은 입구를 보자 갑자기 두려움이 몰려왔습니다. 동굴의 깊은 안쪽에서 무서운 괴물이라도 나타나지 않을까 두려웠던 것이죠. 그러는 한편 마음 한켠에서는 강한 호기심이 몰려왔습니다. 괴물을 직접 눈으로 확인하고 싶은 강한 욕망이 생겨난 것입니다.

결국 욕망이 두려움을 이겨냈습니다. 그는 손으로 더듬어가며 어두운 동굴 안으로 천천히 들어섰습니다. 동굴에는 이상한 뼈들이 널브러져 있었습니다. 이 거대한 뼈들은 무엇이었을까요? 레오나르도는 다시 한번 용기를 내어 가까이 다가갔습니다. 이 뼈들은 고래의 것이었던 모양입니다. 그는 훗날 이 사건에 대해 이렇게 기록했습니다.

"오, 네가 갈라진 지느러미와 세 개로 갈라진 꼬리로 채찍질하여 바다에 흰 물안개와 갑작스러운 폭풍우를 만들어 배를 뒤흔들고 물속에 잠기게 했을 때, 너의 무자비한 분노 앞에 겁에 질린 돌고래 떼와 큰 참치들이 도망치는 경우가 얼마나 많았는가…
오 시간이여, 피조물을 빠르게 약탈하는 자여, 당신은 얼마나 많은 왕과 얼마나 많은 민족을 파멸시켰습니까? 이 구불구불하고 깊은 움푹 파인 곳에서 이 경이로운 모습의 물고기가 죽은 이후로도 얼마나 많은 시대 와 환경의 변화가 있었습니까?"

이 어린 시절의 경험은 레오나르도의 일생에 중요한 기억으로 남게 됩 니다. 정규 교육을 받지 못한 그는 다른 아이들처럼 학교에서 공부할 기 회는 없었지만, 대신 이렇게 산속을 뛰놀며 자연이 인간에게 주는 경이 로움을 직접 경험할 수 있었습니다. 자연은 때때로 우리에게 귀중한 경 험을 가져다주고는 합니다. 자연이 주는 경이로움에 대한 이 기억은 그 로 하여금 평생 자연을 궁금해하고 연구하도록 이끌었습니다.

베로키오의 견습생

1460년대 중반, 이제 막 소년 티를 벗은 레오나르도는 아버지를 따라 피렌체로 갔습니다. 하지만 서자 출신인 그는 아버지의 직업인 법률을 공 부할 수는 없었죠. 당시 서자 출신들은 변호사, 법률가, 공무원 같은 고위 직의 출세길이 막혀 있었기 때문입니다. 아버지 피에로는 그가 어릴 적부터 미술에 재능이 있었다는 것을 기억해 냈습니다. 이에 피렌체에서 큰 공방을 운영하던 친구 안드레아 델 베로키오를 찾아가 레오나르도가 그린 스케치를 몇 장 보여주었습니다. 베로키오는 레오나르도의 재능을 바로 알아보았고 그를 자신의 견습생으로 들였습니다. 이렇게 레오나르도의 예술 경력이 시작되었습니다.

안드레아 델 베로키오 · 레오나르도 다빈치, 〈그리스도의 세례〉, 1470–1480년경

이때부터 레오나르도는 베로키오 밑에서 총 7년간 훈련을 받게 됩니다. 베로키오의 곁에는 보티첼리나 기를란다요 같은 뛰어난 선배 화가들도 많았으니, 아마 어린 레오나르도가 미술을 공부하기에는 최고의 환경이었을 것입니다.

레오나르도는 확실히 재능이 있었던 모양입니다. 견습생 시절 그가 이미 스승 베로키오를 뛰어넘었다는 소문이 돌았기 때문입니다. 견습생이 된 지 몇 년쯤 되었을 때, 베로키오는 자신의 그림 〈그리스도의 세례〉에서 천사의 얼굴을 레오나르도가 그리도록 지시했습니다. 이는 당시 견습생들이 그림 실력을 키우던 방법으로, 그림에서 비교적 덜 중요한 부분을 그리면서 경험을 쌓는 것이었습니다. 레오나르도는 베로키오의 지시대로 열심히 천사를 그렸습니다. 그림에서 가장 왼쪽에 있는 천사가 바로 레오나르도가 그린 부분입니다. 레오나르도가 그린 천사를 보고 베로키오는 깜짝 놀랐다고 합니다. 아직 어린 레오나르도의 그림이 벌써 자신을 뛰어넘었기 때문이죠. 이 일로 자존심이 상한 베로키오는 이후 붓을 꺾고는 더 이상 그림을 그리지 않았다고 전합니다.

실제로 기록을 보면 베로키오는 1475년을 전후로 그림을 거의 그리지 않았습니다. 다만 그가 정말로 '자존심이 상해서' 그림을 그리지 않은 것인지는 확실하지 않습니다. 어떤 사람들은 베로키오가 이 시기부터 그림보다 수익성이 좋은 조각 쪽에 더 집중했기 때문이라고 보기도 합니다. 어쨌든 레오나르도가 견습생 시절부터 이미 동시대의 다른 화가들에 버금가는 뛰어난 실력을 가지게 되었다는 점은 확실해 보입니다. 그냥 보기에도 레오나르도가 그린 천사는 베로키오가 그린 인물들보다 생기가 넘쳐흐르니 말입니다.

동성애 소송 사건

예술가의 공방은 요즘으로 치면 미술 대학 같은 곳이니까 레오나르도에게는 포근한 둥지 같았을 겁니다. 그는 친한 형들과 함께 어울리면서 그림도 그리고, 놀기도 하고, 때로는 토론을 나누며 즐거운 시절을 보냈습니다. 그러다 1476년, 레오나르도는 한 소송 사건에 휘말리면서 베로키오 공방을 떠나게 됩니다. 바로 '동성애 소송 사건'입니다.

소송 내용은 레오나르도를 포함한 네 명의 젊은이들이 살터렐리(Saltarelli)라는 17세 소년에게 '부적절한 서비스'를 제공받았다는 것이었습니다. 이게 무슨 일일까요? 레오나르도는 정말 그 소년과 무슨 일이 있었던 것일까요?

앞서 이야기했던 것처럼 당시 피렌체에서는 동성애가 생각보다 흔했다고 합니다. 도나텔로, 보티첼리, 그리고 스승 베로키오도 모두 결혼을 하지 않았기 때문에 동성애로 의심을 받았었죠. 레오나르도도 아마 그런 성향이 있었던 모양입니다.

문제는 피렌체에서 동성애는 여전히 법적으로 사형이 가능한 중죄였다는 점입니다. 결국 구치소에 갇히게 된 레오나르도는 예술가로 꽃을 피우기도 전에 경력이 끝날지도 모르는 끔찍한 상황에 처합니다. 하지만 그는 운이 좋았습니다. 이 네 명의 젊은이 중 한 명이 메디치 가문과 친척 관계에 있었기 때문입니다.

당시 피렌체의 수장이었던 로렌초는 이 문제로 골머리를 앓고 있었습니다. 메디치 가문의 인물이 다른 혐의도 아니고 남색 혐의로 감옥에 간다면 가문에 큰 망신이었기 때문입니다. 결국 로렌초가 뒤에서 손을 조금 썼던 모양입니다. 이후 해당 사건은 '추가 혐의 없음'으로 기각되었습니다. 덕분에 레오나르도도 같이 풀려날 수 있었죠. 아마도 그는 놀란 가슴을 쓸어내렸을 겁니다.

자유로운 영혼

동성애 사건 이후 베로키오 공방을 떠나게 된 레오나르도는 독립하는 길을 택했습니다. 원래 레오나르도는 빈치의 초원을 뛰놀 때부터 자유로운 영혼이었으니 그에게는 독립하는 편이 더 좋았을 것입니다. 그런데 독립하면서부터 그를 평생동안 괴롭혔던, 좀 더 정확히 말하자면 그의 '의뢰인들'을 괴롭혔던 문제를 만나게 됩니다. 바로 '미완성의 문제'입니다.

독립한 레오나르도는 우선 세 개의 작품을 의뢰 받았습니다. 그러나 세 개의 의뢰 중 단 하나도 완성하지 못하는 참사를 일으키게 됩니다. 하나는 아예 시작하지도 못했고, 그나마 시작한 다른 두 개는 끝내 미완성작으로 남겨놓았습니다. 이때 미완성으로 남긴 두 작품이 〈동방박사의 경배〉와 〈성 제롬〉입니다.

레오나르도에게 작품을 의뢰한 사람은 아마도 몹시 당황스러웠을 것

레오나르도 다빈치, 〈동방박사의 경배〉, 1480-1482년경

레오나르도 다빈치, 〈성 제롬〉, 1482년경

입니다. 그림을 잘 그린다고 해서 의뢰했고, 무엇보다 분명 돈을 지불했는데 그림을 그려주지 않았으니까요. 이런 레오나르도의 성향을 누구보다 걱정한 사람은 바로 그의 아버지 피에로였습니다. 피에로는 아들이 첫 번째 의뢰를 받고도 완성하지 못하자, 자신의 법률 전공을 살려서 다음 의뢰인 〈동방박사의 경배〉를 계약할 때는 굉장히 상세한 계약서를 만들어주었습니다. 계약서로라도 레오나르도를 압박해 의자에 앉히려 한 것입니다. 그럼에도 레오나르도는 단 하나의 작품도 완성하지 못했습니다.

레오나르도가 아무리 자유로운 영혼이라지만, 도대체 무슨 생각으로 그림을 완성시키지 않은 것일까요? 르네상스의 미술사가 조르조 바사리는 레오나르도의 미적 감각이 '너무 세밀하고 초월적이었기 때문'이라고 주장했습니다. 그의 머릿속에 존재하는 예술은 완벽하지만 아직 기술이 부족해 완벽하게 구현할 수 없으니 차라리 포기해 버렸다는 것입니다.

말이야 좋지만 어쨌든 의뢰인들 입장에서는 황당할 따름이었습니다. 이후에도 레오나르도의 성향은 바뀌지 않았습니다. 실제로 그는 죽을 때까지 수많은 '미완성작'을 남긴 것으로 악명이 높은데, 일생동안 고작 16점 정도의 그림밖에 완성하지 못했습니다. 이는 말도 안 되게 적은 숫자입니다. 70세 가까이 살았으니 그 시대에는 장수한 편임에도 불구하고 16점밖에 그리지 못했다는 것은 사실상 거의 '놀았다'라고 표현해도 무방합니다. 참고로 근대 화가 빈센트 반 고흐는 10년 간 활동하면서 거의 900점에 달하는 유화를 남긴 것으로 알려져 있습니다.

코덱스 시리즈

그렇다면 레오나르도는 그림은 그리지 않고 그저 놀았던 것일까요? 반은 맞고 반은 틀립니다. 자유로운 영혼이었던 레오나르도는 독립한 이후부터 그림보다는 주로 관심 있는 것들을 혼자 연구하기 시작했습니다. 그의 왕성한 호기심은 어린 시절 산속에서 고래의 뼈를 발견했을 때부터 이미 나타났었죠. 레오나르도는 세상의 모든 것이 궁금한 사람이었습니다. 그래서 그는 언젠가부터 노트에 자신이 궁금해하던 것들을 적기 시작했습니다.

새는 어떻게 날지?

딱따구리의 혀는 어떻게 작동하는 거지?

하늘은 왜 파란 거지?

태양의 크기를 잴 수 있을까?

물은 왜 소용돌이치는 거지?

사람들은 왜 하품을 하는 걸까?

이 시대는 아직 코페르니쿠스와 갈릴레이가 등장하기도 전입니다. 레오나르도는 세상에 과학이 탄생하기 전부터 과학적인 질문을 스스로 던지고 있었던 것입니다. 세상 사람들이 하늘이 파랗다는 것을 당연하다고 생각하고 있을 때, 하늘이 파란 이유를 궁금해한 사람이 바로 그였습니다.

당시에는 그의 질문에 대한 답을 아는 사람이 아무도 없었습니다. 그래서 레오나르도는 그림을 그리는 대신 연구를 시작했습니다. 우선 그는 자연을 면밀히 관찰했습니다. 하늘을 관찰하고, 새를 관찰하고, 사람을 관찰하고, 물을 관찰하는 등 가능한 모든 것을 관찰하고 기록으로 남겨놓았죠.

그렇게 관찰을 통해 남겨둔 기록들이 앞으로 그의 일생을 관통하게 될 '코덱스(Codex)' 시리즈입니다. 레오나르도는 평생 스스로 연구한 내용을 기록하여 총 2만 장 이상의 기록으로 남겨놓았다고 합니다. 그중 현재까

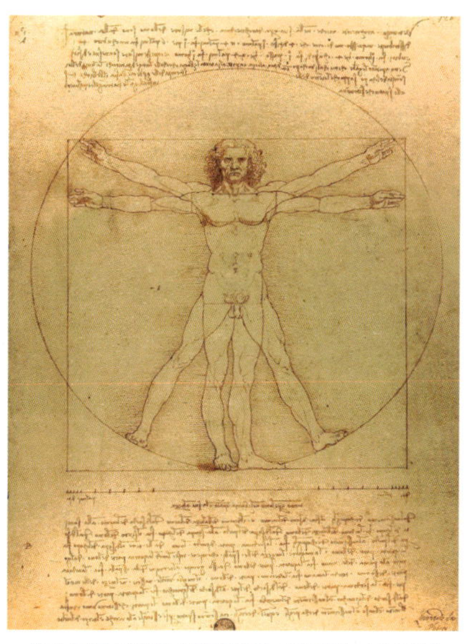

레오나르도 다빈치, 〈비트루비우스적 인간〉, 1498년경

레오나르도 다빈치, 〈물의 소용돌이 연구〉,
1509-1511년

지 남아 있는 것은 약 7,200장 정도인데, 이 문서들을 나중에 그의 제자였던 멜지(Francesco Melzi)가 분야별로 정리했습니다. 문서들의 주제를 정리해 보면 대략 다음과 같습니다.

- 코덱스 아틀란티쿠스(Codex Atlanticus): 해부학, 천문학, 식물학, 화학, 지리, 수학, 역학, 기계학, 조류 등
- 코덱스 레스터(Codex Leicester): 물의 움직임
- 코덱스 아룬델(Codex Arundel): 역학 및 기하학
- 코덱스 윈저(Codex Windsor): 해부학
- 코덱스 우르비나스(Codex Urbinas): 회화

코덱스는 '오래된 문서'라는 뜻으로, 뒤에 붙은 이름은 주로 이 문서를

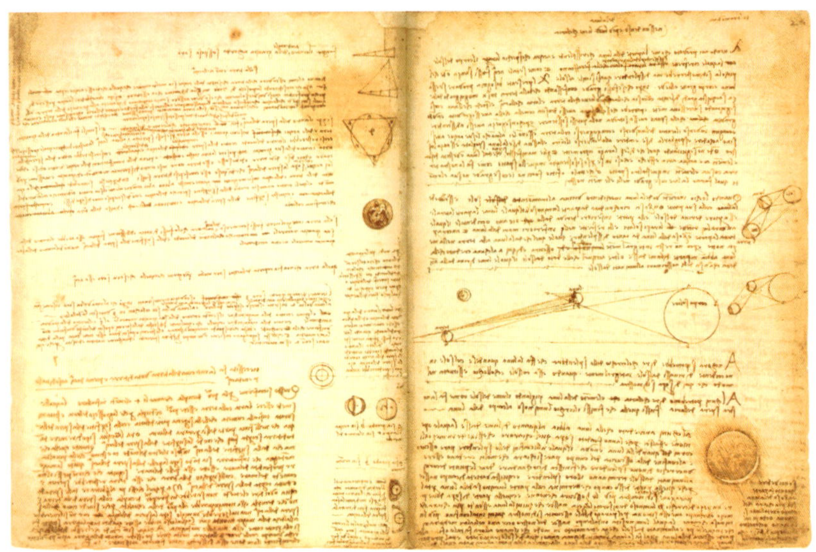

레오나르도 다빈치, 〈천문학〉, 『코덱스 레스터』, 1510년

나중에 소유한 사람들의 이름입니다. 예를 들어 '코덱스 레스터'는 레스터 백작이 소장한 레오나르도의 메모들을 말합니다. 이 책에서 코덱스들의 내용을 전부 설명할 수는 없겠지만, 그 내용을 살펴보면 왜 나눗셈도 제대로 못하는 그를 두고 사람들이 '천재'라고 하는지 알 수 있습니다.

레오나르도는 산에서 고래 화석이 발견되는 것을 보고 산이 고대에는 해저에 있다가 점차 솟아오르면서 형성되었다고 추론했습니다. 보통 사람이라면 산에서 고래 뼈를 발견하더라도 그저 신기하다고 생각했을 테지만, 레오나르도는 그 원인을 밝혀내려 한 것입니다. 참고로 '판 구조론'이 과학 이론으로 만들어진 것은 19세기입니다. 레오나르도는 이미 15세기에 그런 추측을 혼자서 해낸 셈입니다.

한편, 식물을 관찰하던 그는 나뭇잎이 가지에 무작위로 배열되지 않고 '피보나치 수열'에 따라 배열된다는 사실을 처음으로 발견하게 됩니다. 실제로 나뭇잎들은 피보나치 수열에 따라 자라나는데 이는 더 많은 햇빛을 받기 위해 서로 겹치는 것을 피하기 위해서라고 합니다. 이 또한 근대 식물학자들보다 3세기나 앞선 발견입니다.

하늘을 관찰하던 레오나르도는 태양을 '스스로 빛나는 구체'라고 가정하고, 달은 태양빛을 반사하고 있기 때문에 밝은 것이라고 생각했습니다. 그리고 초승달의 어두운 부분에서 보이는 희미한 밝음은 지구에 반사된 빛에 의해 발생한다고 설명했죠. 심지어는 행성들이 '자석처럼 끌어당긴다'는 관념까지 가지고 있었으니 멀리는 중력까지 예측했다고 할 수 있습니다.

레오나르도는 다양한 기계 장치를 고안하는 데에도 열정을 쏟았습니다. 바람의 힘으로 물체를 띄우는 헬리콥터의 원리를 무려 400년 앞서 구상했으며, 공기역학을 활용한 비행기의 개념도 최초로 제시했습니다. 또 말이나 소 같은 가축이 아닌 자력으로 움직이는 자동차의 개념까지 처음으로 만들어냈으니, 어쩌면 차를 타고 다니는 현대인들은 모두 그의 덕을 보고 있는 셈입니다. 레오나르도는 자신이 구상한 수많은 기계 장치들을 모두 코덱스에 남겼습니다.

이처럼 그는 수백 년을 앞서가는 과학적 발견과 발명을 오직 '관찰과 직관'을 바탕으로 이뤄냈습니다. 그의 놀라운 추론은 이후 수세기 동안 수많은 과학자와 철학자의 숙제가 되었으니, 그는 분명 시대를 한참 앞질러 살았던 인물이었습니다.

이것이 바로 레오나르도가 진정한 천재인 이유입니다. 그는 앞으로 르네상스 이후의 인간이 어떤 태도로 세상을 바라보아야 할지를 예견해 놓았습니다. 천재는 단순히 수학 계산을 빨리하는 '머리 좋은 사람'이 아닙니다. 진정한 천재는 새로운 생각을 해낼 수 있는 '창의력'과 복잡성에서 규칙을 찾아낼 수 있는 '직관'을 가진 사람입니다. 이런 사람들에 의해 새로운 생각이 꽃피고, 새로운 세상이 열리기 때문입니다. 결과적으로 레오나르도의 연구들은 근대의 과학 발전을 더 앞당기게 만들었고, 사람들에게는 세상 모든 것에 의문을 품고 연구하는 근대적 태도를 알려주었습니다. 이것이 바로 레오나르도가 역사상 가장 중요한 천재 중 한 명으로 평가받는 이유입니다.

덧붙이자면 레오나르도는 코덱스를 작성할 때 '거울 쓰기 기법'을 사용한 것으로 유명합니다. 이는 왼쪽에서 오른쪽으로 글자를 뒤집어서 쓴 것인데, 그 때문에 코덱스를 읽으려면 마치 암호를 해독하듯 거울에 비춰야 합니다. 다만 레오나르도가 왜 그렇게 썼는지 이유는 알 수 없습니다. 그는 뭐든 평범한 사람은 아니었으니까요.

밀라노로

1482년, 레오나르도는 로렌초의 부탁으로 밀라노의 루도비코 공작에게 파견을 가게 됩니다. 당시 피렌체의 예술은 이미 전 유럽에 그 명성이 알려져 있었습니다. 다른 나라들은 아직 딱딱한 고딕 종교화를 벗어나지 못하는 동안 피렌체는 도나텔로, 마사초, 보티첼리 같은 걸출한 예술가들을 배출하며 유럽 최고 수준의 예술들을 창조해 내고 있었기 때문이죠.

로렌초는 예술을 일종의 외교적 무기로 활용하려고 했습니다. 친해질 필요가 있는 밀라노나 교황청 같은 곳에 피렌체의 예술가들을 파견하는 방식으로 말이죠. 이에 보티첼리는 교황 식스투스 4세를 위해 잠시 로마로 떠났고, 레오나르도의 스승 베로키오는 베네치아로 갔습니다. 그리고 레오나르도는 밀라노로 떠나게 됩니다. 로렌초 입장에서 레오나르도를 밀라노로 보낸 건 이래저래 좋은 선택이었을 것입니다. 레오나르도의 재능이야 일찌감치 알았겠지만 그림을 주문해도 도통 완성하지 못하니 차라리 외교 카드로 쓰는 편이 나았던 것이죠.

하지만 레오나르도는 밀라노에 가서도 여전히 자유로운 영혼이었습니

레오나르도 다빈치, 〈암굴의 성모〉(첫 번째 버전),
1483–1494년경

레오나르도 다빈치, 〈암굴의 성모〉(두 번째 버전),
1508년

다. 밀라노에서 처음 의뢰를 받은 작품은 〈암굴의 성모〉였는데, 이 작품은 무염시태(순결한 잉태, Immaculate Conception) 수도회가 산 프란체스코 그란데 교회 예배당에 올릴 제단화로 의뢰한 것이었습니다. 레오나르도는 다행히 이번에는 작품을 완성시킬 수 있었습니다. 하지만 무슨 생각이었는지 그는 의뢰인들의 의견은 무시하고 자기 마음대로 그림을 그려버렸습니다. 원래 수도회 측에서는 '성모의 치마는 진홍색에 금으로 수를 놓고 아기 예수는 천사들과 여러 예언자들에 둘러싸여 있어야 하고…' 등등 그림에 대해 매우 상세하게 요청했는데 이를 모두 무시하고 그냥 자기 마음대로 그린 것입니다.

그림을 보면 수도회 측에서 요청했던 예언자들과 화려한 천사들은 찾을 수 없습니다. 게다가 등장인물을 성모 마리아와 천사, 아기 예수 그리고 요한 등 네 명으로 압축시켰습니다. 이들은 마치 소풍을 나온 듯한 느낌입니다.

이처럼 등장인물의 수를 마음대로 줄인 것도 문제였지만, 특히 문제가 되었던 부분은 주인공인 아기 예수와 요한을 구분하기 어려웠다는 점입니다. 더군다나 세례 요한에게 손가락질을 하는 천사가 어쩐지 상당히 불경하게 보였죠.

아마 수도회 사람들은 황당했을 겁니다. '분명 돈을 다 줬는데 이 사람은 도대체 왜 우리 요구를 따르지 않고 마음대로 이상하게 그리는 거지?' 하고 말이죠. 돈을 준 사람의 요구대로 그리는 것은 당시에는 너무도 당연한 관행이었습니다. 우리가 카페에서 커피를 주문했는데 녹차가 나온다면 이해할 수 없는 것과 비슷합니다. 이 문제는 결국 소송까지 가게 됩니다.

소송전으로 가면 당연히 레오나르도가 불리할 수밖에 없었습니다. 결국 레오나르도는 그림을 다시 그려주기로 합의합니다. 그렇게 두 번째로 그려진 버전에서 레오나르도는 수도회의 요구에 따라 아기 예수와 요한을 구분하기 위해 요한에게 그의 상징인 '나무 십자가 지팡이'를 추가했습니다. 그리고 요한을 향한 천사의 불경해 보이는 손가락 또한 없앴죠.

재미있는 점은 새롭게 그린 두 번째 그림이 첫 번째 그림과 사실 크게 다르지 않다는 것입니다. 아마 수도회 사람들은 레오나르도의 태도는 마음에 들지 않았지만, 그의 첫 번째 그림은 내심 마음에 들었을지도 모릅니다. 레오나르도의 그림에는 다른 화가들이 따라올 수 없는 고급스러움이 있는 것은 사실이니까요.

연기와 같이, 스푸마토

확실히 레오나르도의 그림은 동시대 피렌체 화가들에게는 없는 고급스러운 느낌이 있습니다. 이 느낌의 정체는 무엇일까요? 비결은 이 시기를 전후로 등장한 그의 전매특허, '스푸마토(Sfumato)' 기법에 있습니다.

레오나르도는 어쨌든 예술가였으므로 다른 연구를 하는 와중에도 그림에 대한 연구를 계속하고 있었습니다. 그가 생각한 당시 피렌체 회화의 문제점은 나무조각처럼 딱딱하게 느껴진다는 것이었습니다. 이는 예술가들의 재능이나 노력이 부족해서가 아니라 오히려 그들이 너무 과도하게 최선을 다했기 때문이었죠. 예를 들어 보티첼리의 〈비너스의 탄생〉을 보면 인물의 눈썹과 머리카락 한 올 한 올을 모두 묘사하려 했다는 것을 알 수 있습니다. 하지만 레오나르도는 우리가 실제로 자연을 볼 때 그런 식으로 보지 않는다고 생각했습니다. 우리가 사람을 볼 때 머리카락을 세면서 보지는 않으니까요. 또한 그는 자연을 관찰하다가 자연에는 정확한 선이 존재하지 않는다는 점을 발견했습니다. 그래서 그는 코덱스에

보티첼리와 레오나르도 다빈치의 기법 차이

이렇게 기록했습니다.

"선은 물체의 표면의 일부도 아니고, 그를 둘러싼 공기의 일부도 아니다."

"선은 그 자체로 물질이나 실체가 아니며 실재하는 무언가라기보다는 상상의 아이디어에 가깝다. 이것이 선의 본성이며 선은 공간을 차지하지 않는다."

스푸마토는 '연기와 같이'라는 뜻입니다. 레오나르도는 어떤 사물을 표현하기 위해 선을 그리는 것이 아니라 오히려 선을 없애야 더 자연스럽게 느껴진다고 생각했습니다. 그래서 경계선 부분을 선이 아닌 마치 연기처럼 뿌옇게 뭉개는 방법을 개발했는데, 이것이 바로 스푸마토 기법입니다. 결과적으로 레오나르도의 그림은 이전의 화가들보다 훨씬 자연스럽고 고급스럽게 느껴집니다. 보티첼리와 그의 그림을 비교해 보면 레오나르도가 어떤 생각을 가지고 그렸는지 확실히 알 수 있습니다.

이 기법은 이후 근대를 거쳐 현대까지도 예술가들이 사용하는 기법으로 남게 됩니다. 그는 근면성실한 화가는 아니었지만 고작 몇 점의 그림으로 후대의 예술에까지 계속 이어지게 될 중요한 업적을 남겼으니 확실히 천재는 천재였습니다.

해부학 연구

레오나르도는 자기가 하고 싶은 일은 꼭 하는 사람이었습니다. 밀라노에서 그는 평소에 관심 있던 해부학에 진지하게 몰두하기 시작했습니다. 피렌체의 화가들은 그림을 그리는 데 해부학이 중요하다는 것을 이미 알고 있었습니다. 이는 레온 바티스타 알베르티(Leon Battista Alberti)가 쓴 『회화론』에서 이미 강조되어 있는 내용입니다.

"우리는 사람을 그릴 때 누드를 먼저 그리고 옷을 입혀야 한다. 그리고 누드를 그릴 때 우리는 먼저 뼈 구조를 그리고 그다음 근육, 그리고 피부를 덧입히는데, 그렇게 그리면 속에 있는 근육을 다 이해할 수 있다."

그런데 레오나르도가 와보니 밀라노는 피렌체보다 해부학이 훨씬 발달해 있었습니다. 당시 밀라노는 의학 분야에서 피렌체보다 앞서 있었기 때문입니다. 기회다 싶었던 그는 밀라노의 파비아 대학에 가서 의사들에게 해부학을 배웠습니다. 그리고 직접 시체를 해부하면서 인체를 공부하고, 해부학에 관한 글과 그림들을 기록했습니다. 이런 식으로 인체를 자세히 그림으로 남긴 것은 의학과 예술 양쪽에서 레오나르도가 역사상 최초였습니다.

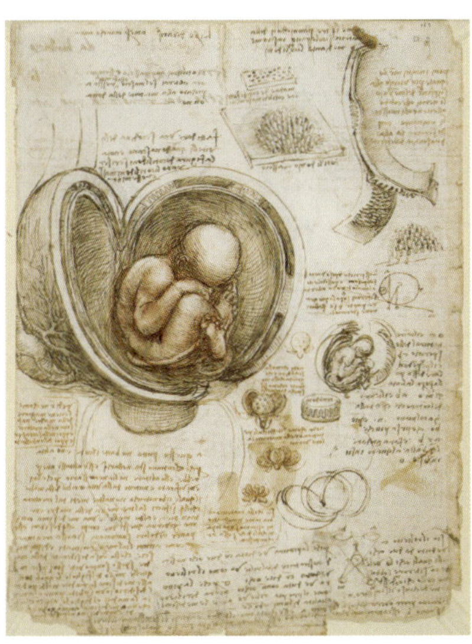

레오나르도 다빈치, 〈자궁 속의 태아〉, 1510–1512년경

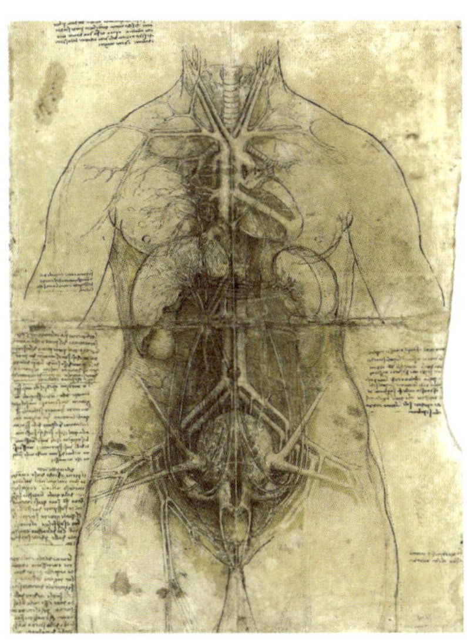

레오나르도 다빈치, 〈내장기관 연구〉, 1509–1510년경

레오나르도는 평생 30구 이상의 인체를 해부했던 것으로 유명합니다. 예상할 수 있겠지만, 그는 단순히 그림을 더 잘 그리기 위해 해부학 연구를 한 것이 아니었습니다. 그는 인간 몸의 작동 방식 자체에 호기심을 가지고 있었습니다. 심장이 어떻게 피를 뿜어내는지, 뇌와 폐 같은 장기들은 어떻게 작동하는지를 마치 과학자처럼 연구하려 한 것입니다.

그가 남긴 스케치 중에는 동맥 혈관에 지방이 축적되면서 두꺼워지는 현상을 기술한 것이 있는데, 이는 나중에 인류가 발견하게 될 콜레스테롤의 초기 통찰 중 하나입니다. 레오나르도는 예술뿐 아니라 향후 의학 발전에도 도움을 준 것이죠.

기마상, 날로 먹은 10년

애초에 레오나르도가 밀라노로 온 이유는 로렌초의 부탁을 따른 것이 었습니다. 일종의 '친선 외교관'으로서 밀라노의 수장 루도비코를 돕기 위해서였죠. 당시 루도비코는 원하는 작품이 있었습니다. 바로 빈약했던 자신의 정치적 입지를 강화해 줄 멋진 기마상이었습니다. 그래서 레오나르도에게 기마상을 부탁하게 됩니다. 아마 루도비코는 레오나르도가 어떤 스타일의 인물인지 전혀 몰랐던 모양입니다.

루도비코는 레오나르도에게 기마상을 부탁하면서 그가 할 수 있는 최고의 대우를 해주었습니다. 기마상은 아무래도 말이 중요한 주제이니 말을 마음껏 연구할 수 있도록 궁정 마구간도 개방해 주었고, 넓은 거처도 마련해 주었습니다. 게다가 그를 도와줄 두 명의 조수와 견습생들까지 충분히 먹고살 수 있는 금액을 계속 지원해 주었습니다.

레오나르도는 루도비코의 의뢰대로 성심성의껏 기마상을 만들어주었을까요? 역시나 그렇지 않았습니다. 레오나르도는 오히려 그 돈으로 평소 하고 싶었던 연구들을 마음껏 하기 시작했습니다. 그의 관심은 '기마상'이 아니라 '말의 육체', 즉 해부학이었습니다. 그는 기마상을 만든다는 핑계로 말을 해부하기 시작했고, 이와 관련되어 거의 논문 수준에 가까운 수많은 드로잉과 연구자료를 남기게 됩니다. 그리고 만들라는 기마상은 제쳐두고 말들에게 자동으로 먹이를 주는 기계나 말똥을 물로 청소해 주는 기계 따위를 만들었죠.

더 나아가 레오나르도는 제자들과 평소부터 관심이 있었던 '날틀', 즉 하늘을 나는 방법을 연구하기 시작했습니다. 이 시기 그는 언덕에서 날틀 비행 실험도 했으나, 제자의 다리가 부러지는 사고로 끝났다고 전해집니다. 물론 이 또한 결과적으로는 인류에게 큰 도움을 주게 됩니다. 비록 자신은 비행에 실패했지만, 공기 역학과 비행에 관한 수많은 드로잉, 그리고 무엇보다 인간이 날 수 있다고 아무도 상상하지 못하던 그 시대에 인류 비행 실험의 스타트를 끊은 셈이니까요.

어쨌든 레오나르도가 이렇게 신나게 실험을 즐기는 동안, 밀라노의 수장 루도비코는 그런 상황을 전혀 알지 못했습니다. 어느덧 10년이 흘렀는데도 기마상 작업에 전혀 진척이 없자 루도비코는 로렌초에게 편지를 한 장 보냈습니다.

"혹시 이런 일에 능숙한 다른 예술가를 한두 명 다시 보내 줄 수 없겠소? 내가 레오나르도한테 일을 맡기기는 했는데, 아무래도 이 친구는 이 일을 하는 방법을 모르는 것 같소⋯."

편지를 받은 로첸초는 아마 모든 걸 안다는 듯이 빙그레 웃고 말았을 것입니다. 레오나르도도 눈치가 없지는 않았기 때문에 이러다가 자신이 해고당할 수도 있다는 것을 감지했습니다. 그래서 급하게 찰흙으로 된 기마상을 먼저 만들게 됩니다.

레오나르도 다빈치, 〈기마상 연구 드로잉〉, 1488–1489년경

레오나르도는 예술 작품보다 자신의 호기심을 해결해 줄 연구에 몰두하기를 좋아했지만, 작품을 시작하면 뛰어난 실력을 보여주었습니다. 그가 급하게 제작한 찰흙 기마상은 역대 가장 큰 기마상이었는데, 도나텔로가 만들었던 4미터의 〈가타멜라타 기마상〉보다 훨씬 큰 7미터의 높이에, 무게는 100톤이 넘어가는 거대한 크기를 자랑했습니다. 레오나르도의 역동적인 찰흙 기마상이 공개되자 밀라노 시민들은 그의 실력과 기마상의 위엄에 압도당했습니다. 이를 본 밀라노의 시인들은 다음과 같이 찬양했다고 합니다.

"그리스인과 로마인, 그 누구도 이보다 위대한 기마상을 본 적이 없다."

레오나르도 다빈치, 〈흰 담비를 안은 여인(체칠리아 갈레라니의 초상)〉, 1490년경

"격렬하게 일어섰고 거칠게 울부짖었다."

결과적으로 이 기마상은 완성되지 못했습니다. 프랑스의 샤를 8세가 갑자기 밀라노로 쳐들어오는 바람에 청동 기마상 계획이 취소된 것입니다. 전쟁이 급했던 밀라노는 청동 기마상에 사용해야 할 모든 청동을 징발하여 대포를 만드는 데 사용했습니다. 아마 레오나르도는 속으로 환호를 질렀을 것입니다. 10년 동안 기마상은 만들지 않고 하고 싶은 연구만 하고 지냈는데 기마상을 포기해야 할 확실한 핑곗거리가 생겼으니까요. 루도비코 입장에서는 결국 돈과 시간만 날려버린 꼴이 되었습니다. 개인 적으로는 어쨌든 이 프로젝트가 실패한 것이 아쉽다는 생각이 듭니다. 후 대의 관점에서 보면 밀라노뿐 아니라 르네상스 전체에서 가장 뛰어난 기마상이 탄생할 기회가 사라져버린 셈이니까요.

물론 레오나르도가 완전히 놀기만 한 것은 아니었습니다. 당시 루도비코의 애첩이었던 체칠리아의 초상화를 한 장 그려주었기 때문입니다. 이 그림이 레오나르도가 남긴 여인 초상화 네 점 중 하나인 〈흰 담비를 안은 여인(체칠리아 갈레라니의 초상)〉입니다. 스포르차 가문의 상징이 흰 담비였으니, 이 그림은 레오나르도의 가벼운 유머가 담긴 작품이라고 할 수 있습니다. 밀라노 최고의 지도자 루도비코(흰 담비)가 그의 애첩 체칠리아에게 안겨 있는 모습으로 해석할 수 있기 때문입니다. 그래도 이번에는 재빨리 완성해 주었던 것을 보면 레오나르도도 루도비코에게 내심 미안했던 모양입니다.

최후의 만찬

밀라노의 수장 루도비코는 찰흙 기마상과 〈흰 담비를 안은 여인〉을 보고 레오나르도의 실력에 반했던 것이 아닐까 싶습니다. 10년 동안 돈을 쏟아부었는데도 기마상이 물거품 되어버렸으니 레오나르도를 내칠 법도 한데, 다시 한번 그에게 큰일을 맡겼으니까요. 이때 의뢰한 작품이 바로 레오나르도의 대표작이자 르네상스 역사상 최고 걸작 중 하나로 평가받는 〈최후의 만찬〉입니다.

〈최후의 만찬〉은 산타 마리아 델레 그라치에 수도원의 식당 벽을 장식할 벽화였습니다. 루도비코는 새로 지은 이 수도원을 가문의 영묘로 사용할 생각이었기 때문에 건물 내부 이곳저곳을 멋진 벽화로 장식하려고 계획하고 있었죠. 〈최후의 만찬〉도 그중 하나였습니다.

사실 이번 작품까지도 완성하지 못한다면 레오나르도는 루도비코에게 멱살을 잡혀도 이상할 게 없는 상황이었습니다. 청동 기마상이야 대포를 만드느라 청동을 구할 수가 없었다는 핑곗거리라도 있었지만, 이번에는 그런 핑계도 없었기 때문입니다. 그렇다면 레오나르도가 이번 벽화만큼은 성실하게 작업해 주었을까요? 역시나 이런 상황에서조차 그는 마음대로 그림을 그리기 시작합니다.

르네상스 시대에는 벽화를 보통 프레스코(fresco)라는 방식으로 그렸습니다. 프레스코는 '신선한(fresh)'이라는 뜻인데, 쉽게 설명하자면 시멘트와 성분이 비슷한 회반죽을 벽에 바르고, 회반죽이 마르기 전에(신선할 때) 붓으로 물감을 스며들게 해서 그리는 방식입니다. 이 방식은 일단 회반죽이 굳고 나면 부수기 전까지는 영구 보존이 가능하기 때문에 벽화로는 최고의 방식이었습니다. 다만 프레스코는 일단 그리고 나면 수정이 불가능하다는 단점이 있습니다. 회반죽 벽이 굳어버린 후에는 부셔서 뜯어내기 전까지 수정이 불가능한 것이죠. 그래서 레오나르도는 중간에 수정할 수 없는 프레스코 방식을 좋아하지 않았습니다.

한참 고민하던 그는 결국 벽화를 그리는 새로운 방식을 개발하기로 합

레오나르도 다빈치, 〈최후의 만찬〉, 1495-1498년경

니다. 이런저런 실험 끝에 석유에서 나온 검댕과 옻나무 기름, 그리고 젯소를 섞은 물질을 벽에 바르고, 계란 노른자를 안료에 섞어서 그리는 템페라 방식까지 결합한 새로운 방식을 개발해 냈습니다. 이 실험이 성공한다면 수정이 불가능한 전통 프레스코를 극복한 최고의 방식이 될 것입니다. 결과는 과연 어땠을까요?

레오나르도는 1495년부터 1498년까지 약 4년에 걸쳐 〈최후의 만찬〉을 그렸습니다. 그림의 완성도와 아름다움은 두말할 것 없었지만 문제는 그림이 거의 완성될 때쯤 왼쪽 아래에서부터 물감이 벽과 분리되기 시작했다는 것입니다. 아마 그도 마음속으로는 '아 이거 망했구나'라고 생각하지 않았을까요. 결국 어찌저찌 완성은 했지만 그림은 밑에서부터 계속해서 후두둑 뜯어졌습니다. 조르조 바사리는 이로부터 20년 정도가 지난 시점에서 밀라노에 방문하여 이 그림을 보았는데, 너무 훼손되어서 '그저 형체를 알아볼 수 없는 얼룩 덩어리만 남아 있었다'라고 기록을 남겼습니다. 아마 루도비코는 그림이 완성되었을 때만 해도 함박웃음을 지으며 레오나르도를 칭찬했겠지만, 나중에 그림이 점점 뜯어지는 것을 보면서 마음이 착잡했을 듯합니다. 물론 그때쯤이면 레오나르도는 이미 밀라노를 떠나 피렌체로 돌아간 뒤였겠지만 말이죠.

그럼에도 이 그림은 르네상스 최고의 작품 중 하나라고 할 수밖에 없습니다. 중세 때부터 수많은 화가들이 '최후의 만찬'이라는 주제를 그려왔지만 이보다 더 뛰어나게 표현한 화가는 그 전에도, 그 이후에도 없었기 때문입니다. 〈최후의 만찬〉은 예수 그리스도가 처형되기 전날 마지막으로 제자들과 만찬을 나누던 중 유다가 자신을 배신할 것임을 알려주는 상황을 그린 작품입니다.

우선 레오나르도는 그림 전체의 소실점을 예수 그리스도의 머리에 위치시켰습니다. 그리고 전통적으로 예수 그리스도의 머리에 있어야 할 둥근 후광을 없앴는데 대신 빛이 들어오는 창문을 배치했습니다. 후광을 빛이 들어오는 창문으로 대체한 것인데 중세의 도상학을 완전히 없애지 않으면서 르네상스의 자연주의와도 충돌하지 않는 창조적인 방식을 생각해 낸 것입니다.

또한 레오나르도는 성경을 읽고 인물 한 명 한 명의 성격, 몸짓, 상황에 자기만의 해석을 더해서 그리려고 했습니다. 다소 체념한 듯이 팔을 내려뜨린 예수 그리스도, 죄책감을 느끼는 유다, 칼을 들고 흥분하는 다혈질 베드로 등 그는 자신이 성경을 읽고 상상했던 인물들을 그림으로 재창조하려 했습니다. 그리고 그에 적절한 얼굴 모델을 찾기 위해 밀라노 시내를 며칠이고 돌아다녔다고 합니다. 마침 이를 지나가다 우연히 본 수도원 원장은 루도비코에게 레오나르도가 그림은 그리지 않고 길거리를 돌아다니며 노는 것 같다고 불평했다는 기록도 있습니다. 하지만 하고 싶은 일에는 진심이었던 레오나르도는 결국 조토가 그렸던 〈최후의 만찬〉을 넘어선 최고의 〈최후의 만찬〉을 완성해 냅니다.

결과적으로 루도비코는 여러 마음고생 끝에 대박을 터뜨린 셈입니다. 어쨌든 밀라노는 르네상스 최고의 걸작 중 하나로 평가받는 〈최후의 만찬〉을 가질 수 있었으니까요. 비록 레오나르도가 개발한 이상한 물감으로 그린 탓에 지금까지 수많은 복원 과정을 거쳐야 했고, 앞으로도 계속 관리를 해야 하는 번거로운 그림이지만요. 게다가 오늘날 밀라노 시민들이 이 벽화 하나로 어마어마한 관광객을 유치하며 돈을 벌고 있으니, 후세에도 고마운 일을 해준 셈이죠.

모나리자

레오나르도는 〈최후의 만찬〉을 완성하고 곧 밀라노를 떠날 수밖에 없었습니다. 프랑스의 왕 샤를 8세의 후임이었던 루이 12세가 다시 밀라노

레오나르도 다빈치, 〈모나리자〉, 1503–1506년경

를 침공했기 때문입니다. 레오나르도는 전쟁을 피해 만토바와 베네치아를 잠시 여행하다가 1500년에 고향 피렌체로 돌아왔습니다. 거의 20년만에 돌아온 고향, 어느새 그도 50세를 바라보는 나이가 되었습니다. 피렌체는 그 사이에 너무도 많은 것이 바뀌어 있었습니다. 피렌체의 화려한 전성기를 이끌었던 로렌초는 이미 사망한 뒤였고, 그 뒤를 이은 사보나롤라 또한 화형을 당해 재가 되어 사라져 버렸습니다. 로렌초 이후 메디치 가문은 점점 내리막길로 가고 있었는데 어쩐지 피렌체 도시 전체도 메디치 가문과 함께 힘을 잃어가고 있었죠. 그럼에도 피렌체는 마지막 힘을 짜내듯 르네상스의 또 다른 천재 한 명을 키워내고 있었습니다. 레오나르도의 라이벌, 미켈란젤로 부오나로티입니다.

피렌체로 돌아온 레오나르도는 프란체스코 델 지오콘도(Francesco del Gio-condo)라는 어느 귀족 상인으로부터 초상화 한 장을 주문받았습니다. 자신의 아내였던 리사(Lisa)를 그려달라는 주문이었습니다. 이 초상화가 바로 미술사에서 가장 유명한 초상화 〈모나리자〉입니다. 〈모나리자〉라는 제목은 귀부인의 호칭인 '모나(Mona)'에 '리사(Lisa)'라는 이름을 붙인 것이니까, 우리말로 번역하자면 '리사 여사'라고 할 수 있을 듯합니다.

〈모나리자〉는 명실상부 인류 미술사에서 가장 유명한 그림이라고 해도 과언이 아닙니다. 지금까지 그려진 모든 그림 중에서 가장 많은 사람들이 보러 가고, 가장 많은 해석 글이 존재하고, 가장 많이 패러디되었으니까요. 그런데 흥미로운 건, 이 그림이 왜 그토록 유명한지 정확히 설명할 방법이 없다는 점입니다. 냉정하게 이 그림은 그저 평범한 귀부인의 초상화일 뿐이라고 말할 수도 있습니다. 〈최후의 만찬〉처럼 스케일이 큰 것도 아니고, 어떤 비밀스러운 수수께끼가 숨겨져 있는 것도 아니며, 역사상 가장 아름다운 그림이라고 할 만한 것도 아니기 때문입니다. 그럼에도 이 그림은 유독 많은 사람들에게 큰 사랑을 받았습니다.

왜 레오나르도의 〈모나리자〉는 이토록 유명한 것일까요? 〈모나리자〉가 신기한 점은 그림이 마치 살아있는 것처럼 스스로 스토리를 생산해 냈다는 것입니다. 평범한 외모를 가졌지만 기구한 운명에 이리저리 휩쓸려 다니며 비극을 생산해 내는 어느 여주인공처럼 말이죠.

우선 레오나르도는 〈모나리자〉를 주문자였던 상인에게 돌려주지 못했습니다. 정확한 이유는 알려져 있지 않지만, 몇 가지로 추측해 볼 수 있습니다. 우선 레오나르도가 늘 그랬듯 결국 완성하지 못했기 때문일 수도 있습니다. 〈모나리자〉는 눈썹이 없는 것으로 유명한데, 의도적으로 그리지 않은 것이 아니라 눈썹 부분을 완성하지 못했고, 미완성 그림이라 주문자에게 돌려주지 못했다는 것이죠.

또 어떤 사람들은 완성은 했지만 주문자가 받기를 거절했다고 봅니다. 이 또한 눈썹 때문입니다. 당시에는 행실이 좋지 못한 여인들이 눈썹을 밀고 다녔다고 하는데, 상인 입장에서는 자기 아내를 마치 행실이 나쁜 여자인 것처럼 묘사했으니 화가 나서 주문을 취소했다는 것입니다. 혹은 레오나르도가 이 그림이 너무 마음에 들었던 나머지 돈도 포기하고 그냥 소장했다고 추측하기도 합니다.

어떤 이유 때문이든 결국 주문자에게 가지 못한 이 그림을 레오나르도는 항상 가지고 다녔습니다. 〈모나리자〉가 지금 프랑스의 루브르 박물관에 있는 이유도 그가 프랑스로 이동하면서 이 그림을 들고 갔기 때문입니다. 레오나르도를 따라 프랑스에 도착한 이 그림은 이후에도 복잡한 스토리를 쌓아갑니다.

우선 〈모나리자〉는 프랑스의 왕 프랑수아 1세에게 넘어갔습니다. 세월이 지나 이 그림은 그의 아들 앙리 2세의 소유가 됩니다. 앙리 2세는 이 그림을 꽤나 아꼈던 모양입니다. 계속 보고 싶어 자신의 욕실에 걸어 두었을 정도니까요. 하지만 안타깝게도 욕실의 습기 탓에 그림이 모두 갈라지는 결과를 낳고 말았죠. 지금도 그림이 미세하게 갈라져 있는 건 이바로 이 때문입니다. 프랑스의 태양왕 루이 14세는 프랑스의 절대왕권을 상징하는 베르사유 궁전을 짓고 이 그림을 궁전으로 가져왔습니다. 그리고 루이 16세 때는 프랑스 혁명을 거치면서 다시 파리의 루브르로 돌아왔으며, 혁명 이후 새롭게 권력을 잡은 황제 나폴레옹은 이 그림을 자신의 침실에 걸어 두었습니다. 그러다가 나폴레옹이 몰락하고는 지금의 루브르 박물관에 안착했습니다. 20세기에 들어서는 이 그림이 레오나르도의 고향인 이탈리아로 반환되어야 한다고 주장하는 페루자라는 사람에 의해 도난당합니다. 그렇게 피렌체의 우피치 미술관으로 갔다가 이탈리아와 프랑스의 협상에 의해 최종적으로 루브르 박물관으로 돌아오게 됩니다.

〈모나리자〉의 기구한 운명은 지금도 여전합니다. 인권이나 환경 운동가들이 대중의 관심을 끌기 위해 틈만 나면 페인트나 수프 같은 것들을 그녀의 얼굴에 뿌려대고 있으니까요. 강화유리가 아니었다면 〈모나리자〉는 일찌감치 엉망이 되었을 것입니다. 역사에 이토록 복잡한 풍파를 겪은 여인 그림이 과연 또 있을까요?

프랑스로

레오나르도도 어느덧 말년에 접어들었습니다. 그는 인생 후반기에 접어들어서는 피렌체를 떠나 주로 프랑스에서 보냈습니다. 프랑스의 왕 프랑수아 1세가 레오나르도를 곁에 두기를 간절히 원했기 때문입니다. 지금이야 프랑스 파리 하면 벨 에포크를 상징하는 최고의 문화 도시라는 생각이 들지만, 그때만 해도 피렌체와 비교하면 '덩치만 큰 촌동네'에 가까웠습니다. 그래서인지 프랑스의 왕들은 유독 피렌체의 예술을 동경했습니다. 아무리 군사력이 강하고 힘이 있어도 피렌체의 문화와 예술만 보

레오나르도 다빈치, 〈성 안나와 성 모자〉, 1510년경

고 오면 어쩐지 기가 죽었죠. 프랑수아 1세의 선대 왕이었던 루이 12세는 레오나르도에게 제단화 〈성 안나와 성 모자〉를 의뢰하기도 했었습니다. 하지만 언제나 그랬듯 레오나르도가 그림을 완성하지 못했기 때문에 루이 12세는 그의 그림을 가질 수 없었습니다. 루이 12세는 르네상스 예술을 어찌나 동경했던지 밀라노를 점령했을 때 〈최후의 만찬〉을 뜯어 가려고까지 했습니다. 레오나르도가 〈최후의 만찬〉을 이상한 방식으로 그렸기에 망정이지 만약 프레스코 벽화로 튼튼하게 그렸다면 지금쯤 벽째로 뜯겨 프랑스에 가 있을지도 모를 일입니다.

그의 아들 프랑수아 1세도 마찬가지로 피렌체의 르네상스 미술에 대한 동경, 무엇보다 천재 레오나르도에 대한 동경이 있었습니다. 이에 프랑수아 1세는 여러 차례 레오나르도를 프랑스로 초청하려 시도했고, 1515년에 마침내 소망을 이루게 됩니다. 프랑수아 1세는 프랑스에 도착한 레오나르도를 극진히 모시고 자기 성 근처의 저택에 머물도록 하면서 물심양면으로 최고의 대우를 해주었습니다.

레오나르도 또한 초청에 대한 답례로 한 가지 재미있는 이벤트를 기획했습니다. 바로 왕을 위한 사자 로봇을 만든 것이었죠. 그가 만든 사자 로봇은 꼬리를 살랑거리며 몇 걸음 걷다가, 가슴팍이 열리면서 프랑스를 상징하는 백합꽃이 나오는 나무로 된 기계 장치였다고 합니다. 이를 본 프랑수아 1세가 감탄을 금치 못한 건 말할 것도 없죠.

프랑수아 1세는 내심 레오나르도가 프랑스에 머물면서 〈최후의 만찬〉 같은 기가 막힌 작품을 하나 그려주길 기대했을 것입니다. 하지만 늘 그랬듯 레오나르도는 프랑스에 도착해서도 그림은 그리지 않고, 식물과 하늘의 별들을 관찰하며 그저 하고 싶은 연구에 몰두하며 코덱스에 기록할 뿐이었죠. 그럼에도 프랑수아 1세는 레오나르도가 좋았던 모양입니다. 왕은 레오나르도의 집에 자주 방문해서 그와 대화를 나누었고 이를 매우 즐거워했다고 합니다.

그렇다고 프랑수아 1세가 손해를 본 것은 아닙니다. 레오나르도 다빈치가 죽고 〈모나리자〉가 그에게 넘어갔기 때문입니다. 덕분에 프랑스는 지금까지 전 세계에서 가장 유명한 단 하나의 그림을 가질 수 있게 되었습니다.

죽음

천재도 죽음을 피할 수는 없었습니다. 사실 전조는 있었습니다. 65세가 되었을 때쯤 뇌졸중 증상으로 오랫동안 앓아누웠던 적이 있었는데, 그때 이후로 레오나르도는 오른손이 마비되어 더 이상 그림을 그릴 수 없었습니다.

평생을 자유로운 영혼으로 살았던 그였지만 죽음이 가까워질수록 점점 삶에 대한 고민이 많아졌던 모양입니다. 그는 사제에게 신앙의 가르침과 선한 길, 교리에 대해 알려달라고 부지런히 요청했다고 합니다. 마지막에는 자신의 자유로웠던 삶에 대한 약간의 후회도 있었던 듯합니다. 그는 끝자락에 다음과 같은 말을 남겼습니다.

"나는 내가 마땅히 완성했어야 할 예술을 하지 않아 신과 인간들에게 죄를 지었다."

틀린 말은 아닙니다. 신으로부터 최고의 재능을 부여받았음에도 그는 고작 16점 남짓한 작품만 남겼으니까요. 그럼에도 레오나르도는 행복한 삶을 산 인물이라고 할 수 있습니다. 하고 싶은 일만 하며 사는 인생이 누구에게나 허락된 것은 아니니까요.

레오나르도는 생애 마지막 날에 사제를 불러 죄를 고백하고 성찬을 받았습니다. 그리고 1519년 5월 2일, 프랑수아 1세가 하사한 저택 클로 루세(Clos Lucé)에서 67세의 나이로 사망했습니다. 그의 유해는 곧 성 플로렌틴 대학 교회에 안치되었습니다. 지금은 그의 무덤을 볼 수 없는데, 18세기의 프랑스 혁명 때 교회가 파괴되면서 그의 유해가 흩어졌기 때문입니다. 어쩌면 '자유로운 영혼'이었던 레오나르도에게는 무덤이 없는 편이 더 어울리지 않을까 하는 생각도 듭니다.

르네상스 맨

아인슈타인, 스티브 잡스와 같은 역사의 천재들의 전기를 쓴 아이작슨(Walter Seff Isaacson)은 레오나르도에 관해 이렇게 평가했습니다.

"역사상 그 어떤 인물도 그렇게 많은 분야에서 창의적이지 않았다."

레오나르도는 뛰어난 실력의 예술가이기도 했지만, 고작 16점 남짓한 그림으로 그를 평가하는 것은 결코 아닙니다. 다음 장에서 살펴볼 미켈란젤로와 비교해 본다면 레오나르도의 예술적 성과는 창피한 수준입니다. 실제로 레오나르도와 관련된 전시를 가보면 그림은 없고 대부분 연구 노트나 스케치들, 그리고 그가 발명했던 기계들을 현대에 다시 제작하여 보여줄 뿐입니다. 이것이 의미하는 바는 무엇일까요?

앞서 이야기했던 것처럼 천재는 그저 수학 문제를 남들보다 빨리 풀 수 있는 사람을 말하는 것이 아닙니다. 진짜 천재는 새로운 세상으로 가는 문을 열어주는 사람입니다. 자연철학의 길을 열었던 아리스토텔레스, 근대 물리학을 처음으로 시작했던 아이작 뉴턴, 야만인들의 세상이었던 서유럽에 문명사회의 문을 연 카이사르처럼 다음 시대로 이끈 혁신가들을 우리는 천재라고 부릅니다.

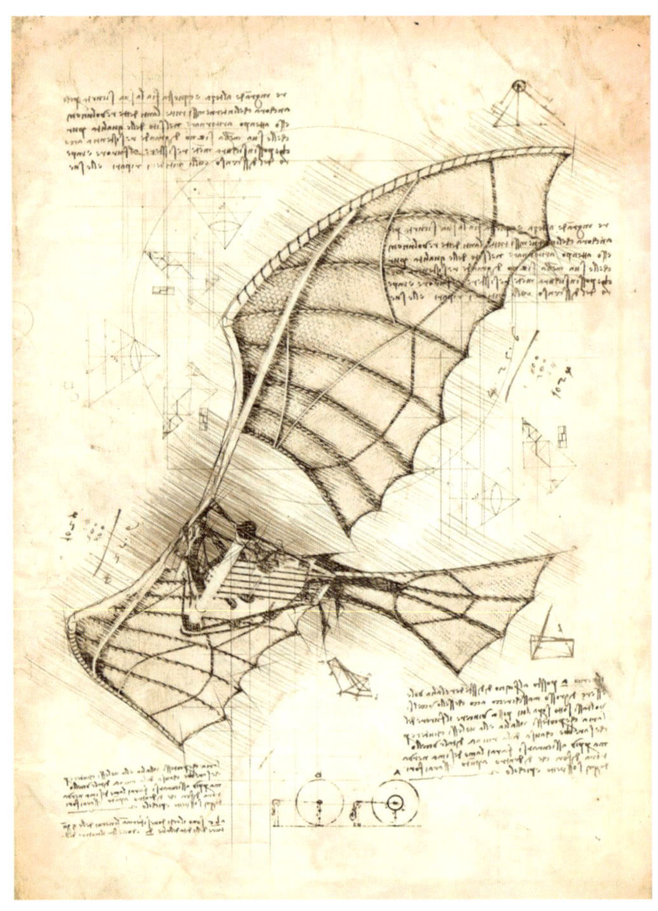

　레오나르도 다빈치의 별명은 '르네상스 맨'입니다. 그는 세상의 모든 궁금증을 이성적으로 이해하고 연구하여 답을 찾아내는 '르네상스적 태도'를 가장 명확히 보여준 사람이었습니다. 과학과 이성, 그리고 합리주의가 지배할 근대의 인간상을 미리 보여준 것입니다. 근대인의 롤 모델, 새로운 시대인 근대로 가는 길을 열어주었다는 점에서 그는 진정으로 천재라고 할 수 있습니다.

신성한 자,
미켈란젤로 부오나로티

젊은 천재의 등장

레오나르도와 함께 르네상스의 천재를 대표하는 또 다른 인물은 미켈란젤로 부오나로티(Michelangelo Buonarroti)입니다. 많은 학자들은 조토에서 시작된 피렌체의 르네상스가 미켈란젤로 때 완성되었다고 봅니다. 정말 그렇게 평가할 만합니다. 미켈란젤로는 일생 동안 역사상 누구도 이루지 못한 최고의 예술들을 남겼기 때문입니다.

레오나르도와 미켈란젤로는 르네상스를 상징하는 두 천재지만, 둘은

피렌체의 거리

여러 가지 측면에서 서로 반대되는 성격을 가지고 있었습니다. 레오나르도와 미켈란젤로가 동시에 거리를 활보하던 15세기 말의 피렌체로 한번 가봅시다. 레오나르도는 미남에 키도 상당히 큰 편이었고 패션에도 관심이 많았다고 합니다. 원래 잘생긴 사람들은 자신이 잘생긴 걸 잘 아는 편이죠. 그는 적당히 곱슬거리는 머리에 잘 기른 수염을 곱게 빗은 다음, 붉은 장미색 튜닉을 입고 피렌체의 거리를 돌아다니는 멋쟁이였습니다. 그런 레오나르도 곁에는 항상 친구들이 많았습니다. 그가 작품 의뢰 약속을 지키지 않아 골탕을 먹은 귀족들이 한가득이었지만 그건 어디까지나 그 사람들 얘기일 뿐이었죠. 주변 친구들 입장에서는 오히려 이런 친구가 더 재미있는 법입니다.

미켈란젤로는 그런 레오나르도와는 전혀 달랐습니다. 그는 평상시에도 항상 꼴이 엉망이었는데 조각을 하느라 돌먼지를 잔뜩 뒤집어쓰고 몸에 땀이 흥건한 상태에서 그대로 집으로 돌아가곤 했습니다. 조각을 할 때 떨어지는 돌 조각으로부터 발을 보호하기 위해 신은 두꺼운 가죽 구두 속에는 땀이 웅덩이처럼 고여 아마 냄새가 진동을 했을 것입니다. 때문에 그의 주변에는 사람이 없었습니다. 미켈란젤로는 왜 주변 사람들을 별로 신경 쓰지 않았던 것일까요? 이는 그의 눈과 정신이 이 땅이 아닌 예술과 저 높은 천상계로 항상 향해 있었기 때문입니다.

실제로 둘은 피렌체의 길거리에서 마주친 적이 있었습니다. 어느 화창한 날, 레오나르도는 늘 그렇듯 친구들에게 둘러싸여 산타 트리니타 광장에 앉아 대화를 나누고 있었습니다. 이들의 대화 주제는 단테의 『신곡』이었습니다. 수많은 비유과 인용 때문에 여간 유식하지 않으면 이해하기 어려운 이 책은 '교양 있는 대화'의 주제로는 더할 나위 없었습니다. 이때 마침 돌먼지를 뒤집어쓴 미켈란젤로가 레오나르도 옆을 지나갔습니다. 레오나르도는 미켈란젤로가 요즘 새로운 젊은 천재로 추앙받기 시작한 것이 상당히 신경 쓰였는데, 이참에 그를 골려주자고 생각했습니다. 그래서 미켈란젤로에게 단테의 『신곡』에 관해 물어보았죠. 먼지투성이인 미켈란젤로가 어려운 단테의 서사시를 알 리가 없다고 본 것입니다. 그러나 로렌초 밑에서 최고의 엘리트 교육을 받았던 미켈란젤로는 『신곡』에 관해 잘 알고 있었고, 무엇보다 단테는 그가 제일 좋아하는 작가였습니다. 그럼에도 미켈란젤로는 차갑게 다음과 같이 대답했습니다.

"싫은데요. 본인이 직접 하시죠. 청동 기마상을 의뢰받고도 완성을 못해서 창피하게 포기해 버린 당신이 말이죠."

레오나르도가 밀라노에서 청동 기마상 제작을 미루다가 실패한 사건을 들어 그를 비꼰 것입니다. 레오나르도는 친구들 앞에서 망신살이 뻗쳤지만 딱히 틀린 말은 아니어서 대꾸할 수 없었습니다. 미켈란젤로는 이런 사람이었습니다. 자존심 강한, 어쩐지 가까이 다가가기 어려운 차가운 천재라고 해야 할까요.

채석장의 꼬맹이

미켈란젤로는 몰락한 귀족 출신이었습니다. 그가 유독 자존심이 강했던 이유는 이러한 출신 성분과 현실의 괴리 때문이 아니었을까 싶습니다. 그의 가족은 원래 은행업을 하던 피렌체의 유서 깊은 귀족이었습니다. 그런데 사업이 망하는 바람에 그의 아버지 루도비코는 투스카니 지방의 작은 마을에서 시장직을 맡으며 살고 있었습니다. 과거에 비하면 가문의 영광을 겨우 유지하는 정도라고 해야 할까요? 때문에 미켈란젤로는 어린 시절 다른 귀족 자제들처럼 높은 수준의 교육을 받지 못했습니다. 어려운 형편에 귀족으로서 자존감이라도 지키려면 마음을 더욱 굳게 먹고 살아야 했을 것입니다.

그런 미켈란젤로가 미술에 관심을 갖게 된 이유 또한 가족의 불행 때문이었습니다. 여섯 살 때 어머니가 세상을 떠나면서 미켈란젤로는 유모 밑에서 자라야 했습니다. 그런데 그 유모의 남편이 석공이었다고 합니다. 아마 미켈란젤로는 다른 귀족 아이들과는 달리 꼬맹이 시절부터 유모를 따라 대리석 채석장에서 돌을 쪼면서 노는 것이 일상이었을 듯합니다. 그는 어린 시절에 관해 이렇게 말했습니다.

"유모에게 젖과 함께 받은 것은 나의 조각을 만들기 위한 정과 망치를 다루는 법이었다."

어린 시절의 기억 때문인지 미켈란젤로는 언젠가부터 조각가가 되어야겠다는 생각을 가지게 됩니다. 이러한 정체성은 당시로는 특이한 것이었습니다. 르네상스 예술가들은 조각이든 그림이든 건축이든 뭐든지 다 잘하는 '만능인'이었기에 대부분은 한 가지 정체성을 가지지 않았기 때문입니다. 그런데 미켈란젤로는 자신이 '조각가'라는 분명한 정체성을 가지고 있었습니다. 그는 어릴 적부터 뭐든 확실한 성격이었나 봅니다.

미켈란젤로는 학교 공부에는 별로 관심이 없었고, 교회에서 그림을 모사하며 시간을 보내는 것을 더 좋아했다고 합니다. 어느 정도 나이가 찬 그는 아버지에게 말했습니다. 어차피 집안 형편 때문에 다른 길은 어려우니 차라리 예술가가 되겠다고 말이죠. 아버지는 상당히 반대했던 모양이지만 현실적으로 아들을 교육할 여력이 되지 않았기 때문에 아들의 결정을 존중하기로 했습니다. 그래서 어린 미켈란젤로를 자신의 친구였던 기를란다요에게 데려갔죠. 그렇게 1487년, 열두 살의 미켈란젤로는 견습생으로 미술을 배우기 시작했습니다. 미켈란젤로는 재능도 있었지만 타고난 집념으로 공방에서 최선을 다해 공부했습니다. 그는 곧 기를란다요의 공방에서 최고의 학생이 될 수 있었습니다.

로렌초와의 만남

당시 피렌체를 통치하고 있던 사람은 로렌초였습니다. 그는 롤 모델이었던 할아버지 코시모가 조각가 도나텔로를 후원했던 것처럼, 자신도 조각가를 후원해야겠다고 생각했습니다. 다만 조각가 한두 명을 후원하는 데 그치지 않고 아예 규모를 키워 '미술 아카데미'를 열었습니다. 메디치 가문 소유의 산 마르코 정원에 그리스 로마 조각들을 깔아 놓고, 견습생들이 이를 모방하면서 자유롭게 실력을 키우도록 했습니다. 이 정원은 실제로 유럽 최초의 미술학교로 평가받습니다. 로렌초는 기를란다요에게 견습생 중에 뛰어난 학생이 있으면 몇 명 보내달라고 요청했고, 기를란다요는 당연히 학생들 중 최고였던 미켈란젤로를 로렌초에게 보냈습니다. 그렇게 미켈란젤로와 메디치 가문의 인연이 시작됩니다.

어느 날 로렌초는 자신의 미술 아카데미에 방문했습니다. 아카데미가 잘 돌아가고 있는지 순방을 나갔던 모양입니다. 그때 마침 미켈란젤로는 '판 신(Faun, 그리스 신화에서 인간의 머리에 염소의 몸을 가진 신)'의 두상 조각을 만들고 있었습니다. 열심히 조각하는 미켈란젤로를 뒤에서 지켜보던 로렌초가 고개를 숙이더니, 미소를 지으며 한 가지를 지적했습니다. 신화에 따르면 보통 판은 나이 든 신으로 묘사되는데, 미켈란젤로가 만든 판은 치아가 너무 가지런해서 늙은이 같지 않다고 한 것이죠. 이 말을 들은 미켈란젤로는 로렌초가 다른 학생들의 작품을 한 바퀴 둘러보고 오는 동안 치아를 쪼고 갈아내서 노인의 것처럼 만들어놓았습니다. 다시 돌아온 로렌초는 모델도 없이 순식간에 조각을 수정한 미켈란젤로의 재능을 바로 알아

오타비오 바니니, 〈로렌초에게 판의 머리를 보여주는 미켈란젤로〉, 1638–1642년

보았죠. 그날 이후 로렌초는 미켈란젤로에게 파격적인 대우를 해주었습니다. 견습생에 불과한 그를 집에 들여 메디치 가족들과 함께 살도록 한 것입니다. 요즘으로 치면 대통령이나 재벌의 아이들과 함께 지내도록 한 것과 비슷합니다. 그리고 숙련된 기술자 수준의 월급인 4플로린의 금화를 매달 지급하고, 가족 간의 불편함을 막기 위해 미켈란젤로의 아버지는 메디치 가문에서 일하도록 했습니다.

미켈란젤로는 이때 로렌초 밑에서 메디치 가문의 자식들과 함께 최고의 '엘리트 교육'을 받게 됩니다. 당연히 신플라톤주의, 그리스 로마의 철학 같은 인문 교육도 받을 수 있었고, 단테의 『신곡』을 공부한 것도 이때였습니다. 거기에 더해 미켈란젤로는 앞으로 피렌체의 미래를 짊어질 메디치의 청년들과도 친분을 맺을 수 있었습니다.

외모 콤플렉스

특별 대우를 받다 보면 아무래도 동료들의 질투를 받기 마련입니다. 몰락한 귀족 출신에 돈도 없는 녀석이 로렌초의 총애를 받는 것도 모자라 그의 집에서 살게 되었으니까요. 하지만 미켈란젤로는 레오나르도와의 일화에서도 알 수 있듯이 자존심이 꼿꼿하다 못해 부러질 것 같은 사람이었습니다. 게다가 아카데미에서도 친구들을 무시하는 경향이 있었고, 다른 학생들이 그림을 못 그리면 거침없이 비난하곤 했다고 합니다. 쉽게 표현하자면 '공부는 잘하는데 엄청 재수 없는 놈'쯤 되었던 것이죠.

그러던 중 일이 터졌습니다. 아카데미 학생들이 단체로 산타 마리아 노벨라 성당에서 마사초의 벽화를 따라 그리는 실습을 나갔는데, 그곳에서 토리지아노라는 다른 학생과 싸움이 벌어진 것입니다. 사건의 발단은 정확히 알려져 있지 않지만 아마 늘 그러했듯 친구들이 재수 없는 미켈란젤로에게 시비를 걸었고, 그는 이에 질세라 친구들의 그림을 신랄하게 비판하며 응수했던 듯합니다. 그런데 이날 유독 감정이 격해졌는지 토리지아노와 미켈란젤로는 주먹싸움을 벌이게 되었습니다. 토리지아노는 작정하고 주먹을 날렸던 모양입니다. 정통으로 주먹을 맞은 미켈란젤로는 그 자리에서 코뼈와 연골이 푹 들어가 버렸습니다. 뒤늦게 소식을 들은 로렌초는 격노했지만 상황은 이미 끝나 있었습니다. 로렌초는 토리지아노를 잡아오라고 지시했지만 그는 어린 나이에 감옥에 가는 것이 두려워 그 길로 피렌체를 떠나 도망쳤습니다.

안타깝게도 이 사건으로 미켈란젤로의 코는 완전히 내려앉게 됩니다. 그리고 그는 내려앉은 코 때문에 평생 자신의 외모에 상당한 콤플렉스를 가지고 살아가게 되죠. 미켈란젤로에게는 안타까운 사건이지만 어떤 사람들은 이를 두고 이렇게 말하기도 합니다. 미켈란젤로의 예술이 그토록 아름다운 것은 이때 생긴 자신의 외모에 대한 콤플렉스를 예술로 승화시

다니엘레 다 볼테라, 〈미켈란젤로의 초상〉, 1545년경

컸기 때문이라고 말이죠.

사보나롤라의 영향

미켈란젤로가 메디치 가문에서 교육을 받은 시간은 대략 2년쯤 됩니다. 코뼈는 부러졌어도 미켈란젤로는 그의 인생에서 이 2년이 가장 행복한 시절이었다고 합니다. 피렌체 최고 권력자의 집에서 교양 있는 친구들과 수준 높은 교육을 받으며 지냈으니 그럴 만했을 것입니다. 하지만 이 행복도 곧 끝나게 됩니다. 1492년, 위대한 자 로렌초가 사망했기 때문입니다.

앞서 설명했던 것처럼 로렌초의 죽음 이후 메디치 가문은 점점 내리막길로 향했습니다. 자연스레 예술가들에 대한 메디치의 후원도 하나둘 끊기기 시작했고, 미켈란젤로도 이때 메디치 가문에서 나올 수밖에 없었습니다. 그리고 피렌체에는 예언자 사보나롤라의 집권 시대가 시작되었습니다. 아직 어렸던 미켈란젤로였지만 피렌체의 분위기가 달라졌다는 사실을 몸소 느낄 수 있었을 것입니다. 메디치가 주도하는 피렌체는 인본주의의 풍요로움이 넘치던 시대였다면, 사보나롤라 집권 시대는 다시 엄숙한 중세로 돌아간 듯 보였죠.

미켈란젤로 입장에서는 인문학과 예술이 꽃피던 피렌체를 중세로 되돌리려는 사보나롤라가 얄밉지 않았을까요? 그런데 흥미로운 점은 미켈란젤로 또한 보티첼리처럼 사보나롤라에게 완전히 감화되었다는 것입니다. 사보나롤라의 설교가 정말 대단하기는 했던 모양입니다. 미켈란젤로는 플라톤 아카데미에서 그리스 철학과 인본주의에 관해 충분히 공부했음에도, 어쩐 일인지 사보나롤라의 설교를 들은 이후에는 완전히 기독교에 심취하여 평생을 신실한 신앙인으로 살아가게 됩니다. 미켈란젤로의 친구이자 작가였던 아스카니오 콘비디는 이렇게 기록했습니다.

"미켈란젤로는 구약성경과 신약성경을 공부했고, 그리고 이를 연구한 사보나롤라의 글도 심도 있게 공부했습니다. 그는 사보나롤라에 대한 깊은 애정이 있었고 그의 목소리는 여전히 미켈란젤로 안에 살아 있었습니다."

앞으로 살펴볼 미켈란젤로의 작품들을 생각해 보면 그의 위대한 예술에는 사실 사보나롤라의 역할이 컸다고 말할 수밖에 없습니다. 미켈란젤로의 최고 걸작이라고 평가받는 작품들인 〈피에타〉, 〈다비드〉, 〈천지창조〉, 〈최후의 심판〉 등은 모두 종교를 주제로 하고 있습니다. 사보나롤라는 아직 어린 미켈란젤로의 가슴에 예술이 '세상'이 아닌 '하늘'을 향하도록 불을 붙였던 것입니다. 냉정히 생각해 보면 이 방향이 잘못되었다고 말하기는 어렵습니다. 시시콜콜한 사랑 이야기나 세상 이야기보다는 저 높은 천상의 이야기를 다루는 것이 오히려 최고를 꿈꾸는 예술가들에게는 더 강한 원동력을 제공할 수 있으니까요. 특히 미켈란젤로같이 뛰어난 천재에게는 그런 방향이 더 잘 어울리는 듯합니다.

사기로 경력을 시작하다

메디치 가문의 지원이 끊긴 미켈란젤로는 이제 스스로 살아가야 했는데, 재미있게도 그는 첫 경력을 사기로 시작하게 됩니다. 미켈란젤로와 친하게 지냈던 메디치 가문의 사람 중에 로렌초 디 피에르프란체스코(Lorenzo di Pierfrancesco)라는 사람이 있었습니다. 그는 미켈란젤로에게 큐피드 상을 하나 주문하며 이상한 이야기를 덧붙였습니다. 큐피드 조각을 땅에 묻었다가 꺼내서 고대 골동품인 것처럼 만들어줄 수 없겠느냐고 말이죠. 당시 르네상스의 여파로 고대 조각에 대한 열풍이 불고 있었던 탓에 골동품으로 팔면 더 비싼 값을 받을 수 있었던 모양입니다. 말하자면 미켈란젤로에게 '골동품 사기'를 치자고 한 셈이죠. 그런데 미켈란젤로도 당시에 상당히 돈이 궁했는지 이 제안을 받아들였습니다. 그는 자신이 만든 큐피드에 흙을 묻히고 살짝 고쳐서는 마치 고대 조각인 것처럼 바꾸어놓았습니다. 그리고 이 '가짜 골동품'은 로마의 추기경이자 미술품 수집가였던 발다사레(Baldassarre Del Milanese)에게 200두카트 금화에 팔리게 됩니다. 이 액수는 당시 같은 크기의 조각으로 받을 수 있는 가격의 약 7배에 달했다고 합니다. 그런데 이 가짜 골동품은 미술품 수집가였던 추기경의 눈을 속일 수 없었습니다. 추기경은 자신에게 감히 사기를 쳤다며

미켈란젤로, 〈바쿠스〉, 1497년

화를 냈지만, 그런 한편 궁금해지기 시작했습니다. '도대체 누가 이 정도까지 기가 막히게 큐피드를 위조할 수 있는 거지?' 하고요. 그는 곧 미켈란젤로를 로마로 불러들였습니다. 이것이 바로 미켈란젤로의 경력의 시작이었습니다.

그렇게 로마에 도착한 20대 초반의 미켈란젤로는 추기경의 도움으로 귀족들로부터 몇 개의 작품을 의뢰받을 수 있었습니다. 〈바쿠스〉는 이때 의뢰받은 작품 중 하나입니다. 미켈란젤로의 조각에 관한 소문은 빠르게 퍼져나갔고 사람들은 그의 실력에 감탄하기 시작했습

니다. 그리고 얼마 뒤, 아직 20대 초반이었던 미켈란젤로는 그의 인생을 바꿀 역작을 의뢰받게 됩니다. 바로 〈피에타〉입니다.

피에타

미켈란젤로의 〈피에타〉는 서양 세계가 지금까지 생산한 가장 위대한 작품 중 하나입니다. 로마에서 미켈란젤로의 이름이 조금씩 알려지자, 로마 주재 프랑스 대사였던 추기경 장 드 빌레르(Jean de Bilhères)는 자신이 눕게 될 무덤을 장식할 조각을 의뢰하게 되는데, 이 작품이 바로 〈피에타〉입니다. '피에타'는 '연민'이라는 뜻으로, 성모 마리아가 십자가에 돌아가신 예수의 시신을 안고 슬퍼하는 모습의 조각을 부르는 말입니다. 젊은 패기와 야심으로 가득했던 미켈란젤로는 1498년부터 1499년까지 약 2년에 걸쳐 이 작품을 완성했습니다.

피에타는 기독교 내에서 가장 매력적인 주제 중 하나인만큼 중세에도 수많은 예술가가 이를 만들었지만 지금까지 미켈란젤로처럼 아름답게 표현했던 예술가는 없었습니다. 미켈란젤로의 〈피에타〉는 '인간의 것'이라기보다는 '신적인 것'이라고 표현하는 게 맞을 만큼 아름다웠습니다. 〈피에타〉가 완성되자 로마 시민들은 난리가 났습니다. 로마의 시민 그 누구도 평생 이렇게 아름다운 조각을 본 적이 없었기 때문입니다. 사람들은 이토록 아름다운 조각을 만든 예술가가 누구인지 궁금해지기 시작했습니다. 사람들이 웅성거리며 누가 만들었는지에 대해 서로 물어보고 있을 때 어떤 사람이 "밀라노 출신 조각가 고보(Il Gobbo)가 만들었을걸?"이라고 답했습니다. 이를 들은 미켈란젤로는 약간 재미있는 행동을 합니다. 그는 '내가 만들었다'라는 말이 목구멍까지 올라왔지만 꾹 참고 기다렸다가 그날 밤 몰래 작은 끌과 망치를 가져왔습니다. 그리고는 밤새 성모 마리아의 가슴에 자신의 이름을 새겨넣었습니다. 〈피에타〉를 보

미켈란젤로, 〈피에타〉, 1498-1499년

면 성모 마리아의 가슴에 가방 끈 같은 띠가 있는데 거기에는 이렇게 쓰여 있습니다.

MICHAEL. A[N]GELVS BONAROTVS FLORENT[INVS] FACIEBAT

피렌체의 미켈란젤로 부오나로티가 했다

미켈란젤로는 이처럼 인류사 최고의 걸작을 만들어놓고는 성모 마리아의 가슴에 '이거 내가 했다!'라는 유치한 문구를 새겨넣는, 평생 창피해할 행동을 한 것이죠. 분명 어이없는 행동이었지만, 우리가 잊지 말아

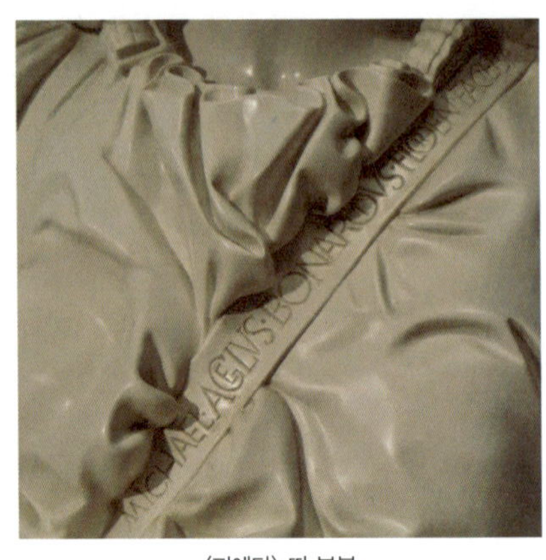

〈피에타〉 띠 부분

야 할 것은 이때 미켈란젤로의 나이가 고작 스물네 살이었다는 점입니다. 미켈란젤로도 곧 정신이 들었는지 자신의 행동을 후회했다고 합니다. 그리고 "창조주는 이토록 아름다운 자연을 만드시고도 그 어디에도 서명을 하지 않았는데…"라고 말하며 이후 다시는 자신의 작품에 사인을 하지 않았다고 합니다.

그럼에도 미켈란젤로의 천재성은 이 작품에서부터 이미 꽃피기 시작했습니다. 그는 항상 보통 예술가들을 한 차원 뛰어넘는 생각을 가지고 있었는데, '예술적 완성'을 위해 상식과 규칙을 깨는 것도 마다하지 않았습니다. 우선 전체적으로 삼각형인 〈피에타〉의 구도가 상당히 안정되어 보이는 이유는 역설적이게도 미켈란젤로가 두 인물의 실제 비율을 붕괴시켰기 때문입니다. 아마 이 작품을 보고 마리아의 몸집이 상당히 크다는 사실을 바로 알아챈 사람은 거의 없을 것입니다. 그런데 찬찬히 보면 예수를 안고 있는 마리아의 몸집이 예수에 비해 거의 거인이라고 해도 될 만큼 크다는 것을 알 수 있습니다. 다만 미켈란젤로는 거대한 마리아의 몸집을 천으로 감싸서 교묘하게 감추었습니다. 그래서 보는 사람 입장에서는 천 주름의 아름다움에 가려 그녀의 몸집은 별로 신경이 쓰이지 않게 되는 것이죠. 이 속임수 덕분에 여성인 마리아가 성인 남성인 예수 그리스도를 편안하게 품에 안고 있는 모습이 자연스럽게 연출됩니다. 만약 실제 비율로 마리아를 묘사했다면, 그녀가 버겁게 예수를 겨우 안고 있는 불안한 느낌이 되었을 것입니다. 이처럼 〈피에타〉는 '연민'이라는 작품의 주제를 상당히 드라마틱하게 풀어냈습니다.

또 한 가지는 미켈란젤로가 적어도 40대 후반의 마리아를 거의 20대 초반으로 만들어놓았다는 점입니다. 이에 대해 몇몇 사제들이 성모 마리아를 저렇게 어리게 표현하는 것이 맞냐고 비판했지만, 이에 대해 조르조 바사리는 다음과 같이 설명했습니다.

"그들은 동정녀가 오랫동안 젊음을 유지하고 반대로 그리스도처럼 고통을 겪은 분은 빨리 늙는다는 것을 모를 만큼 무지한가?"

미켈란젤로는 성모 마리아를 예수가 죽었을 때가 아니라 예수를 잉태했을 때의 젊은 모습으로 묘사했습니다. 그는 이에 대해 다음과 같이 말했습니다. "신의 어머니 성모 마리아는 영원한 젊음을 유지하지만, 인간을 위해 인간의 땅에 내려오신 예수 그리스도는 인간과 같이 늙고 죽음

〈피에타〉 성모 마리아 부분

을 맞이하게 된다"라고 말이죠.

이렇게 미켈란젤로가 조각에서 인체의 크기를 마음대로 변형시키고 나이든 마리아를 젊게 표현한 것은 르네상스에서 어떤 의미일까요? 그는 '예술적 완성'을 위해 르네상스의 불문율이었던, 지금까지 모든 르네상스 예술가들이 정답이라고 믿었던 자연주의를 파괴한 것입니다. 그럼에도 우리가 그의 작품을 볼 때 자연주의의 파괴를 거의 느끼지 못하는 것은 그만큼 자연스럽게 느껴지도록 교묘하게 조치했기 때문입니다.

미켈란젤로는 예술의 본질이 무엇인지에 대해 깊이 고민했던 게 아닐까 싶습니다. 인간에게 감동을 주는 예술은 그저 규칙을 따른다고 완성되지 않습니다. 규칙을 넘어서 그보다 더 중요한 무언가를 찾아내 완성해야 진짜 예술이 완성되는 것이죠. 미켈란젤로의 생각은 이미 르네상스를 초월해 한참 더 위쪽을 바라보고 있었습니다.

다비드

〈피에타〉를 성공적으로 완성한 미켈란젤로는 1499년에 고향인 피렌체로 돌아왔습니다. 그리고 그곳에서 완성한 작품이 그의 또 다른 역작, 〈다비드(다윗)〉입니다. 이 조각은 꽃의 성모 마리아 대성당의 위원회에서 의뢰한 것이었습니다. 대성당 위원회는 약 25년 전에 6미터의 거대한 대리석을 구입해 놓았다고 합니다. 대성당 외부 벽 위쪽에 올려놓을 거대한 조각을 만들기 위해서였죠. 그런데 이 큰 대리석을 조각할 만한 배짱을 가진 예술가를 구할 수가 없었습니다. 그렇게 대리석은 작업장 한쪽에 지난 25년간 사실상 버려져 있었습니다. 미켈란젤로가 당시 스물네 살이었으니까 그보다 한 살 많은 돌이라고 해야 할까요? 피렌체 시민들은 쓸모 없이 버려져 있는 이 큰 돌을 '거인(Il gigante)'이라고 불렀다고 합니다.

이 시점에 〈피에타〉로 성공을 거둔 미켈란젤로가 배짱 좋게 나섰습니

미켈란젤로, 〈다비드(다윗)〉, 1501-1504년

다. 사실 미켈란젤로는 어릴 적부터 야심 차게 그 돌을 노리고 있었다고 합니다. '언젠가 내가 저 거대한 돌덩이를 위대한 조각으로 탄생시키리라' 하고요. 위원회 입장에서는 그가 하겠다고 나서자 거부할 이유가 없었습니다. 다른 사람도 아닌 〈피에타〉로 이미 최고의 실력을 증명한 미켈란젤로였으니까요.

미켈란젤로는 우선 사람들의 시선을 막기 위해 판자로 대리석 주변에 큰 울타리를 세웠습니다. 아무래도 시민들의 관심이 집중되었던 만큼 그도 신경이 쓰였던 모양입니다. 그리고 위에서부터 아래로 천천히 조각해 나가기 시작했습니다. 미켈란젤로는 조각하는 과정에 관해 다음과 같이 말한 적이 있습니다.

"최고의 예술가는 대리석 껍질 속에 갇혀 있는 것이 무엇인지만 생각한다. 예술가의 능력은 그저 그 돌 속에 잠들어 있는 형상을 자유롭게 할 뿐이다."

미켈란젤로는 진심으로 그렇게 생각했습니다. 그의 생각에 조각가의 역할은 '돌 속에 존재하는 영혼'을 '영적인 눈'으로 발견해 꺼내어 해방시키는 것이었습니다. 이는 아마도 신플라톤주의의 영향일 텐데, 예술가는 이데아의 세계에 존재하는 완전무결한 아름다움을 육체의 눈이 아닌 고결한 영적인 눈으로 발견할 수 있어야 한다는 것입니다. 미켈란젤로는 정말 그 큰 대리석 속에서 '다비드의 영혼'을 찾아 꺼내려고 했습니다. 3년 뒤, 그는 다비드의 영혼을 돌에서 완전히 꺼내게 됩니다. 또 다른 인류사 최고 걸작이 탄생한 것입니다. 인체 표현의 완벽함이야 말할 것도 없고, 무엇보다 그는 다비드를 전혀 새로운 시각으로 해석했습니다. 조르조 바사리는 다비드상을 보고 다음과 같이 극찬했습니다.

"그가 작품을 드러냈을 때, 고대의 그리스와 로마, 현대, 그 어떤 시대의 예술보다 뛰어나다는 것을 부인할 수 없었다."

그는 다시 한번 아무도 생각할 수 없는 방식으로 다비드를 표현했습니다. 다비드를 어린 소년이 아닌 건장한 청년으로 표현한 것입니다. 성경에는 분명 다비드를 갑옷도 입기 벅찬 어린 소년으로 기록하고 있습니다. 도나텔로의 〈다비드〉에서도 그랬지만 과거 예술가들은 다비드를 유약한 소년으로 표현하는 것이 보통이었습니다. 이는 나름 성경의 내용을 충실히 재현한 것이기도 합니다. 그런데 미켈란젤로는 유약한 소년이 아니라 강한 눈빛의 늠름한 청년으로 표현한 것이죠. 그는 왜 또다시 상식을 깨고 늠름한 모습의 다비드를 창조한 것일까요?

다비드는 도나텔로의 〈다비드〉 이후, 어떤 어려움에도 역경을 이겨내며 버티는 피렌체를 상징하는 인물로 자리 잡게 되었습니다. 당시 피렌체는 메디치 가문의 몰락과 사보나롤라의 죽음 이후 여전히 혼란스러운 시기를 겪는 중이었죠. 지금까지 르네상스를 꽃피우며 유럽 최고의 문화 도시로 발전해 왔지만, 여전히 프랑스, 스페인, 밀라노 그리고 나폴리 같은 주변 국가들의 견제를 받는 '언더독'의 위치를 벗어날 수 없었던 것입니다. 이는 애초에 이탈리아의 북쪽 경계에 위치한 피렌체의 지정학적 한계였을 수도 있습니다.

〈다비드〉 정면 부분

아마 미켈란젤로는 피렌체의 시민으로서 강인한 자세와 태도를 가진 모습의 다비드를 표현하여 피렌체인들에게 자신감을 심어주려고 했던 게 아닐까 싶습니다. 우리는 여전히 약하지만 지금까지 그래왔던 것처럼 분명 역경을 이겨낼 수 있을 거라고 말이죠. 피렌체 시민들은 〈다비드〉를 보며 어떤 생각을 했을까요? 괴수처럼 강렬한 눈빛의 다비드를 통해 분명 다른 나라의 사람들이 느낄 수 없는 뜨거운 용기를 얻을 수 있지 않았을까요? 조르조 바사리는 이에 대해 다시 한번 이렇게 말했습니다.

"다비드는 자유의 상징이었다. … 다비드가 자신의 민족을 지키고 정의롭게 다스렸듯이, 피렌체를 지배하는 사람들도 도시를 지키고 정의롭게 다스려야만 할 것이다."

그렇게 〈다비드〉가 완성되자 위원회는 이 조각을 어디에 두어야 할지 고민에 빠졌습니다. 일단 8.5톤에 달하는 거대한 조각상을 성당의 옥상으로 옮기는 건 물리적으로 불가능에 가까웠습니다. 올리다가 자칫하면 얇은 다리 부분이 부러질 수도 있기 때문입니다. 그리고 무엇보다, 대성당 벽 장식으로 올려놓기에는 아까운 대작이었습니다. 그래서 위원회는 자문단을 모집해서 이 작품을 어디에 놓을지 결정하기로 했습니다.

이 자문단에는 레오나르도 다빈치, 보티첼리, 필리포 리피를 포함한 당대 쟁쟁한 예술가들이 모두 동원되었습니다. 당시 주류 의견은 이 위대한 작품을 가능하면 많은 사람들이 볼 수 있게 시청(베키오 궁전) 앞 광장에 전시하자는 것이었습니다. 그런데 레오나르도와 몇몇 예술가들은 이상하게도 광장 옆쪽의 지붕 아래에 두자고 제안했다고 합니다. 표면적인 이유는 '작품을 비바람으로부터 보호하기 위해서'였지만, 다르게 말하면 다비드상을 잘 안 보이는 그늘진 곳에 놓자고 한 것이기도 합니다. 어쩌면 레오나르도는 스물세 살이나 어린 놈이 천재랍시고 날뛰고 있는 것이 어지간히 신경 쓰여 작품을 숨기려 했던 것인지도 모르겠습니다. 실제로 레오나르도는 미켈란젤로의 엄청난 예술적 성공에 상당히 충격을 받았다고 하니까요.

두 천재의 세기의 대결

라이벌이라고 해서 꼭 서로 으르렁대야 하는 것은 아니지만, 레오나르도와 미켈란젤로는 둘 다 자존심이 강한 편인지라 애초에 친해지기 어려운 사이였습니다. 그리고 누구보다 스스로 '천재'라는 것을 강하게 인식하고 있는 사람들이기도 했죠. 그렇다면 이런 유치한 생각을 한번 해볼 수 있습니다. 만약 이 두 천재가 싸운다면 누가 이길까요? 역사상 흔치 않은 최고 천재들의 대결, 그런데 재미있게도 실제로 그 일이 벌어졌습니다. 바로 벽화 대결입니다.

1504년, 피렌체의 곤팔로니에레였던 소데리니(Soderini)는 레오나르도 다빈치에게 시청사의 500인 회의장을 장식하는 벽화를 의뢰했습니다. 이 거대한 강당은 시청 건물 내에서도 가장 큰 공간이었는데, 가로 50미터에 높이가 18미터에 달하는 거대한 벽면을 벽화로 채워달라고 한 것입니다. 피렌체에서도 전례가 없는 역대급 규모의 벽화였습니다.

재미있게도 소데리니는 그 반대편 왼쪽 벽화를 미켈란젤로에게 의뢰했습니다. 누가 봐도 이건 의도적이라고 말할 수밖에 없습니다. 현대에도 UFC 경기든, 축구 경기든 사람들은 라이벌끼리 붙어서 싸우는 모습을 보고 싶어 합니다. 소데리니도 이와 비슷하게 두 천재가 '배틀'을 벌이도록 대놓고 경기장을 만들었습니다. 그는 아마 인생의 재미를 아는 사람이 아니었을까 싶습니다.

그렇게 벽화 배틀이 시작되었습니다. 두 사람은 각자 어떤 장면을 선택했을까요? 레오나르도가 선택한 장면은 1440년에 피렌체와 밀라노가 맞붙은 '앙기에리 전투'의 격렬한 기마전이었습니다. 여러 마리의 말과 병사들이 거칠게 뒤엉켜서 싸우는 극적인 장면을 선택한 것입니다.

그렇다면 급부상하는 젊은 천재 미켈란젤로는 어떤 장면을 선택했을까요? 미켈란젤로가 택한 장면은 다소 의외였습니다. 그는 1364년에 피렌체와 피사가 싸웠던 '카시나 전투'의 한 장면을 선택했는데, 격렬한 전투 장면이 아니라 아르노강에서 목욕을 하고 있던 병사들이 전쟁 나팔이 울리자 급히 옷을 챙겨 입고 전투에 나서는 모습이었습니다. 미켈란젤로는 아마 국가가 부르면 어떤 상황에서도 전장으로 달려가야 하는 병사들의 애국심을 벽화에 담고 싶었던 모양입니다. 항상 그랬지만 그는 평범한 선택을 하지 않는 예술가였습니다.

먼저 벽화를 시작한 쪽은 레오나르도였습니다. 이 작업에서도 레오나르도는 역시 우리를 실망시키지 않았습니다. 그는 죽어도 프레스코화는 그리기 싫었는지 안료에 왁스를 섞어 그리는 새로운 방법을 또다시 시도했습니다. 〈최후의 만찬〉에서도 그랬지만 이렇게 근본 없는 방법이 성공할 리는 없었죠. 레오나르도가 어느 정도 그림을 그리다가 아래를 보니 여전히 왁스는 마르지 않았고 한쪽에서부터 흘러내리고 있었습니다. 당황한 그는 곧바로 뜨거운 숯이 담긴 화로 두 개를 들고 와 진땀을 뻘뻘 흘리며 벽화를 말리기 시작했습니다. 그런데 이는 오히려 재앙을 불러왔습니다. 화로가 벽을 말리는 게 아니라 오히려 녹여버린 것입니다. 결국 사람들이 공포에 질려 지켜보는 가운데 그림은 점점 더 흘러내려 바닥에 웅덩이처럼 고이기 시작했습니다. 레오나르도는 아마 속으로 '아, 또 망했네'라고 외쳤을 겁니다. 결국 그는 벽화를 포기하고 어디론가 가버렸습니다. 소데리니는 기가 찼겠지만 그런다고 돌아올 레오나르도가 아니었죠.

피터 폴 루벤스, 〈레오나르도 다빈치의 앙기에리 전투 모작〉, 1603년경

바스티아노 다 상갈로, 〈미켈란젤로의 카시나 전투 모작〉, 1542년경

한편 미켈란젤로는 벽화를 시작도 못 해보고 포기해야 했습니다. 스케치는 해두었지만 교황 율리우스 2세가 부르는 바람에 어쩔 수 없이 로마로 가야 했기 때문입니다. 소데리니 입장에서는 교황청과의 관계 때문에 미켈란젤로를 붙잡아 둘 수가 없었습니다. 아쉽지만 두 천재의 대결은 그

렇게 허무하게 끝나버렸습니다. 그래서 지금은 스케치 단계에서 다른 후배 화가들이 베껴 그린 그림들만 남아 있습니다.

위는 레오나르도를 존경했던 루벤스(Peter Paul Rubens)의 복제 스케치이고, 아래는 미켈란젤로를 존경했던 바스티아노(Bastiano da Sangallo)가 남긴 복제 스케치입니다. 두 스케치만 보고 판단해 봅시다. 만약 두 작품이 모두 완성되었다면 누가 이겼을까요?

시스티나 천장화

그렇게 로마로 불려 간 미켈란젤로는 그의 또 다른 역작 시스티나 경당 천장화를 그리게 됩니다. 미켈란젤로를 로마로 부른 사람은 역사에서 '투사(Warrior) 교황'으로 알려진 율리우스 2세였습니다. 당시 율리우스 2세는 전 유럽에서 예술가들을 로마로 불러들이고 있었습니다. 그는 로마에도 피렌체처럼 전 세계가 놀랄 만한 미술을 만들면 무너진 교황의 권위가 조금이라도 다시 살아날 거라고 생각했던 모양입니다.

하지만 미켈란젤로는 이 천장화를 그리고 싶어 하지 않았다고 합니다. 그는 '화가'가 아닌 '조각가'라는 자기 인식이 강한 사람이기도 했고, 현실적으로도 프레스코 천장화를 맡아서 해본 경험이 전혀 없었기 때문입니다. 그런데 성격이 다혈질이었던 교황이 '까짓 거, 천재면 원래 그냥 다 할 수 있는 거 아냐?'라는 식으로 밀어붙이는 바람에 미켈란젤로는 반 강제로 작업을 시작해야 했습니다.

교황은 원래 천장에 예수의 열두 제자들을 그리라고 주문했지만, 미켈란젤로는 열두 명으로만 채우기에는 천장의 공간이 너무 넓다고 판단했습니다. 그래서 그는 교황에게 주제를 바꾸어 가운데는 천지창조, 아담과 이브의 창조, 노아의 홍수 이야기, 그리고 바깥에는 예수의 선조들과 선지자들, 무녀들을 이중으로 그리는 것을 제안했습니다. 그런 디테일한 생각까지는

미켈란젤로, 시스티나 경당 천장화 중 〈아담의 창조〉, 1510년

하지 않았던 교황은 이를 허락했고 천장화 작업이 시작되었습니다.

그렇게 시작된 이 작업은 20미터나 되는 높이에서 세로 35미터, 가로 14미터의 거대한 천장에 그림을 그리는 것이었습니다. 현대로 치면 7층 아파트 높이까지 올라가서 목을 꺾은 채로 작업해야 하니 상당히 고된 일이었죠. 미켈란젤로는 공사장처럼 사람이 올라가서 작업할 수 있도록 나무로 된 비계 구조물을 세우고 그 위에 올라가 그림을 그렸지만, 여전히 작업은 쉽지 않았습니다. 가뜩이나 천장화를 그리기 싫었던 그는 일이 얼마나 고되었는지 친구에게 보내는 편지에 이렇게 썼습니다.

"나는 이 굴 속에서 갑상선 종양을 키웠다. 롬바르디아의 똥물에 사는 고양이들처럼… 내 수염은 천국 쪽으로 향하고, 내 목덜미는 척추에 고정된 채로 아래로 떨어진다. 내 갈비뼈는 눈에 띄게 마치 하프처럼 자라나고 있고, 붓에서 떨어진 물감들은 내 얼굴에 두껍고 얇은 자수를 새기고 있다…."

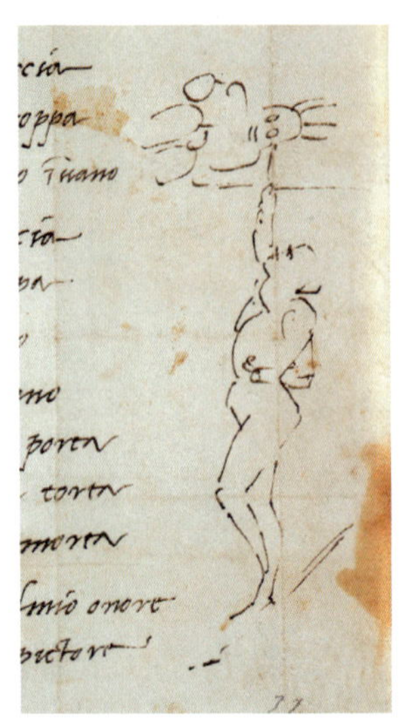
미켈란젤로가 편지에 그린 자신의 모습

아파트 7층 높이에서 목을 계속 하늘로 치켜들고 작업해야 하니 고통이 상당했던 듯합니다. 게다가 미켈란젤로 입장에서 다혈질 교황 율리우스 2세는 너무나 피곤한 존재였습니다. 미켈란젤로는 〈다비드〉 때도 그랬지만 완성되기 전까지는 사람들에게 작품을 보여주지 않았습니다. 그런데 작품 진행 과정이 너무 궁금했던 율리우스 2세가 중간에 하도 보여달라고 징징거리는 바람에 비계 구조물을 해체해 보여줘야 했습니다. 교황에게 잠깐 보여주기 위해 비계를 힘들게 해체하는 것도 짜증났지만 그 과정에서 먼지가 피어올라 그림에 묻는 것은 더 짜증나는 일이었습니다.

그리고 그림을 본 교황은 얄밉게도 "난 그림을 먼저 봤다"면서 사람들에게 자랑을 하고 다녔습니다. 고작 그 한마디가 하고 싶어서 이 고생을 시키는 건지, 미켈란젤로는 약이 올랐을 겁니다. 이후에도 성격이 급한 교황은 틈만 나면 그에게 도대체 언제 천장화가 완성되느냐고 캐물었다고 합니다. 하지만 미켈란젤로는 어릴 적부터 누가 잔소리한다고 굽히는 사람이 아니었습니다. 교황이 도대체 언제 완성되는 거냐고 다시 한번 묻자,

"아니 교황님. 제가 예술가인데, 제가 충분히 만족해야 끝나는 거죠."

라고 교황에게 짜증을 냈습니다. 그러자 교황이 미켈란젤로에게 다시 말했습니다.

"틀렸어. 너는 나의 만족을 위해서 일하는 거지."

사실 의뢰인인 그의 입장에서 보면 틀린 말은 아닙니다. 그리고는

"너는 내가 빨리 해달라고 하면 빨리 하는 거야. 너 빨리 안 끝내면 그림 그릴 때 위에서 밀어서 떨어뜨려 버린다?"

라고 덧붙였습니다. 교황이 이래도 되나 싶은 느낌인데 '투사 교황'이라는 별명이 괜히 붙은 게 아니었나 봅니다. 더 큰 문제는 작품이 거의 완성되어 가는데도 교황이 대금을 제대로 지불하지 않았다는 것입니다. 미켈란젤로가 몇 번이나 찾아갔지만 교황은 돈을 주지 않았습니다. 사실 당시 교황은 전쟁도 벌이고 있었고 성 베드로 대성당을 재건축하는 사업도 동시에 진행하고 있었기 때문에 돈이 부족한 상황이었습니다. 미켈란젤로는 너무 화가 나서 교황에게 다시 한번 돈을 달라고 요구했습니다. 그러자 교황이 말했습니다.

"그래, 그래서 천장화는 언제 끝낼 건데?"

돈도 주지 않으면서 자꾸 보채기만 하는 교황에게 짜증이 난 미켈란젤로는

"아니 교황님. 내가 끝낼 때 끝내는 거라니까요."

라고 말했습니다. 그러자 건방지게 대드는 미켈란젤로가 마음에 들지 않았던 율리우스 2세는 버럭 화를 냈습니다.

"끝낼 때 끝낸다고? 끝낼 때 끝낸다고? 내가 진짜 끝내게 해줘?"

하고 소리치며 손에 들고 있던 지팡이로 미켈란젤로를 한 대 후려갈겼습니다. 이 대화 내용들은 꾸며낸 이야기가 아니라 실제 조르조 바사리의 기록에 그대로 남아 있습니다. 피렌체에서는 누구에게나 존경받는 예술가이자 자타공인 역사상 최고의 예술가였던 미켈란젤로가 교황에게 얻어맞은 것입니다. 집으로 씩씩거리며 돌아온 그는 별안간 짐을 싸기 시작했습니다. 울었는지는 알 수 없지만, 더러워서 못하겠다며 피렌체로 몰래 떠나려고 했던 것입니다.

그런데 교황 같은 다혈질의 사람들은 화해도 빠른 편입니다. 율리우스 2세는 곧 시종을 보내서 500은화를 용돈으로 주며 사실은 '거친 애정 표현'이었다고 미켈란젤로를 살살 달래려 했습니다. 교황도 내심 그가 정말로 도망가 버릴까 겁이 났던 모양입니다. 미켈란젤로도 교황의 스타일을 알고 있었으니, 결국 마음을 고쳐먹고 다시 작업을 시작하는 것으로 이 사건은 일단락 되었습니다.

그렇게 5년의 우여곡절 끝에 드디어 천장화가 완성됩니다. 작품 발표일은 1512년 10월 31일 핼러윈이었습니다. 로마 시민들은 천장화를 보기 위해 잔뜩 기대하며 이 날을 기다렸습니다. 31일에 작품이 드디어 공개되자 교황을 포함한 모든 사람들은 그저 멍하게 천장을 바라보며 아무 말도 하지 못했습니다. 그 누구도 할 수 없는 인류사 최고 걸작이 다시 한 번 그의 손에서 탄생한 것입니다. 이때 생긴 미켈란젤로의 별명이 있습니다. 바로 '일 디비노(Il divino)', '신성한 자'라는 뜻입니다. 인간을 초월한 예술가라는 의미가 담겨 있죠. 나중에 이 천장화를 보고 괴테는 이렇게 격찬했습니다.

미켈란젤로, 시스티나 경당 천장화 중 〈리비아의 여사제〉, 1511년경

미켈란젤로, 시스티나 경당 천장화, 1508–1512년

"시스티나 경당의 천장화를 보지 않은 사람은 한 인간이 이룰 수 있는 한계를 모르는 것이다."

그리고 조르조 바사리는

"이 작품은 정말로 우리 예술의 등대였다. 이 작품은 회화에 큰 이익과 계몽을 가져다주어 수백 년 동안 어둠의 상태로 남아 있던 세상을 밝히기에 충분했다."

그 외에도 수많은 역사적 인물들이 시스티나 천장화를 직접 보고 극찬을 아끼지 않았습니다. 개인적으로도 만약 인류 미술사 전체에서 최고의 예술을 단 하나만 뽑아야 한다면 아마 시스티나 천장화가 아닐까 생각합니다. 근대와 현대를 다 포함해서, 이보다 더 뛰어난 예술이 과연 있었을까 고민해 봐도 도저히 떠오르지 않기 때문입니다.

율리우스 2세의 영묘

그렇게 미켈란젤로는 마흔이 되기도 전에 인류사 최고 걸작을 세 개나 탄생시키게 되었습니다. 한편 교황 율리우스 2세는 미켈란젤로가 시스티나 천장화를 시작하기 전에 그에게 또 다른 '대작'을 미리 주문했었습니다. 바로 자신이 묻히게 될 영묘였습니다. 그가 주문한 영묘는 역사에 전례가 없다고 해도 될 만큼 화려한 규모의 무덤이었습니다. 3층 구조에 총 40개의 조각이 들어가는 블록버스터급의 영묘를 주문한 것입니다. 아마 교황은 '뭐 조각 한 40개쯤 들어가는 영묘로 만들 수 있겠어?' 같은 가벼운 느낌으로 주문하지 않았을까 싶습니다. 그런데 역시 통이 컸던 미켈란젤로는 이를 흔쾌히 받아들입니다. 그 엄청난 천장화를 고작 5년 만에 완성시킨 그였으니, 그저 돌을 여러 개 깔아 놓고 동시에 작업하면 40개 정도야 금방 할 거라고 생각했던 것입니다.

아마 이 작품이 완성되었다면, 미켈란젤로는 '신성한 자'라는 별명에

미켈란젤로, 율리우스 2세의 무덤(1505–1545년)과 원래 모형 예상도

걸맞은 또 다른 대작을 역사에 남겼을 것입니다. 3층 높이에 40개의 조각이 꿈틀거리는 영묘는 상상만으로도 엄청납니다. 하지만 이 대형 프로젝트는 초라하게 끝나고 말았습니다.

당시 나이가 이미 70세이던 교황이 어느 날 갑자기 고열에 시달리다 사망했기 때문입니다. 시스티나 경당 천장화가 완성되고 고작 석 달 뒤였습니다. 교황이 죽자 그 거대한 영묘를 만들 돈을 댈 사람이 없었습니다. 미켈란젤로는 교황의 친척들과 계속 협상을 이어 나갔지만, 결국 이 프로젝트는 이후 40년 동안 다섯 번이나 설계도를 바꾸면서 거대한 영묘에서 한쪽 벽을 장식하는 초라한 벽무덤으로 끝나게 됩니다. 미켈란젤로는 본인의 의지와 상관없이 이렇게 프로젝트가 쪼그라든 것에 상당히 실망했던 모양입니다. 그는 이렇게 말했습니다.

"나는 이 영묘에 묶여서 청춘을 다 보내고 말았다."

물론 미켈란젤로는 중간에 계속 다른 작품을 만들고 있었으니 '묶였다'는 표현은 과하지만, 아마 마음 한구석에 이 영묘가 계속 불편함으로 남아 있었던 모양입니다. 그런 가운데서도 그는 뛰어난 실력을 보여주었습니다. 축소된 버전의 영묘에서 가장 중요한 조각은 성경의 인물 '모세'입니다. 미켈란젤로의 모세는 더 이상 흠잡을 수 없는 완벽함에 다다른 그의 조각 실력을 보여줍니다.

미켈란젤로도 프로젝트는 축소되었지만 모세 자체는 마음에 들었는지, 작업이 끝나는 날 모세의 무릎을 탁 치면서 "말씀이라도 좀 해보세요"라고 농담을 던졌다고 합니다. 어쨌든 아쉽다고 말할 수밖에 없습니다. 만약 이때 영묘가 원래 계획대로 완성되었다면 시스티나 경당 천장화에 이은 또 다른 걸작이 완성되었을 텐데 말이죠.

혼란의 시기

이를 보면 예술가의 실력만큼 중요한 것은 결국 예술가들을 지원해 줄 수 있는 '후원자'들이 아닐까요? 메디치가 지금껏 피렌체의 예술가들을 후원한 것은 말할 것도 없고, 시스티나 경당의 천장화도 만약 교황 율리우스 2세가 막무가내로 밀어붙이지 않았다면 실현되지 않았을 가능성이 높습니다.

중요한 후원자였던 율리우스 2세의 사망 이후, 미켈란젤로는 혼란스러운 시기에 접어들게 됩니다. 그처럼 '대작'을 주문하는 사람이 한동안 나타나지 않았기 때문입니다. 다르게 표현한다면 거대한 천재였던 그를 담을 만한 '그릇'이 당시에는 없었습니다. 물론 꾸준히 들어오는 주문을 통해 이 시기에도 많은 조각을 남겼지만, 그의 입장에서는 아쉬울 수밖에 없었습니다. 가장 활발히 활동해야 할 40대와 50대에 작은 규모의 작품들밖에 하지 못했기 때문입니다. 만약 메디치 가문이라도 이 시기에 힘이 있었다면 또 다른 대작을 주문했겠지만, 메디치 가문은 로렌초 이후 여전히 힘을 쓰지 못하고 있었습니다. 고작 작은 크기의 영묘를 주문할 수 있을 뿐이었죠. 옆의 줄리아노 데 메디치의 영묘가 바로 그것입니다.

게다가 피렌체의 정치적인 상황도 좋지 않았습니다. 로렌초가 죽은 이후 그의 아들 피에로가 잠시 피렌체를 통치했지만, 아버지와 달리 정치를 엉망으로 하면서 메디치 가문은 피렌체 시민들에 의해 쫓겨나게 됩니다. 그리고 피에로는 그의 별명처럼 '불운(Piero the Unfortunate)'하게도 강에 빠져 익사했습니다. 이는 결국 내전으로 이어졌습니다. 쫓겨난 메디치 가문은 과거의 영광을 되찾겠다면서 피렌체의 통치권을 요구했고, 피렌체 시민들은 저항했습니다. 그러자 메디치 가문은 신성로마제국 황제 카를 5세와 동맹을 맺고 피렌체를 침략했습니다. 지금껏 피렌체의 수호자였던 메디치 가문이 거꾸로 피렌체를 침략했으니, 역사에 이런 아이러니가 또

미켈란젤로, 줄리아노 데 메디치의 영묘, 1525–1534년

있을까요?

이때 미켈란젤로는 피렌체 시민들의 편에 서서 방어를 돕게 됩니다. 그의 입장에서는 어릴 적 자신을 키워줬던 메디치 가문에 대적할 수밖에 없는 상황이 된 것입니다. 그는 자신의 건축적 재능을 이용해 요새를 만들고 방어할 수 있는 이런저런 아이디어를 제시하여 피렌체를 도왔습니다. 그러나 결국 피렌체는 카를 5세의 군사력을 앞세운 메디치 가문에 의해 함락되고 맙니다. 1534년, 미켈란젤로는 결국 총기를 잃은 피렌체를 떠나 로마로 갔습니다.

최후의 심판

당시 로마는 새로 선출된 교황 클레멘스 7세가 통치하고 있었습니다. 로마도 상황이 좋지 않기는 마찬가지였습니다. 1527년, 메디치와 함께 피렌체를 침략했던 황제 카를 5세가 내려오는 길에 로마를 약탈했기 때문입니다. 군사력이 약했던 교황 클레멘스 7세는 성당과 수도원이 파괴되고, 사람들이 살해되고, 수녀들이 강간당하는 모습을 그저 지켜볼 수밖에 없었습니다. 기독교의 수장 교황이 통치하는 로마가 같은 기독교인 군주였던 카를 5세에 의해 약탈당한 것입니다.

클레멘스 7세는 잔뜩 이를 갈고 있었습니다. 그러던 와중에 마침 미켈란젤로가 로마로 왔습니다. 교황은 미켈란젤로에게 그의 또 다른 역작 〈최후의 심판〉을 주문했습니다. 아마 클레멘스 7세는 카를 5세에게 벽화를 통해 이렇게 말하고 싶었던 모양입니다. "교황청의 도시 로마를 약탈한 너는 분명 언젠가 〈최후의 심판〉을 받을 것이다"라고 말이죠. 마침 시스티나 경당의 정면 벽이 비어 있었습니다. 미켈란젤로는 천장에 이어 시스티나 경당의 정면에 〈최후의 만찬〉을 그리게 됩니다.

하지만 미켈란젤로가 작업을 시작하기도 전에 클레멘스 7세가 갑자기 병으로 사망하고 맙니다. 그렇게 프로젝트가 무산될 뻔했지만, 클레멘스 7세가 유언으로 벽화를 반드시 완성하라고 명시해 두었기 때문에 후임 교황 바오로 3세는 작업을 다시 진행시켰습니다. 미켈란젤로는 다시 한 번 '대작'에 진지한 마음으로 임하게 되었습니다. 그의 스케일답게 300명이 등장하는 어머어마한 규모의 벽화가 시작되었습니다.

그런데 문제가 있었습니다. 항상 그랬지만 미켈란젤로는 평범하게 예술을 창작하는 사람이 아니었습니다. 작품을 구상할 때 자신의 창의적인 생각을 더해 아무도 상상하지 못하는 방식으로 새로운 예술을 창조했던 것이죠. 이번 〈최후의 심판〉의 문제는 그가 300명에 달하는 등장 인물들

미켈란젤로, 〈최후의 심판〉, 1536–1541년

을 대부분 나체로 그렸다는 것이었습니다. 죽고 나서 심판을 받는 모습이니까 나체로 그리는 것이 틀린 건 아니지만, 아무리 그래도 예배당 정면에 보이는 그림이었기에 이를 본 사제들은 당황할 수밖에 없었습니다.

아마 지금 시대라도 교회 벽면을 성기가 그대로 드러난 나체들로 덮어버린다면 난리가 날 겁니다. 그래서 그림이 4분의 3 정도 완성되었을 때 로마의 사제들은 교황에게 너무한 게 아니냐고 탄원을 올렸습니다. 그중 고위 사제였던 비아지오는 바오로 3세에게 이렇게 말했습니다.

"이렇게 신성한 곳에 저렇게 부끄러운 나체를 드러낸 사람들이 그려져 있는 건 불경하다고 생각합니다. 차라리 공중목욕탕이나 술집에나 어울릴 법한 그런 그림입니다."

그런데 신참 교황 바오로 3세는 어린 시절 로렌초의 집에서 인문학 교육을 받았기 때문에 예술에 대한 이해가 매우 깊은 인물이었습니다. 게다가 미켈란젤로를 개인적으로도 무척이나 존경하고 있었다고 합니다. 때문에 이 탄원을 무시할 생각이었습니다. 문제는 이 소식을 미켈란젤로가 전해 들었다는 것이었습니다. 예술이 뭔지도 모르는 양반이 작품을 두고 목욕탕 그림이니 술집 그림이니 하는 소리를 하다니, 그의 성격에 가만히 있을 리가 없었죠. 그래서 미켈란젤로는 그림으로 복수하기로 했습니다. 지옥의 문을 지키는 미노스의 얼굴을 비아지오 사제의 얼굴로 그려버린 것입니다.

미켈란젤로는 비아지오를 지옥 입구에 보낸 것으로도 성이 차지 않았는지 모습도 기괴하게 그려놓았습니다. 귀는 당시 '멍청함'을 상징하는 당나귀 귀로 묘사했고, 지옥의 뱀이 미노스, 즉 비아지오의 중요한 부분

〈최후의 심판〉에서 지옥의 수문장 '미노스'로 묘사된
비아지오 사제

을 꽉 깨물고 있는 모습으로 그렸습니다. 이는 '음탕함'을 상징하는데 당시에 비아지오가 문란하다는 소문이 있었던 모양입니다. 그림을 보면 미켈란젤로의 작심이 느껴지는데, 뱀이 정말 작정하고 꽉 깨물고 있는 모습입니다.

지나가다가 그림을 가만히 보던 비아지오는 미노스의 얼굴이 다름 아닌 자신의 얼굴임을 알아차렸습니다. 그래서 급하게 바오로 3세에게 찾아가 미켈란젤로에게 제발 얼굴을 바꾸라고 요청해 달라며 간청했습니다. 그러자 바오로 3세는

"천국은 교황인 내 관할인데 지옥까지는 관할이 아니어서 말이지⋯."

라며 웃어넘겼다고 합니다. 결국 그렇게 비아지오의 얼굴은 지옥의 입구에 영원히 박제되었습니다. 안타깝다고 해야 할까요, 자업자득이라고 해야 할까요? 아니면 그래도 미켈란젤로의 작품에 얼굴이 박제되었으니 그 또한 영광이라고 해야 할까요?

그렇게 해서 미켈란젤로의 또 다른 대작 〈최후의 심판〉이 완성되었습니다. 중앙의 예수 그리스도는 인류 마지막 날에 심판을 내리고 있고, 그 옆에는 성모 마리아가 심판 받는 사람들을 안타까워하고 있습니다. 의로

<최후의 심판>에서 '순교당한 성 바돌로매'로 묘사된
미켈란젤로

운 자들은 왼쪽 아래 무덤에서 일어나 위쪽 천국으로 올라가고 있고, 믿지 않는 자들은 오른쪽 아래에서 미노스의 안내를 받으며 지옥으로 내려가는 모습입니다.

재미있는 건 예수 그리스도의 오른쪽 아래에 껍질이 벗겨지는 순교를 당한 제자 성 바돌로매가 그려져 있는데, 미켈란젤로가 여기에 자신의 자화상을 그렸다는 점입니다. 그는 왜 껍질이 벗겨진 바돌로매에 자신의 얼굴을 그려 넣었을까요? 예술밖에 몰랐던 미켈란젤로는 청빈하고 금욕적인 삶을 산 것으로 유명했습니다. 무엇보다 그는 신실한 신앙인이었습니다. 그럼에도 그는 나이가 들수록 정말 자신이 구원을 받을 수 있을까 하는 고민이 생겼던 모양입니다. 신실한 미켈란젤로였지만 혹시 남몰래 무슨 죄라도 지은 것일까요?

사실 시중에는 미켈란젤로 또한 동성애자라는 소문이 있었다고 합니다. 어떤 사람들은 그의 그림이 대부분 '남성 나체'인 것, 그리고 레오나르도나 도나텔로처럼 결혼을 하지 않은 것을 보면서 아마 동성애자가 아니었겠느냐고 추측합니다. 또 한 가지는 미켈란젤로가 친하게 지내던 토마소 카발리에리라는 미남 귀족 소년이 있었는데, 둘 사이에 오고 간 편지가 동성 친구에게 보낸 편지라기보다는 마치 '사랑 편지'처럼 느껴진다는 것입니다. 다음은 편지의 한 부분입니다.

"나의 매우 친애하는 당신 토마소, 당신으로부터 받은 편지에 대해 답장하기 위해서가 아니라, 제가 먼저 한 걸음 다가가기 위해, 메마른 발로 작은 개울이나 물이 거의 없는 물가에라도 발을 적셔야 할 것 같은 느낌이 들었기 때문에 당신께 편지를 쓰게 되었습니다. 하지만 해안가를 가 보니, 제가 생각했던 찰랑이는 물 대신 엄청난 파도가 있는 바다가 제 앞에 나타났기에 저는 익사하지 않기 위해 제가 출발했던 마른 땅의 발자국들을 되돌아보려고 합니다… 저의 작품들이 당신의 마음을 기쁘게 한다면 훌륭한 일이라기보다는 행운이라고 여기겠습니다. 그리고 만약 제가 어떤 경우에도 당신의 기쁨에 대해 확신한다면, 현재와 미래의 모든 시간을 당신을 위해 헌신하겠습니다. 미래의 한정된 시간보다 더 많은 시간을 당신을 위해 헌신할 수 없었다는 것이, 과거를 되돌리 수 없다는 것이 저를 슬프게 합니다. 저는 이제 너무 늙었기 때문입니다."

개인적으로는 이 편지들을 꼭 사랑 편지로 봐야 하는가에 대해서는 의문이 듭니다. 그 내용이 남자끼리 주고받기에는 너무 시적이고 간질간질한 느낌이 들기는 하지만 '에로틱한'느낌은 전혀 들지 않기 때문입니다. 기사도가 아직 살아 있던 당시에는 동성 간의 편지에도 '존경'의 마음을 담다 보면 이렇게 간질거리는 느낌의 편지가 되기도 했습니다. 그리고 미켈란젤로는 남자뿐 아니라 비토리아 콜론이라는 여인과도 그런 편지를 주고받았으니, 그를 동성애로 단정하기는 어렵다는 생각입니다. 그리고 만약 미켈란젤로가 동성애 성향이 있었더라도 그는 아마 육체적 사랑이 아닌 플라토닉한 사랑을 추구했을 것입니다.

어쨌든 미켈란젤로가 그렇게 자신을 '껍질 벗긴 순교자'로 표현한 것은 자신의 인생에 대한 종교적 성찰이라고 볼 수밖에 없습니다. 동성애든 아니면 다른 그 무엇이든 인간은 죄로부터 자유로울 수 없는 존재니까요. 미켈란젤로의 마음속에는 철저한 회개를 촉구했던, 어린 시절 들었던 사보나롤라의 설교가 여전히 남아 있었던 게 아닐까요?

성 베드로 대성당

〈최후의 심판〉을 완성했을 때 미켈란젤로의 나이는 66세였습니다. 천재에게도 어느덧 마지막 시기가 점점 가까워지고 있었습니다. 그는 말년에 성 베드로 대성당 재건축에 몰두했습니다. 교황 율리우스 2세는 성 베드로 대성당의 재건축을 개시하고 건축가 브라만테에게 맡겼지만, 1514년에 브라만테가 사망하면서 공사는 중단되었습니다. 이후 라파엘로가 총감독을 맡았지만 그 또한 죽는 바람에 다시 미켈란젤로가 총감독을 맡게 된 것입니다.

전형적인 '르네상스 맨'이었던 미켈란젤로는 당연히 건축도 할 수 있

성 베드로 대성당, 바티칸 시국

었습니다. 사실 그는 '대작들'을 완성하는 중간중간에도 계속 작은 규모의 건축 프로젝트를 맡기도 했습니다. 피렌체의 라우렌티아나 도서관이나 기하학적 디자인으로 유명한 카피톨리노 광장은 모두 그의 작품입니다. 하지만 성 베드로 대성당 감독을 맡았을 때 그는 지금까지와는 달리 자신의 창의성을 거의 발휘하지 않았습니다. 최초 설계자였던 브라만테의 설계안을 최대한 수정하지 않았던 것입니다. 미켈란젤로는 스스로 조각가라고 생각했기 때문에 건축가였던 브라만테의 초기 설계안을 존중했습니다. 자존심이 강한 사람은 다른 이의 자존심도 존중할 줄 아는 법입니다.

미켈란젤로는 이후 거의 20년 동안 성 베드로 대성당을 감독하며 시간을 보냈습니다. 아무리 있는 설계도를 그대로 진행한다고 해도 역대 최고 규모로 진행되는 성당 재건축에는 엄청난 에너지가 필요했을 것입니다. 때문에 이 시기에 미켈란젤로는 다른 작품은 거의 손도 대지 못했습니다. 그럼에도 신실한 신앙인이었던 그에게는 성당을 건축하는 이 시간이 분명 의미 있었을 듯합니다.

론다니니의 피에타

그렇게 성 베드로 대성당 재건축을 감독하는 와중에 미켈란젤로는 어떤 조각 하나를 만들기 시작했습니다. 〈론다니니의 피에타〉로 알려진 또 다른 피에타상입니다. 제목이 '론다니니'인 이유는 미켈란젤로가 죽고 나서 론다니니 후작이 이 작품을 구입했기 때문입니다.

미켈란젤로는 죽기 3일 전, 자신의 마지막 한계까지 이 작품을 조각했다고 알려져 있습니다. 결국 미완성으로 남은 이 작품은 누군가 의뢰한 건 아니었습니다. 수많은 대작을 완성시킨 그는 이미 지방의 영주만큼이나 돈이 많았기 때문에 특별히 돈이 더 필요하지는 않았습니다. 그는 이

미켈란젤로, 〈론다니니의 피에타〉, 1552/3-1564년

작품을 10년이나 붙잡고 있었지만 결국 완성하지 못했습니다. 왜 완성하지 못했을까요? 단순히 늙은 육체의 한계 때문이었을까요?

미켈란젤로를 성공하게 만들었던 조각은 〈피에타〉였습니다. 젊은 시절 미켈란젤로는 열정과 야심으로 그 어떤 조각보다 화려하고 아름다운 〈피에타〉를 만들었습니다. 하지만 이제 죽음의 문턱에 가까이 온 그는 다른 느낌의 피에타를 조각하고 있었습니다. 아마 자신이 정말 신의 아들과 신의 어머니를 조각해도 되는지에 대한 고민이 있지 않았을까요? 감히 인간인 내가, 신의 아들과 그의 어머니를 표현해도 되는 것인지, 한계가 있는 인간의 실력으로 한계가 없는 존재의 모습을 조각으로 남겨도 되는 것인지 말이죠.

결과적으로 〈론다니니의 피에타〉는 미완성으로 남았습니다. 그런데 이 작품만큼은 미완성임에도 도저히 미완성이라고 말할 수가 없습니다. 완성할 수 없는 것을 인정하고 완성하지 못한 솔직함, 그 자체가 가장 완벽한 완성이기 때문입니다.

죽음

죽기 3일 전까지 돌망치로 대리석을 두드렸던 그의 모습은 아름답고 경이롭다고밖에 표현할 수 없습니다. 미켈란젤로는 어린 시절 로렌초 밑에서 인문학 교육을 받은 덕분에 시 쓰는 능력도 탁월했으며, 실제로 그는 평생 많은 시를 남기기도 했습니다. 그는 죽음 가까이에서 다음과 같은 시를 남겼습니다.

이제 내 삶은 폭풍우 치는 바다 위에 있네.

모든 것이 서로 이별하는 넓은 항구에 다다른 작은 쪽배처럼

좋고 나쁜 것마저 모두 영원으로 떨어지는 그곳에 다다르기 전에.

인간이 방향도 모른 채 찾는 것은 얼마나 죄악인가?

내 영혼을 세상 예술의 숭배자와 노예로 만든

내가 사랑했던 그 환상이 얼마나 헛된 것인지 이제 나는 아네.

가볍게 가리워진 욕망스러운 생각들은

두 개의 죽음 앞 가까이서는 무슨 의미가 있는가?

한 죽음은 분명하고,

다른 죽음은 나를 두렵게 하네.

그림과 조각은 이제 안식을 취하고

내 영혼은 크신 사랑으로 향하네.

십자가 위 우리를 붙잡기 위해 두 팔을 펼치신

저 높은 곳에 계신 그분의 크신 사랑으로….

1564년 2월 18일, 88세의 미켈란젤로는 로마의 초라한 그의 집에서 사망했습니다. 지역 영주 수준의 엄청난 재산을 가졌음에도 그의 유품은 소박하기 그지없었습니다. 작은 성 베드로 조각과 십자가를 지고 있는 작

은 예수 조각, 몇 장의 스케치가 전부였다고 합니다. 마지막도 그답다고 해야 할까요.

스케치는 거의 남아 있지 않았는데, 그 이유는 그가 죽기 직전 대부분 불태웠기 때문입니다. 시스티나 경당 천장화의 스케치만 해도 족히 수백 장은 되었을 것이고, 그 자체로 엄청난 가치를 가졌을 것입니다. 미켈란 젤로가 마지막에 왜 모든 스케치를 불태웠는지는 알 수 없습니다. 어쩌면 죽기 전, 이 땅에서의 예술은 더 이상 의미가 없다고 생각했을지도 모릅니다.

로마에서 사망한 미켈란젤로의 시신은 피렌체로 옮겨져 산타 크로체 대성당에 안장되었습니다. 이는 사랑하는 조국 피렌체에 묻히기를 바라는 그의 마지막 유언이었습니다. 그의 무덤은 최초의 미술사가이자 르네상스 천재들을 기록했던 조르조 바사리에 의해 완성되었습니다.

만약 천국이 있다면 그는 아마 천국 어디에선가 아름다운 무언가를 창조하고 있을 것입니다. 그는 무언가를 새롭게 창조하지 않고는 견딜 수 없어 하는 사람이었으니까요. 정말 그렇다면 그가 천국에서 창조한 예술은 어떤 모습일지 궁금합니다. 눈에 보이지 않는 세계에서 창조된 예술은 눈에 보이는 세계에서 창조한 예술로는 상상할 수 없는 높은 그 무엇일 테니까 말이죠.

온유, 라파엘로

꽃의 도시의 마지막

피렌체(Firenze)라는 이름은 '꽃을 피우다'는 뜻의 플로렌티아(Florentia)에서 기원했습니다. 아마 처음 이 땅에 식민지를 세웠던 카이사르는 아르노강의 언덕에 아름답게 핀 꽃을 보고 그런 이름을 짓지 않았을까요? 그런데 피렌체는 정말 지중해의 '꽃의 도시'라고 불릴 만했습니다. 인류사의 가장 중요한 전환점이었던 르네상스를 화려하게 꽃피운 도시였기 때문입니다.

하지만 영원히 시들지 않을 것 같았던 피렌체 르네상스의 꽃도 여느 꽃의 운명처럼 점점 시들어가기 시작했습니다. 피렌체의 중심 역할을 하던 메디치가 몰락하면서 도시 전체가 점점 활기를 잃어가기 시작한 것입니다. 로렌초와 사보나롤라 이후 다시 집권을 시도한 메디치 가문의 후손들은 몰락해

라파엘로, 〈자화상〉, 1505년

가는 가문과 피렌체를 되살리기엔 역량이 부족했습니다.

그렇게 메디치가 기울어감에 따라 별처럼 빛나던 피렌체의 예술가들도 더 이상 등장하지 않게 되었습니다. 그래도 다행인 점은 르네상스가 끝으로 향해 가던 시점에 그 마지막 역할을 담당할 예술가가 등장했다는 것입니다. 바로 르네상스 3대 천재 가운데 마지막 인물인 라파엘로 산치오(Raffaello Sanzio)입니다. 그는 레오나르도처럼 독창적이지도 않았고 미켈란젤로처럼 신적인 예술가도 아니었지만, 르네상스의 문을 닫고 한 시대를 마무리하는 역할을 맡기에는 충분한 예술가였습니다.

훈훈한 남자

라파엘로는 선배 천재들과는 달리 온유한 성격의 인물이었습니다. 자화상에 보이는 것처럼 외모도 곱상하고 훈훈한 미남이기도 했습니다. 얼마나 성격이 좋았는지 미켈란젤로를 지팡이로 때렸던 다혈질 교황 율리우스 2세마저 그를 매우 아꼈다고 합니다. 때문에 독신으로 살았던 두 천재와는 달리 항상 여자들이 그를 쫓아다니기도 했습니다. 한마디로 구김살이 없는 남자라고 해야 할까요?

그렇지만 그의 어린 시절을 살펴보면 구김살이 없는 편은 아니었습니다. 피렌체에서 한참 동쪽에 있는 우르비노 출신이었던 라파엘로는 어릴 적 부모님을 잃고 고아로 자랐습니다. 어머니는 그가 여덟 살일 때 돌아가셨고, 화가였던 아버지 조반니 데 산티(Giovanni de' Santi)는 그가 열한 살 때 세상을 떠났습니다. 하지만 온화한 성격의 라파엘로는 고아가 된 뒤에도 엇나가기보다는 오히려 더 열심히 그림을 그리며 아버지와 어머니에 대한 그리움을 달랬습니다.

라파엘로는 아버지가 죽고 얼마 뒤 아버지의 친구였던 페루지노(Perugino) 밑에서 그림을 배우기 시작했습니다. 그리고 열일곱 살이 되던 해부터는

라파엘로, 〈몬트의 그리스도 수난도〉, 1502–1503년경

독립된 화가로 활동하게 됩니다. 화가였던 아버지의 피를 이어받았기 때문인지 그는 곧 우르비노 지역에서 꽤 실력 있는 예술가로 성장할 수 있었습니다. 〈몬트의 그리스도 수난도〉는 이 시절 우르비노의 산 도메니코 교회의 제단화로 제작된 것입니다. 비슷한 시기의 피렌체 그림에 비하면 수준 차이가 분명하지만, 그래도 그의 부드러운 붓질과 색감에서 충분한 재능을 엿볼 수 있습니다.

그러던 중 그의 인생을 바꿀 한 가지 소문이 서쪽에서 들려왔습니다. 바로 피렌체에서 레오나르도와 미켈란젤로가 벽화로 대결을 벌인다는 소문이었습니다.

벽화 대결 직관

이 소문이 동쪽 한참 멀리 있는 우르비노 지역까지 퍼졌던 것을 보면 당시에 확실히 큰 사건이기는 했던 모양입니다. 어쨌든 세기 최고의 두 천재가 벽화로 대결을 벌이는 것이니까요. 아직 어렸던 라파엘로는 동경하는 두 천재가 대결한다는 소문을 듣고 마치 아이돌의 공연 소식이라도 들은 학생처럼 마음이 들떴던 모양입니다. 그는 진심으로 이 대결이 궁금했는지 짐을 싸서 피렌체로 떠날 준비를 하기 시작했습니다.

라파엘로는 단순 여행이 아니라 아예 피렌체로 이주할 계획까지 세우게 됩니다. 자신도 천재들의 도시 피렌체에서 한번 실력을 겨뤄보고 싶었던 것입니다. 그는 아직 어렸지만 우르비노에서는 어느 정도 이름이 있는 예술가였기 때문에 우르비노 공작의 누이였던 조반나 펠트리아의 추천서를 한 장 받을 수 있었습니다. 1504년, 라파엘로는 벽화 배틀의 설계자이자 피렌체의 곤팔로니에레였던 소데리니에게 보내는 추천서를 들고 피렌체에 도착했습니다.

하지만 앞서 이야기한 것처럼 두 천재의 대결은 결국 성사되지 않았습니다. 라파엘로는 실망스러웠겠지만 다행히 레오나르도의 앙기에리 전투 그림 일부와 미켈란젤로의 카시나 전투 스케치는 볼 수 있었습니다. 라파엘로는 이 그림들을 보고 아마 엄청나게 압도되는 느낌을 받았을 것입니다. 고향에서는 나름 실력 있다고 인정받은 예술가였지만, 피렌체를 대표하는 두 천재와 자신은 하늘과 땅 차이였던 것입니다.

라파엘로는 두 천재의 그림을 보며 새롭게 미술 공부를 시작했습니다. 레오나르도는 라파엘보다 서른 살이나 많아 까마득한 대선배처럼 느껴졌을 테지만, 당시 아직 젊었던 미켈란젤로와는 여덟 살밖에 차이가 나지 않았습니다. 어쩌면 마음 한켠에는 언젠가는 미켈란젤로를 이겨보겠다는 생각도 있지 않았을까요? 게다가 피렌체에는 두 천재 말고도 마사초를 비롯한 수많은 위대한 예술가의 작품들이 널려 있었기 때문에 공부할 자료는 충분했습니다. 라파엘로는 그렇게 피렌체에서의 생활을 시작하게 되었습니다.

다른 재능

피렌체에 정착한 라파엘로는 소데리니의 도움으로 금방 작품들을 의뢰받을 수 있었습니다. 어쨌든 고향에서는 실력을 인정받은 뛰어난 화가였기 때문입니다. 라파엘로는 습득하는 속도 역시 빨랐던 듯합니다. 피렌체에 도착한 이후에 그린 그림들을 보면 스타일이 크게 바뀌었다는 것을 알 수 있습니다. 그는 두 선배 천재들처럼 독창적인 스타일을 창조하기보다는 겸손하게 그들의 방식을 습득하는 방법을 택했던 것으로 보입니다. 그의 온유한 성격을 반영한 듯한 행보입니다.

라파엘로는 우선 레오나르도에게서 스푸마토 기법과 따뜻한 색감, 편안한 구도를 배웠습니다. 피렌체에 와서 그린 〈초원의 성모〉는 앞서 보았던 우르비노 시절의 제단화와 비교해 스타일에 많은 변화가 있었음을 알 수 있습니다. 딱딱한 고딕 스타일은 거의 사라지고, 따뜻한 색감뿐 아니라 레오나르도의 작품에서 보이는 곰살맞은 귀여운 아기의 포즈도 비슷하게 나타납니다.

그런데 라파엘로에게는 두 천재에게 없는 다른 재능이 있었습니다. 바

라파엘로, 〈초원의 성모〉, 1505-1506년경

로 사회성입니다. 바사리의 표현에 따르면 '온화함 그 자체'였던 라파엘로는 금방 피렌체의 예술가들과 친해질 수 있었고, 아름다운 매너와 성격으로 부유한 후원자들과도 금방 친분을 쌓게 됩니다. 그의 사회성에는 원만한 인간 관계뿐 아니라 주문자와의 약속을 지키는 성실함도 포함됩니다. 돈만 받고 그림을 그려주지 않아 후원자들을 열받게 했던 레오나르도나 독불장군 스타일로 그림을 그렸던 미켈란젤로와는 확실히 달랐습니다. 그 덕분에 라파엘로는 피렌체에 도착하고 얼마 뒤부터 금방 많은 숫자의 작품을 의뢰받을 수 있었죠.

그는 프레스코화를 포함하여 거의 150점이 넘는 그림들을 완성했던 것으로 유명한데, 비교적 일찍 죽었다는 점을 감안하면 이는 상당한 숫자입니다. 다시 말하지만, 레오나르도는 70세 가까이 살았음에도 고작 16점의 작품밖에 완성하지 못했습니다. 이러한 사회성 덕분에 라파엘로는 금방 피렌체의 주류로 진입할 수 있었습니다. 우르비노 출신의 시골 청년이었던 그가 몇 년 만에 미켈란젤로에 이어 피렌체에서 주목받는 '또 다른 젊은 천재'로 인정받기 시작한 것입니다.

로마로

1508년, 교황 율리우스 2세는 라파엘로를 로마로 불러들였습니다. 라파엘로를 추천한 사람은 성 베드로 대성당을 설계했던 건축가 브라만테였습니다. 그때나 지금이나 학연과 지연은 어쩔 수 없는 인간의 성향이었나 봅니다. 브라만테는 같은 우르비노 지역 출신이었던 라파엘로를 이끌어주려고 했던 것이죠.

이 시기는 율리우스 2세가 미켈란젤로를 불러서 한참 구박하던 때였습니다. 당시 그는 미켈란젤로뿐 아니라 뛰어난 예술가라면 누구든 로마로 불러왔습니다. 예술가들을 불러 모아 로마를 피렌체처럼 예술이 빛나는 도시로 만들고자 했기 때문입니다.

율리우스 2세는 우선 라파엘로에게 자신이 사는 공관의 '서명의 방' 네 개 벽면에 벽화를 그리도록 지시했습니다. 서명의 방은 교황이 서명하는 방이니까 요즘으로 치면 집무실 같은 곳이라고 할 수 있습니다. 라파엘로는 아마 기회라고 생각했을 것입니다. 만약 이 의뢰를 제대로 성공하기만 한다면 미켈란젤로처럼 되고 싶었던 자신의 꿈에 한 계단 더 가까이 가는 셈이기 때문입니다. 때마침 옆 건물에서는 자신이 동경하던 미켈란젤로가 천장화를 그리고 있었습니다. 라파엘로는 네 개의 벽면에 당시 인문학의 주요 주제였던 신학 · 철학 · 시학 · 법학에 관한 주제를 그리기 시작했습니다.

서명의 방

라파엘로가 서명의 방 벽면에 기획한 그림의 주제는 아래와 같습니다.

성체 논쟁(신학)

아테네 학당(철학)

뮤즈들의 고향 파르나소스(시학)

그레고리오 9세와 유스티니아누스(법학)

처음 시작한 그림은 신학을 주제로 한 〈성체 논쟁〉이었고, 이어서 철학을 주제로 한 〈아테네 학당〉도 그리기 시작했습니다. 율리우스 2세는 라파엘로의 프레스코 벽화들의 윤곽이 어느 정도 드러났을 때쯤 직접 보게 되었는데 상당히 만족스러워했다고 합니다. 그리고 교황은 라파엘로에게 이렇게 말했습니다.

라파엘로, 〈성체 논쟁〉, 1508-1509년

"그래 잘하고 있어. 내가 보니까 너는 다른 놈들과는 다르게 확실히 네
가 하는 일을 알고 있구만."

율리우스 2세는 앞서 설명했던 것처럼 매우 다혈질이었는데 결정도 화
끈했습니다. 아직 작업 중이었던 〈아테네 학당〉이 무척 마음에 들었던 교
황은 기존에 그려져 있던 다른 화가들의 벽화를 모두 지우게 하고 그 자
리를 전부 라파엘로가 다시 그리도록 했습니다.

그리고 무슨 마법이 일어난 건지 언젠가부터 교황이 라파엘로를 '귀한 내 새끼'라고 부르면서 아끼기 시작했습니다. 미켈란젤로에게는 밀어서 떨어뜨려 죽인다는 막말로도 모자라 지팡이를 휘둘렀던 그가 말입니다. 이 역시 라파엘로의 타고난 사회성 덕분이지 싶습니다. 항상 친절하고 그림까지 잘 그리는 그를 귀여워하지 않을 수 없었던 것입니다.

꼰대 미켈란젤로와 훈남 라파엘로

어쨌든 '신참'이었던 라파엘로에게 미켈란젤로는 같은 예술가라면 존경할 수밖에 없는 거장이었습니다. 그래서 라파엘로는 항상 미켈란젤로에게 깍듯이 대했지만 미켈란젤로는 그가 별로 마음에 들지 않았던 모양입니다. 미켈란젤로는 이미 피렌체 시절부터 라파엘로를 탐탁치 않게 생각하고 있었습니다. 라파엘로가 진정한 예술가가 아니라 그저 남의 기술이나 훔치는 따라쟁이 예술가라고 생각하고 있었기 때문입니다. 미켈란젤로는 어느 편지에서 다음과 같이 말했습니다.

"라파엘로는 나를 질투할 만했습니다. 그는 예술에 관한 모든 것을 나한테서 배웠으니까요."

한쪽에서 싫어하면 반대쪽에서도 그 미움을 금방 눈치채기 마련입니다. 미켈란젤로의 차가운 시선에도 라파엘로는 항상 그에게 존경을 표했지만, 착한 라파엘로도 반항했던 적이 한 번 있었습니다. 아무래도 두 사람은 같은 교황청에서 일했으므로, 오가며 복도에서 자주 마주칠 수밖에 없었습니다. 성격이 좋아 금방 많은 친구를 사귀며 주류가 되었던 라파엘로는 그 날도 귀족 친구들에게 둘러싸여 미소를 지으며 이런저런 이야기를 나누고 있었습니다. 그때 작업을 마친 미켈란젤로가 평소처럼 땀에

절은 냄새를 풍기며 걸어왔습니다. 미켈란젤로는 이날따라 유독 심기가 불편했는지 한마디 쏘아붙였습니다.

"너는 꼭 사람들을 끌고 다니네. 네가 장군이라도 되나?"

평소 같으면 웃으며 대응했을 라파엘로였지만, 옆에 귀족 친구들도 있는데 무시를 당하자 객기가 발동했는지 그답지 않게 맞받아쳤습니다.

"선배님은 항상 혼자 다니시잖아요. 마치 사형 집행인처럼 말이죠."

아마 옆에 있던 친구들은 히죽 히죽 웃으며 같이 미켈란젤로를 놀렸을 것입니다. 가만히 생각해 보면 분명 먼저 시비를 건 쪽은 미켈란젤로입니다. 그런데 이상하게도 라파엘로와 친구들이 악역처럼 보이는 이유는 무엇일까요. 미켈란젤로는 그런 사람이었습니다. 그 서글서글한 라파엘로까지 악당처럼 보이게 만드는 사람 말이죠. 어쨌든 그가 저렇게 쏘아붙인 걸 보면 천하의 미켈란젤로라도 라파엘로가 새로운 '신흥 천재'로 불리는 것이 어느 정도 신경 쓰였던 게 아닐까 싶습니다.

한편 이런 측면도 있었을 것입니다. 미켈란젤로는 평생 수도사 같은 삶을 살며 예술에만 몰두했던 것으로 유명합니다. 그에게도 욕망이 있었을 테지만, 종교적 신념으로 스스로 절제하며 살았던 것이죠. 반면 라파엘로는 즐길 줄 아는 남자였습니다. 잘생긴 외모에 무엇보다 본인도 여자들을 좋아했으니 여자들이 곁을 떠날 줄 몰랐던 것입니다. 게다가 교황의 총애까지 받는 예술가였던 라파엘로는 어느새 로마에서 거의 연예인과 다름없는 인기를 누리고 있었습니다. 실제로 라파엘로는 여러 모임에 불려 다니며 당시 로마에서 소문난 미인들과 같이 파티를 즐기는 생활을 했다고 합니다.

아마도 미켈란젤로는 자신은 성적으로 억압된 삶을 사는 반면, 라파엘로는 개방된 삶을 살고 있다고 생각했던 게 아닐까 싶습니다. 게다가 그가 보기에 라파엘로는 실력도 안 되면서 예술가라고 떠들고, 하라는 노력은 하지 않으며, 그저 타고난 싹싹함 때문에 귀족과 교황의 총애를 받을 뿐, 천재라고 하기엔 한참 모자란 예술가였습니다.

미켈란젤로의 영향

아무리 라파엘로가 인기가 많다고 해도 그도 근본은 예술가였습니다. 결국 예술가들의 '승부'는 인기가 아닌 예술로 내는 것입니다. 둘 중 누구를 더 뛰어난 예술가라고 해야 할까요? '신적인 예술가'였던 미켈란젤로의 상대가 과연 세상에 존재할 수 있을까 싶지만, 사실 그 누구보다도 둘 사이의 실력 차이를 정확히 느끼는 사람은 바로 본인일 것입니다.

당시 미켈란젤로는 시스티나 경당 천장화를 그리고 있었는데 그는 그림이 완성되기 전까지는 아무에게도 보여주지 않으려고 했습니다. 천장화가 도대체 어떻게 진행되고 있는지 가장 보고 싶어 했던 사람 중 하나는 당연히 라파엘로였습니다. 그래서 그는 성 베드로 대성당을 건축하고 있던 고향 선배 브라만테에게 살짝 부탁했습니다. 미켈란젤로 모르게 천장화를 살짝 볼 수 있게 해달라는 것이었죠. 그렇지만 기회가 쉽게 나지 않았습니다. 미켈란젤로는 쉬지 않는 예술가였으니까요. 그러던 중 미켈란젤로가 잠시 피렌체로 떠날 일이 생겼습니다. 드디어 기회가 생긴 것입니다. 브라만테와 라파엘로는 예배당의 열쇠를 가져와 몰래 들어가 천장화를 보게 됩니다. 그때 미켈란젤로의 천장화를 처음 본 라파엘로는 세상에 존재한 적 없는 그 그림들을 보고 확실히 느꼈을 것입니다. "아, 이 사람은 내가 어떻게 해볼 수 있는 사람이 아니구나" 하고요.

　라파엘로는 미켈란젤로의 엄청난 천장화를 본 이후 도저히 그의 영향을 받지 않을 수가 없었습니다. 피렌체에 있던 시기에는 주로 레오나르도에게서 영향을 받았다면, 로마에 온 이후에는 미켈란젤로의 영향을 받게 됩니다. 미켈란젤로의 영향은 라파엘로의 여러 그림에 나타납니다. 당시 작업 중이었던 〈아테네 학당〉뿐 아니라 그 이후에 그린 산타고스티노 교회의 〈예언자 이사야〉에서도 미켈란젤로의 영향이 드러납니다. 아래의 두 그림을 비교해 보면 알 수 있습니다. 피렌체 시절에 라파엘로는 부드

미켈란젤로, 시스티나 경당 천장화 중 〈델포이의 여사제〉,
1511–1512년경

라파엘로, 〈예언자 이사야〉, 1512–1513년경

357

럽게 그림을 그렸었는데, 이 시점 이후로 근육이 꿈틀거리는 역동적인 인체 표현이 강조되는 미켈란젤로 특유의 스타일로 조금씩 바뀌기 시작했습니다.

덧붙이자면 예술가가 다른 예술가의 영향을 받는 것은 전혀 잘못된 게 아닙니다. 미켈란젤로도 도나텔로의 조각에 영향을 받아 성장할 수 있었으니까요.

아테네 학당

미켈란젤로의 영향을 받은 라파엘로는 얼마 뒤 〈아테네 학당〉을 완성하게 됩니다. 그렇게 완성된 〈아테네 학당〉은 미켈란젤로의 시스티나 경당 천장화와 함께 르네상스에서 가장 중요한 벽화 중 하나로 평가받습니다.

라파엘로는 '철학'이라는 주제에 맞춰 그리스 시대에 가장 유명했던 철학자들을 한 화면에 담아냈습니다. 중앙의 두 남자는 그리스 철학의 양대 산맥인 플라톤과 아리스토텔레스입니다. 플라톤은 손가락으로 하늘을 가리키고 있는데 이는 그의 철학 '이데아론'에 따라 천상계를 가리키고 있는 것입니다. 그리고 그 옆에는 아리스토텔레스가 보입니다. 그는 이 땅의 물질 세계의 원리에 관심이 많았던 만큼 땅을 가리키고 있습니다.

오른쪽 아래에는 기하학을 창시한 유클리드가 컴퍼스를 돌리고 있고, 그 옆에 지구본을 들고 있는 사람은 프톨레마이오스로 추정됩니다. 화면 왼쪽에는 피타고라스가 작은 칠판에 적힌 음악의 원리를 연구하고 있습니다. 라파엘로는 이 외에도 유명한 여러 그리스 철학자들을 각자의 개성에 맞게 표현해 놓았습니다. 당시는 신플라톤주의가 한창 유행하던 시절이었으니, 사람들은 아마 라파엘로가 그리스 철학자들을 어떻게 그렸나 하고 한명 한명 매우 흥미롭게 살펴봤을 듯합니다.

〈아테네 학당〉 중 플라톤(레오나르도 다빈치)과
아리스토텔레스(바스티아노)

〈아테네 학당〉 중 헤라클레이토스(미켈란젤로)

　재미있는 점은 라파엘로가 철학자들을 그릴 때 같은 시대의 유명 예술가들의 얼굴을 모델로 삼아 그렸다는 것입니다. 그리스 철학자들 가운데 중심인물인 플라톤의 얼굴에는 레오나르도 다빈치의 얼굴을, 아리스토텔레스의 얼굴에는 미켈란젤로의 제자였던 바스티아노를 그렸습니다. 그리고 컴퍼스를 돌리는 유클리드의 얼굴에는 자신을 이끌어주었던 고향 선배 브라만테의 얼굴을 그렸죠.

　그런데 생각해 보면 매우 이상합니다. 당시 예술가들의 명성을 고려하면, 플라톤을 레오나르도의 모습으로 그렸을 때 아리스토텔레스에는 미켈란젤로의 얼굴이 들어가야 격에 맞기 때문입니다. 그런데 라파엘로는 미켈란젤로 대신 그의 제자인 바스티아노를 그려 넣었습니다. 정작 미켈란젤로는 왼쪽 아래의 헤라클레이토스라는 철학자로 그렸는데, 그는 그리스 철학자들 가운데 오만하고 우울증에 시달리는 인간 혐오주의자로 알려져 있습니다. 게다가 미켈란젤로 특유의 부츠를 신고 있는 우중충하

라파엘로, 〈아테네 학당〉, 1510-1511년

고 꼬질꼬질한 복장을 그대로 그려놓았습니다.

라파엘로는 왜 미켈란젤로를 헤라클레이토스의 자리에 그린 걸까요? 일단 확실한 건 원래 스케치 버전에는 미켈란젤로가 없었다는 것입니다. 그래서 누군가는 미켈란젤로의 천장화에 감명을 받은 라파엘로가 뒤늦게 그에 대한 '존경의 표시'로 추가하다 보니 자리가 없었고, 어쩔 수 없이 헤라클레이토스로 그렸다고 말하기도 합니다. 그러나 존경을 표시하려고 했다면 굳이 '인간 혐오주의자 철학자'였던 헤라클레이토스를 선택한 점이 의문입니다.

이는 아마도 라파엘로의 소심한 복수가 아니었을까 싶습니다. 라파엘로는 줄곧 자신을 무시했던 미켈란젤로에게 "전 형님을 그렇게 대단하게 생각하지는 않는데요?"라고 말하며 약을 올리려고 했던 게 아닐까요? 그래서 원래 있어야 할 아리스토텔레스의 자리가 아닌, 짓궂게도 우울증에 걸린 철학자 헤라클레이토스의 자리에 미켈란젤로를 그려 넣은 듯합니다. 미켈란젤로가 비아지오 사제를 지옥문의 미노스로 그린 것처럼 라파엘로도 그림으로 복수한 셈이죠. 미켈란젤로가 이에 대해 어떻게 반응했는지는 알려져 있지 않습니다. 하지만 미켈란젤로는 남들보다 몇 배는 예민한 사람이었으니 표현은 하지 않았더라도 속으로는 상당히 불쾌했을 듯합니다.

라파엘로의 방

앞서 설명한 것처럼 율리우스 2세는 라파엘로에게 〈아테네 학당〉에 이어 다른 교황의 방에도 벽화를 그리라고 주문했습니다. 네 개의 방에 총 열여섯 개의 거대한 프레스코 벽화를 주문한 것이니 율리우스 2세는 확실히 통이 큰 사람이었습니다. 이 그림들이 있는 방들은 현재 라파엘로가 그린 벽화가 남아 있다는 의미로 '라파엘로의 방들'이라고 불립니다.

라파엘로, 〈성 베드로의 석방〉, 1513–1514년

　라파엘로는 '서명의 방'을 완성한 이후 두 번째 방에 새로 벽화를 그리기 시작했습니다. 두 번째 방은 현재 '엘리오도로스의 방'으로 불리는데, 이 방의 첫 번째 그림이 '엘리오도로스의 추방'을 주제로 하고 있기 때문입니다. 엘리오도로스의 방에는 '하느님의 보호하심'이라는 큰 주제 아래, 다음과 같은 네 가지 내용들을 다루고 있습니다.

네 개의 그림 중 가장 인상적인 그림은 〈성 베드로의 석방〉입니다. 이 벽화는 성경에서 베드로가 천사의 도움으로 감옥에서 풀려나는 이야기를 총 세 개의 장면으로 나누어서 표현하고 있습니다. 가운데 장면에는 격자무늬의 철창살에 잠들어 있는 병사들 사이로 눈부신 천사가 나타나 베드로를 깨우고 있습니다. 오른쪽에는 감옥에서 풀려난 베드로와 천사가 잠든 병사들 사이를 유유히 빠져나오고 있습니다. 그리고 맨 왼쪽에는 병사들이 잠들어 있는 다른 동료 병사들을 깨우며 기적이 일어난 것을 보고 당혹스러워하고 있습니다. 라파엘로의 온화한 성격을 반영하듯 따뜻한 색채와 부드러운 분위기가 돋보이는 벽화입니다.

이렇게 라파엘로는 두 개의 방에 여덟 개의 벽화를 완성하고 세 번째 방도 작업을 시작했지만 열여섯 개의 벽화를 전부 완성시키지는 못했습니다. 만약 라파엘로가 모든 벽화를 완성했다면 상당히 중요한 르네상스 예술의 유산으로 남았을 텐데 아쉽습니다. 나머지 방들은 라파엘로의 제자들이 그의 스케치를 바탕으로 비로소 완성할 수 있었습니다. 벽화가 중단된 이유는 라파엘로가 급하게 교황의 다른 명령을 수행해야 했기 때문입니다.

성 베드로 대성당

1514년, 라파엘로를 물심양면으로 밀어주었던 고향 선배 브라만테가 사망했습니다. 70세의 나이였으니 갑작스러운 죽음은 아니었죠. 브라만테는 죽으면서 자신의 일생 최대의 사업이었던 성 베드로 대성당 재건축

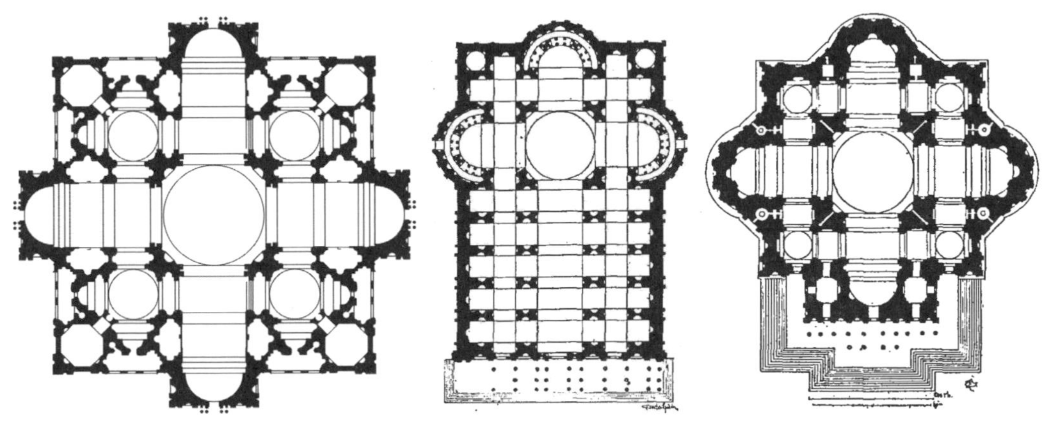

브라만테(왼쪽), 라파엘로(가운데), 미켈란젤로(오른쪽)의 성 베드로 대성당 재건축 설계도

을 라파엘로에게 맡기고 떠났습니다. 사실 경력으로 보나 실력으로 보나 이 정도 규모의 일이라면 미켈란젤로에게 맡기는 게 맞았겠지만, 아무래도 브라만테는 고향 후배였던 라파엘로를 밀어주고 싶었던 모양입니다. 그렇게 라파엘로는 벽화 작업을 중단하고 급하게 대성당 프로젝트를 맡게 됩니다.

당시의 건축은 공학적인 측면만큼이나 예술적인 측면도 중요했기 때문에 예술가들이 이를 맡는 건 당연한 일이기도 했습니다. 라파엘로도 키지 예배당을 포함한 몇 개의 건축 프로젝트를 진행한 적이 있었습니다. 하지만 성 베드로 대성당만큼 거대한 프로젝트는 맡아본 적이 없었죠. 라파엘로는 중요한 프로젝트였던 만큼 최선을 다해야 했습니다. 때문에 라파엘로는 몇 년 동안 성 베드로 대성당 재건축에 거의 모든 정력을 쏟아붓게 됩니다. 그 결과 총감독을 맡았던 기간에는 그림 제작 수가 급속도로 줄어들게 됩니다.

성 베드로 대성당의 총감독이 된 라파엘로는 위 설계도에 보이는 것처럼 정사각형이었던 브라만테의 기본 설계를 바꾸어 긴 직사각형으로 만들려고 시도했습니다. 이는 중세 고딕 성당에 흔히 사용되던 바실리카

(Basilica) 양식으로, 튀는 방식보다는 당시 일반적으로 쓰이던 양식을 택한 것으로 보입니다. 그러나 결과적으로 라파엘로의 새로운 설계안은 실행되지 못했습니다. 그는 약 6년간 총감독을 맡았지만 이를 그만두고 내려와야 했기 때문입니다. 안타깝게도 그가 갑자기 세상을 떠나버리면서 말이죠.

빵집 딸과의 사랑

라파엘로는 두 천재 선배와는 달리 37세라는 어린 나이에 생을 마감했습니다. 그는 왜 한창인 나이에 갑자기 세상을 떠나게 된 것일까요? 라파엘로의 죽음은 '여자 문제' 때문이었습니다.

얼굴도 귀엽고 성격까지 좋은 라파엘로는 성 베드로 대성당의 총감독을 맡으며 완전한 성공가도에 오르게 됩니다. 이런 조건이라면 당연히 주변에서 혼담이 오갈 수밖에 없습니다. 레오나르도와 미켈란젤로는 평생 독신으로 산 것으로 유명하지만 라파엘로는 무엇보다 본인이 여자를 좋아했으니 결혼을 하지 않을 이유가 없었습니다.

라파엘로는 로마에 온 뒤로 베르나르도(Bernardo Divizio) 추기경과 친하게 지내기 시작했는데, 추기경은 그에게 도대체 언제 장가를 갈 거냐고 계속 재촉했다고 합니다. 아마도 추기경은 라파엘로에게 자신의 조카딸 마리아를 소개해 주고 싶어, 은근히 떠보았던 모양입니다. 평민 출신이었던 라파엘로 입장에서는 이제 예술가로서 자리도 어느 정도 잡았으니 귀족과 결혼할 기회를 마다할 이유가 없었습니다. 그래서 그는 성 베드로 대성당 총감독을 맡은 1514년에 추기경의 조카 마리아와 약혼을 했습니다. 하지만 마리아에게 아직은 바쁘니 조금 더 안정될 때까지 기다려달라며 약혼 후 6년이나 결혼을 미루게 됩니다. 어마어마한 크기의 성당을 재건축하는 일이었으니 바쁘기는 했을 것입니다.

그런데 그가 결혼을 미룬 이유는 단순히 그 때문만은 아니었던 것으로 보입니다. 조르조 바사리는 라파엘로에 대해 다음과 같이 기록하고 있습니다.

"육체적 쾌락을 추구하는 사람이었고, 여자 때문에 행복을 느꼈으며, 항상 여자를 섬길 준비가 되어 있었다."

라파엘로가 결혼을 계속 미루었던 이유는 당시에 다른 여자가 있었기 때문일 것으로 추정됩니다. 상대는 빵집 딸로 알려진 마르게리타 루티(Margarita Luti)라는 여인이었습니다. 라파엘로는 종종 자신의 그림에 그녀를 몰래 등장시켰습니다. 라파엘로가 그렸던 여러 그림들을 살펴보면 유독 비슷한 외모의 여인이 자주 등장하는 것을 알 수 있는데, 이들은 모두 마르게리타 루티를 모델로 그린 것입니다. 성모 마리아를 그린 〈식스투스의 성모〉와 어느 여인의 초상화인 〈빵집 여식(라 포르나리나)〉를 보면, 얼굴이 묘하게 닮아 있습니다.

지금까지는 라파엘로와 마르게리타와의 관계를 그저 추측만 할 뿐이었는데, 2001년에 재미있는 연구가 발표됩니다. 엑스레이로 〈빵집 여식〉을 촬영해 봤더니, 여인의 왼손 약지에 반지가 그려져 있었던 것입니다. 지금까지 반지가 보이지 않았던 이유는 누군가 손가락을 덧칠해 반지를 지웠기 때문입니다.

반지의 의미는 무엇이고, 누가 왜 지운 것일까요? 우선 반지는 약혼을 상징합니다. 그림을 보면 여인의 왼쪽 팔뚝에 있는 파란색 팔찌에

"RAPHAEL VRBINAS"

라파엘로, 〈식스투스의 성모〉, 1513년경

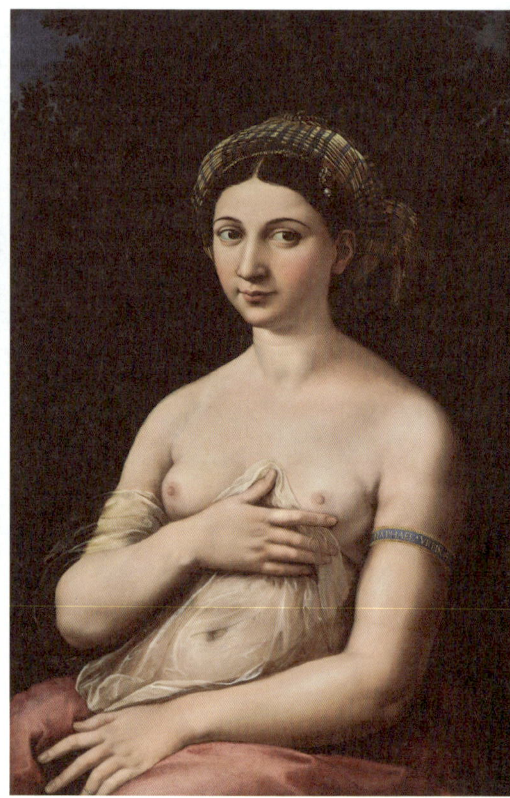

라파엘로, 〈빵집 여식(라 포르나리나)〉, 1518–1519년경

즉 '우르비노의 라파엘로'라고 적혀 있는데, 이는 라파엘로가 이 여인을 자신의 여자로 '찜'해 놓은 것이죠. 그러니까 반지와 팔찌는 모두 그림 속 여인과 라파엘로가 서로 약혼한 사이라는 점을 암시합니다.

그렇다면 왜 추후에 반지를 덧칠해 지운 것일까요? 이는 그가 약혼 사실을 숨기려 했던 것으로 추정할 수 있습니다. 라파엘로가 이 그림을 그린 것은 1518년경이었습니다. 그리고 그는 이미 1514년에 추기경의 조카딸 마리아와 약혼을 했죠. 즉, 라파엘로는 마리아와 약혼을 하고 4년 후에 마르게리타와 또 다른 약혼을 '몰래' 했던 것입니다. 그리고는 이를 숨기기 위해 반지를 지운 것이죠. 그렇다면 팔찌는 왜 그냥 두었을까요? 팔찌에 적힌 이름은 '서명의 의미'로 이름을 쓴 것이라 둘러댈 수 있었으나, 반지는 너무 의미가 명확한 징표라 지운 것이 아닐까 싶습니다.

그런데 마르게리타도 보통은 아니었던 모양입니다. 연애에 있어서는 라파엘로보다 한 수 위였는지, 라파엘로는 그녀에게 푹 빠져 굉장히 집착했다고 합니다. 그와 관련된 일화가 하나 전해집니다. 대성당의 총감독을 맡기 전, 라파엘로는 아고스티노라는 은행가의 별장에 프레스코 벽화를 그린 적이 있었습니다. 이때 라파엘로는 마르게리타에게 정신이 팔려서 그녀가 곁에 없으면 아예 작업을 진행하지 못할 정도였다고 합니다.

아고스티노는 이러다가는 영원히 작업이 완성되지 않을 것 같아 걱정하다가, 아예 그녀를 불러 라파엘로가 묵고 있는 별장으로 보내 함께 살도록 했습니다. 그녀가 곁에 있자 라파엘로는 다시 그림에 집중할 수 있었다고 합니다. 이 정도로 마르게리타에 빠져 있었으니 추기경의 조카딸과 결혼식을 올릴 리가 없었던 것이죠. 아마 라파엘로는 고민했을 것입니다. 그토록 사랑하는 여인은 평범한 빵집 딸인데, 그렇다고 성공을 눈앞에 둔 시점에서 귀족과의 결혼을 놓치기 싫고, 추기경과의 신의도 버릴 수 없었으니까요. 그래서 약혼을 하고도 안절부절하며 결혼을 계속 미룬 것입니다.

이별

그렇게 고민하던 와중 라파엘로에게 갑자기 죽음이 찾아왔습니다. 그런데 그의 죽음에 관한 조르조 바사리의 표현이 재미있습니다.

"라파엘로는 비밀리에 계속 육체적인 사랑을 즐겼는데, 그는 평범함을 넘어설 만큼 사랑의 쾌락을 추구했습니다. 그런데 그는 어느 날 보통 때보다 더 과격하게 즐긴 후 심각한 병에 걸려서 집에 돌아왔습니다.”

어느 날, 육체적인 사랑을 지나치게 즐기다 결국 건강을 해친 것입니다. 도대체 얼마나 과격했기에 죽음에 이르렀는지 알 수 없지만, 늘 선배 예술가들을 존경하는 마음을 담아 찬양하는 글을 썼던 조르조 바사리가 '과격하게 즐긴 후'라는 다소 노골적인 표현까지 쓴 것을 보면, 당시 라파엘로가 쾌락적인 사랑을 추구했다는 소문이 이미 널리 퍼져 있었던 듯합니다. 그래서 어떤 학자들은 이 병이 어쩌면 매독 같은 성병이 아니었을까 추측하기도 합니다.

어쨌든 열이 올라 몸이 불덩이 같자, 의사들은 방혈술을 처치했습니다. 당시 의사들은 사람들이 아픈 이유가 몸에 나쁜 피가 있기 때문이라고 보았으므로, 병이 들면 피를 뽑고는 했습니다. 의사들은 라파엘로의 피를 뽑았고 당연히 이 무식한 치료법은 상황을 더욱 악화시킬 뿐이었습니다. 이후 2주 정도를 더 시름시름 앓았지만 라파엘로는 도저히 회복될 기미가 보이지 않았습니다.

죽음을 앞둔 그의 곁을 지키고 있던 사람은 다름 아닌 마르게리타였습니다. 그는 마지막까지 자신의 곁을 지켰던 마르게리타에게 자신이 죽고 나서도 편안히 살 수 있도록 충분한 유산을 남겨주었습니다. 죽음을 앞둔 라파엘로가 그녀에게 할 수 있는 최선이었죠. 그렇게 둘은 죽음 앞에 헤어지게 됩니다.

마지막

라파엘로는 3대 천재 중 교황들과 가장 사이가 좋았던 사람이었습니다. 율리우스 2세가 죽은 뒤에도 후임 교황들과 계속 좋은 관계를 유지했죠. 그런 라파엘로도 마지막에는 약간 욕심이 났던 모양입니다. 그는 당시 교황이었던 레오 10세에게 자신을 판테온 신전에 묻어달라고 부탁했습니다. 판테온은 브루넬레스키가 돔을 연구했던 바로 그 로마 신전입니다. 판테온은 로마 역사를 대표하는 신전이었으므로 아무나 묻힐 수 있는 장소가 아니었습니다. 그런데 어찌된 일인지 레오 10세는 라파엘로의 부탁을 들어주었습니다. 레오 10세는 예술가를 존경하는 마음이 컸던 것으로 유명했는데, 라파엘로의 마지막 부탁이었기에 이를 들어준 것으로 보입니다.

라파엘로는 마지막으로 예배를 드리고 회개하며 조용히 눈을 감았습니다. 1520년 4월 6일, 고작 37세의 나이로 안타깝게도 너무 이른 죽음을 맞이한 것입니다. 라파엘로의 집, 그의 시신 위에는 마지막 작품인 〈그리스도의 변모〉가 놓여 있었습니다.

"엿새 후에 예수께서 베드로와 야고보와 요한을 데리고 따로 높은 산에 올라가셨더니 저희 앞에서 변형되사 그 옷이 광채가 나며 세상에서 빨래하는 자가 그렇게 희게 할 수 없을 만큼 심히 희어졌더라."

—마가복음 9장 2-3절

프랑스 나르본 대성당을 장식할 계획이었던 이 그림은 예수 그리스도가 변화산에서 광채로 변화했다는 성경의 기록을 그린 것입니다. 땅에서의 인생을 즐겼던 라파엘로였지만 죽어서는 하늘로 올라가는 꿈을 꾸었던 걸까요?

로마에서 가장 인기 있던 예술가 라파엘로의 장례식은 매우 장엄했고, 많은 군중이 참석했다고 합니다. 보라색 옷을 입은 네 명의 추기경이 그의 시신을 옮겼고, 교황이 그의 손에 마지막으로 키스를 했습니다. 판테온 신전에 묻힌 라파엘로의 석관에는 이렇게 쓰여 있습니다.

라파엘로, 〈그리스도의 변모〉, 1518—1520년

"ILLE HIC EST RAPHAEL TIMUIT QUO SOSPITE VINCI

RERUM MAGNA PARENS ET MORIENTE MORI."

"여기 생전에 어머니 자연이 그에게 정복될까 두려워했던 라파엘로의
무덤이 있으니, 이제 그가 죽고 그와 함께 어머니 자연 또한 죽을까 두
려워 하노라."

어쩐지 허탈한 죽음이라고 말할 수밖에 없습니다. 앞날이 누구보다 밝
고 성격까지 좋았던 젊은 예술가 라파엘로는 그렇게 아직 완성되지 않은
여러 프레스코 벽화와 성 베드로 대성당을 남겨둔 채 갑작스럽게 생을 마
감하게 됩니다.

그렇다면 마르게리타는 라파엘로의 죽음 이후 어떻게 되었을까요? 그
녀에 관한 이야기는 바사리의 전기에 남아 있지 않지만, 대신 트라스테
베레에 있는 산타폴로니아 수도원의 기록에서 찾을 수 있었습니다.

"1520년 8월 18일, 오늘 시에나의 프란체스코 루티(Francesco Luti of Siena)의 미
망인 딸인 마르게리타(Margherita)가 우리 수도원에 들어왔습니다."

그래서 우리는 이런 추측을 해볼 수 있습니다. 라파엘로가 그녀를 사
랑했던 만큼 그녀 역시 그를 사랑했다고요. 라파엘로가 먼저 죽자 그를
잊지 못한 마르게리타가 수도원에 들어가 평생 은둔하며 자신의 사랑을
증명한 것이죠. 둘은 정말 서로를 뜨겁게 사랑했던 모양입니다.

르네상스의 마지막 천재

3대 천재 중 마지막이었던 라파엘로는 이렇게 미켈란젤로보다도 먼저 짧은 생을 마감했습니다. 미켈란젤로도 생전에는 그를 얄밉게 생각했지만, 어두워져 가는 르네상스에 햇살처럼 등장했던 후배 예술가의 마지막을 씁쓸한 심정으로 지켜보지 않았을까요?

라파엘로는 초월적인 두 천재 선배 예술가와는 분명 다른 성격의 예술가였습니다. 나쁘게 평한다면 레오나르도나 미켈란젤로만큼은 비범하지 않은 예술가였다고 말할 수도 있습니다. 하지만 그는 분명 르네상스 마지막 시기에, 자신에게 주어진 역할에 최선을 다했습니다. 라파엘로는 두 선배 천재들의 천재성을 흡수하여 자신의 예술 속으로 부드럽게 녹여냈습니다. 르네상스의 강렬한 예술을 훨씬 대중적인 느낌의 편안한 예술로 만들었다고 해야 할까요. 게다가 요절했음에도 라파엘로가 150점에 달하는 많은 그림을 그린 덕분에 르네상스의 양식이 전 유럽에 퍼지는 씨앗이 될 수 있었습니다. 레오나르도와 미켈란젤로는 숫자로 보면 많은 작품을 남기지 못했기에 더 의미가 있습니다.

피렌체의 르네상스는 이렇게 라파엘로를 마지막으로 끝에 다다르게 됩니다. 조금 더 정확히 말하자면, 1500년대로 접어들면서 미켈란젤로와 라파엘로가 로마로 이주한 것 자체가 피렌체 예술의 몰락을 상징한다고 볼 수 있습니다. 로렌초의 죽음 이후, 피렌체에는 더 이상 천재들을 받아줄 만한 능력을 가진 후원자들도, 정치인들도 없었던 것입니다.

하지만 꽃이 시들어야 씨앗이 맺히듯, 피렌체의 르네상스의 쇠퇴는 그 자체로 의미가 있었습니다. 이 책에서 소개하지 못한 수많은 예술가와 작품들이 몰락하는 피렌체를 빠져나가면서 씨앗이 되어 전 유럽으로 퍼지기 시작한 것입니다. 이제 르네상스의 씨앗들은 다른 지역의 예술가들에 의해 새로운 예술로 다시 태어날 것입니다.

공화국의 멸망

피렌체 포위전

1529년 10월 24일, 피렌체의 성벽을 향한 포위 공격이 시작되었습니다. 피어오르는 뿌연 먼지와 화약 냄새가 진동하는 전장의 한가운데, 미켈란젤로는 성벽을 둘러보며 성벽의 안전성을 시찰하고 있었습니다. 피렌체 정부가 뛰어난 건축가이기도 했던 미켈란젤로를 '요새 방어의 총독(Governor and procurator general of the fortifications)'으로 임명하면서 그는 성벽 방어 임무에 충실하고 있었습니다. 평생 칼 한 번 잡아본 적 없는 그였지만 갑자기 '총독'이 되어버린 것입니다. 아마 본인도 병사들이 자신을 '총독'이라고 부르며 경례하는 것이 영 어색했겠지만 그는 그저 성벽을 강화하는 임무에 최선을 다할 뿐이었습니다.

피렌체에는 열한 개의 성문이 있었는데 미켈란젤로는 남쪽 산 마니아토 알 몬테 대성당 쪽까지 성벽을 확장하고, 정원 쪽에 두 개의 요새를 세웠습니다. 포위 공격을 당하는 입장에서는 높은 언덕을 차지하는 일이 중요했기 때문에 지대가 높은 남쪽을 주로 보강한 것입니다. 그리고는 성벽 앞쪽에 짚더미를 가득 채운 침대 매트리스를 계속 덧대는 작업을 했습니다. 이는 포탄의 충격을 완화하기 위함이었죠.

방어용 성벽을 꼼꼼하게 점검하는 미켈란젤로의 속마음은 복잡했을 것입니다. 그가 대적하고 있는 상대는 다름 아닌 메디치 가문이었으니까요. 피렌체를 지중해에서 가장 빛나는 도시로 이끌어주었던 바로 그 메디치 가문이 이제는 거꾸로 피렌체를 공격하고 있는 것입니다. 게다가 본

조르조 바사리, 〈피렌체 포위전〉, 1558년

인들의 힘으로는 어려울 것 같으니 비겁하게도 신성로마제국 황제 카를 5세의 힘까지 빌려서 말이죠. 메디치 가문의 요구는 피렌체의 통치권을 다시 돌려달라는 것이었습니다. 위대한 자 로렌초가 죽은 이후 메디치 가문의 후손들이 얼마나 엉망으로 피렌체를 통치하고 쫓겨났는지 벌써 잊은 모양입니다. 그들이 되찾고자 한 것은 더 이상 '피렌체의 영광'이 아니었습니다. 이제는 허울만 남은 '메디치 가문의 영광'일 뿐이었습니다.

도시의 요새화에는 꽤 진전이 있었고 피렌체 시민들은 최선을 다해 방어했습니다. 거의 두 배에 달하는 병력을 가진 제국군이었지만 피렌체 시민들의 필사적인 노력으로 한동안은 방어에 성공할 수 있었습니다. 하지만 시간이 갈수록 피렌체 시민들은 점점 불안해졌습니다. 방어전이 1년 가까이 지나자 비축해 둔 식량이 떨어지기 시작했기 때문입니다. 점점 굶는 시민들이 늘어났고, 그만큼 공포는 커져갔습니다.

결국 피렌체의 방어군 총사령관이었던 프란체스코 페루치(Francesco Ferrucci)는 더 늦기 전에 결단을 내려야 했습니다. 고민 끝에 그는 과감한 공격을 계획했습니다. 야밤에 몰래 병력을 우회시켜 포위하고 있는 제국군의 뒤를 치기로 한 것입니다. 성을 빠져나오는 데 성공한 페루치는 얼마간 피렌체에 우호적인 마을들을 돌며 자원 병력을 모았습니다. 어느 정도 병력을 모은 그는 1530년 8월 3일, 드디어 공격을 감행합니다. 가비나나 마을에서 일어난 이 전투는 피렌체의 운명을 결정짓습니다.

페루치의 지휘 아래 피렌체 병사들은 분전했지만 세 배에 달하는 제국군을 상대하기에는 역시 무리였습니다. 세 시간의 혈투 끝에 이미 체력을 소진해 지칠 대로 지친 피렌체의 병사들은 점점 새로 투입되는 제국군에게 밀릴 수밖에 없었습니다. 결국 전세는 역전되었고 최후의 항전 끝에 피렌체의 주력 부대는 궤멸합니다. 그리고 상처로 온몸이 피투성이가 된 사령관 페루치는 결국 붙잡혀 최후를 맞이하게 됩니다.

주력 부대와 지휘관까지 모두 잃은 피렌체의 시민들은 선택을 해야 했습니다. 피렌체 내부에서는 두 의견이 격하게 대립했습니다. 공화국의 자유를 위해 희생을 무릅쓰고라도 끝까지 싸워야 한다는 쪽과, 그래도 메디치 가문이니까 다시 한번 통치를 맡겨볼 수도 있지 않느냐는 쪽으로 나뉘었던 것입니다. 피렌체는 고민 끝에 결국 '명예로운 항복'을 선택하게 됩니다. 이미 전세가 기운 상황에서 헛되이 시민들의 목숨을 희생시킬 수 없었기 때문입니다.

피렌체 공화국의 멸망

1530년 8월 12일, 산타 마르게리타 교회에서 양쪽의 대표자들이 모여 항복 문서에 서명했습니다. 그렇게 피렌체 공화국은 멸망했습니다. 그리고 새로운 통치자의 자리에는 샤를 5세로부터 공작 작위를 부여받은 알레산드로(Alessandro de’ Medici) 공작이 올라섰습니다. 이름에서도 알 수 있듯이 그는 메디치 가문 출신이었습니다. 다만 그는 시민들에 의해 선출된 곤팔로니에레가 아니라 황제로부터 부여받은 귀족 작위를 가지고 그 자리에 올라섰습니다. 찬란했던 피렌체 ‘공화국(Republic)’은 이제 공작의 통치를 받는 ‘공국(Duchy)’으로 전락하고 만 것입니다. 역사에는 가끔 이렇게 아이러니한 일이 생기기도 합니다. 피렌체 공화국을 멸망시킨 것이 다른 누구도 아닌, 한때 피렌체 공화국을 전성기로 이끌었던 메디치 가문이었으니 말이죠.

참담한 심정으로 항복을 지켜본 미켈란젤로에게는 더 끔찍한 현실이 기다리고 있었습니다. 미켈란젤로는 단지 자유와 예술이 꽃피는 피렌체 공화국을 지키고 싶었을 뿐이지만, 도시 방어의 총독까지 맡았던 그는 메디치 가문 입장에서는 1급 반역자였습니다. 도시를 점령한 메디치는 도망 중인 미켈란젤로에게 미리 사형 선고를 내렸습니다. 죽음을 피하기 위해 미켈란젤로는 산 로렌초 대성당의 예배당 아래 작은 방으로 숨어들었습니다. 그는 작은 창문으로 들어오는 희미한 빛에 의지해 하루 하루 죽음의 위협을 버텨내야 했죠. 그가 할 수 있는 일이라고는 그저 목탄과 분필로 벽에 그림을 그리며 불안한 마음을 달래는 것뿐이었습니다.

그렇게 두 달의 시간이 흘렀습니다. 메디치 가문은 미켈란젤로의 사형 선고를 해제했습니다. 아무리 괘씸하다고 한들 ‘신적인 예술가’였던 미켈란젤로를 메디치 가문의 손으로 죽일 수는 없었던 것입니다. 그렇게 자유를 찾은 미켈란젤로는 다시 그의 본업이었던 예술가로 겨우 돌아올 수 있었습니다.

미켈란젤로는 그 일이 있고 몇 년 뒤 피렌체를 떠나 로마로 갔습니다. 그렇게 미켈란젤로는 기나긴 타향살이를 시작하게 됩니다. 30년의 타향살이 후 삶의 끝자락에 다다른 그의 마지막 소원은 자신의 사랑하는 고향, 꽃의 도시 피렌체에 묻히는 것이었습니다. 미켈란젤로의 소원은 이루어질 수 있었습니다. 사람들이 그의 시신을 로마에서 옮겨와 피렌체 시내에 있는 산타 크로체 성당에 묻어주었기 때문입니다. 덕분에 그의 영혼이 마지막에는 조국에서 안식을 취할 수 있었습니다.

르네상스의 종언

피렌체 공화국이 멸망하면서 르네상스의 꽃은 꺾이고 말았습니다. 수많은 천재 예술가를 배출하며 영원히 빛날 것 같았던 피렌체였지만, 거짓말처럼 피렌체 르네상스가 끝나버린 것입니다. 미켈란젤로와 라파엘로를 마지막으로 피렌체에서는 더 이상 뛰어난 예술가가 나타나지 않았고, 이는 지금까지 이어지고 있습니다.

예술은 시대가 피운 꽃입니다. 자유가 살아 숨 쉬던 공화국이 멸망하고 귀족의 통치를 받는 공국으로 전락한 피렌체에서 뛰어난 예술가들이 더 이상 나타나지 않은 것은 당연합니다. 물론 귀족의 돈으로도 예술은 탄생할 수 있습니다. 하지만 그렇게 탄생한 예술은 생기 넘치는 꽃이 아닌, 그저 아름다운 조화에 불과합니다. 사람의 마음을 움직이는 진짜 살아 있는 예술은 오직 자유가 있는 곳에서만 꽃필 수 있는 법입니다.

그렇게 르네상스는 200여 년의 여정을 끝으로 종언을 맞이했습니다. 하지만 르네상스의 씨앗은 전 유럽으로 날아갔습니다. 그리고 각 나라에 정착하여 다시 예술로 꽃피우게 됩니다. 아직까지 예술적으로는 '초보'에 가까웠던 프랑스, 스페인, 독일, 영국 같은 나라에서도 르네상스의 천재들을 본받은 뛰어난 예술가들이 등장하면서 각자만의 예술을 탄생시키기 시작합니다. 유럽은 이때부터 수많은 회화, 조각, 건축물을 탄생시키며 우리가 익히 알고 있는 유럽 문화의 전성기로 진입하게 됩니다.

르네상스 시대 이후 전 유럽에는 근대의 바람이 불기 시작했습니다. 본격적인 '인간들의 시대'가 열린 것입니다. 근대를 상징할 만한 사건들 몇 가지를 나열해 보면 쿠텐베르크의 금속활자 인쇄(1450년), 콜럼버스의 신대륙 발견(1492년), 마르틴 루터의 종교개혁(1517년), 코페르니쿠스의 지동설(1543년), 아이작 뉴턴의 중력 법칙 발견(1666년) 등이 있습니다. 주로 과학이나 인문학과 관련된 이 사건들은 예술과는 전혀 상관없어 보이지만 대부분 르네상스 이후부터 본격적으로 나타나기 시작했다는 공통점이 있습니다. 이는 결코 우연이 아닙니다. 피렌체를 중심으로 르네상스가 꽃피면서 전 유럽에는 중세적 지식이 아닌 '새로운 지식'에 대한 열풍이 불기 시작합니다. 르네상스 예술과 함께 새로운 정신도 퍼져나간 것이죠. 예술은 인간의 사상과 정신이 우아한 형태로 깃들어 있는 것입니다. 사람들은 미켈란젤로의 〈피에타〉의 아름다움을 보는 것만으로도 이제 완전히 새로운 세상이 시작되었음을 느꼈을 것입니다. 이것이야말로 예술이 가진 힘이 아닐까요? 그렇게 르네상스의 예술과 함께 사람들은 근대로 가는 문에 들어서게 됩니다.

르네상스 예술의 아름다움은 어쩌면 인간 역사에 다시 나타나기 힘든 아름다움일지도 모릅니다. 르네상스 예술은 중세와 근대가 충돌하는 지점에서 나타났습니다. 중세의 '초월적 아름다움'과 근대의 '인간적인 아름다움' 사이에서 양쪽의 조화를 이루어낸 미술인 것입니다. 과연 〈피에타〉와 〈천지창조〉, 그리고 〈모나리자〉를 뛰어넘는 예술이 이후 400년간 나타난 적이 있는지, 또 근현대에는 있다고 할 수 있는지에 대해서는 쉽게 답하기 어렵습니다. 그만큼 르네상스는 인류사에서 가장 뛰어난 예술들을 창조해 낸 독보적인 시대라고 할 만합니다.

예술은 오롯이 그 시대를 살아가던 사람들에 의해 창조된 것입니다. 거대한 두 세계관이 충돌하는 르네상스 시대를 살아가던 천재들의 노력이 없었다면 우리는 이 예술들을 볼 수 있는 행운을 얻지 못했을 것입니다.

미켈란젤로는 "만약 내가 얼마나 노력했는지를 그들이 알게 된다면, 나를 천재라고 부르지 않을 것이다"라고 말한 적이 있습니다. 르네상스의 천재들에게 마지막으로 이렇게 말해 주고 싶습니다. 당신들의 고된 노력으로 우리에게 진정한 아름다움을 보여주어 고맙다고 말이죠.

참고 문헌

Giorgio Vasari, *Lives of the Most Excellent Painters, Sculptors, and Architects*, Duchy of Florence, 1568

Vespasiano, *Renaissance Princes, Popes & Prelates*, Harper Torchbooks, 1963

Machiavelli, *The history of Florence, and other selections*, Washington Square Press New York, 1970

Carmen Gómez-Moreno, *Metropolitan Museum Journal-Giovanni Pisano at the Metropolitan Museum Revisited*, The University of Chicago Press, 1972

Peter and Linda Murray, *The Art of the Renaissance*, Thames and Hudson Inc., 1985

Michelangelo, George Bul, Peter Porter, *Michelangelo Life, Letters, and Poetry*, Oxford University Press, 1987

John Addington Symonds, *The Life of Michelangelo Buonarroti*, University of Pennsylvania Press, 2002

K. Dorothea Ewart, *Cosimo de' Medici*, Cosimo Classics, 2006

William H. Crawfor, *Girolamo Savonarola, a Prophet of Righteousness*, Kessinger Publishing, 2006

Paul Strathern, *The Medici, Power, Money, and Ambition in the Italian Renaissance*, Pegasus Books, 2016

Walter Isaacson, *Leonardo da Vinci*, Simon & Schuster, 2017

에른스트 한스 곰브리치, 『서양 미술사(The Story of Art)』, 백승길, 이종승 옮김, 예경, 1997

모니카 봄 두첸, 『세계 명화의 비밀』, 김현우 옮김, 생각의 나무, 2002

시오노 나나미, 『십자군 이야기 1 ,2, 3』, 송태욱 번역, 문학동네, 2011

성제환, 『피렌체의 빛나는 순간, 르네상스를 만든 사람들』, 문학동네, 2013

시오노 나나미, 『로마 멸망 이후의 지중해 세계 상, 하』, 김석희 옮김, 한길사, 2015

시오노 나나미, 『프리드리히 2세의 생애 상, 하』, 민경욱 번역, 서울문화사, 2016

G.F. 영, 『메디치 가문 이야기』, 이길상 번역, 현대지성, 2017

도판 목록

르네상스 직전의 유럽, 십자군 전쟁

작가 미상, 〈클레르몽에서 설교하는 우르바누스 2세〉, 『고드프리 드 부용의 소설(Roman de Godefroy de Bouillon)』, 1337년, 양피지, 프랑스 국립도서관

작가 미상, 〈예루살렘 성벽을 포위한 1차 십자군〉, 13세기경, 프랑스 국립도서관

콘스탄티노플 함락, 피어나는 르네상스의 불씨

작가 미상, 〈중국에서 베네치아로 다시 돌아온 마르코 폴로〉, 15세기경, 옥스퍼드대학교 보들리언 도서관

다비드 오베르, 〈콘스탄티노플을 점령하는 십자군〉, 15세기, 프랑스 국립도서관

최초의 르네상스인, 프리드리히 2세

작가 미상, 〈프리드리히 2세와 그의 매〉, 『새들을 이용한 사냥 기술에 대하여(De Arte Venandi cum Avibus)』 2권, 13세기 후반, 바티칸 사도 도서관

작가 미상, 〈교황에게 파문당하는 프리드리히 2세〉, 『라우드 코덱스(The Codex Laud)』, 14-15세기경, 옥스퍼드대학교 보들리언 도서관

조반니 빌라니, 〈술탄 알 카밀과 대화하는 프리드리히 2세〉, 『누오바 크로니카(Nuova Cronica)』, 14세기, 바디칸 사도 도서관

피사의 조각가, 니콜라 피사노

장로 마르티누스, 〈왕좌에 앉은 성모와 아기 예수(Enthroned Virgin and Child)〉, 1199년, 호두나무, 190×54×68cm, 보데 박물관

니콜라 피사노, 〈여인의 두상(Female head)〉, 13세기, 황철석 또는 적철석, 13×10.8cm, 베네치아궁

니콜라 피사노, 〈강인함(Fortitude)〉, 1260년, 대리석, 높이 56cm, 피사 세례당

리시포스, 〈파르네제의 헤라클레스(Farnese Herakles)〉, 216년경(원본은 기원전 4세기), 대리석, 높이 3.17m, 나폴리 국립박물관

작가 미상, 〈밀로의 비너스(Venus de Milo)〉, 기원전 2세기, 대리석, 높이 2.04m, 루브르 박물관

회화의 창시자, 조토 디 본도네

조토 디 본도네, 〈일곱 개의 덕목: 믿음(The Seven Virtues: Faith)〉, 1306년, 프레스코화, 120×55cm, 스크로베니 예배당

작가 미상, 〈최후의 만찬(The Last Supper)〉, 13세기, 모자이크화, 산 마르코 대성당

조토 디 본도네, 〈최후의 만찬(The Last Supper)〉, 1304-1306년경, 프레스코화, 200×185cm, 스크로베니 예배당

작가 미상, 〈습지에서 사냥하는 메나와 가족(Menna and Family Hunting in the Marshes)〉 부분(모사본), (원본) 기원전 1400-1352년경, 메나의 무덤 예배당 북쪽 벽, (모사본) 메트로폴리탄 미술관

치마부에, 〈산타 트리니타 마에스타(Santa Trinita Maestà)〉, 1290-1300년경, 목판에 템페라, 384×223cm, 우피치 미술관

조토 디 본도네, 〈애도(Lamentation)〉, 1305년, 프레스코화, 200×185cm, 스크로베니 예배당

작가 미상, 〈이탈리아 르네상스의 5대 유명인사: 조토, 우첼로, 도나텔로, 마네티, 브루넬레스키의 초상화(Five Famous Men from the Italian Renaissance: Portraits of Giotto, Paolo Uccello, Donatello, Antonio Manetti and Filippo Brunelleschi)〉, 1500-1550년경, 패널에 템페라, 0.66×2.1m, 루브르 박물관

중단된 르네상스, 흑사병의 창궐

피터르 브뤼헐, 〈죽음의 승리(The Triumph of Death)〉, 1562-1563년, 패널에 유채, 117×162cm, 프라도 미술관

피에르 두 티엘트, 〈투르네 주민들이 흑사병 희생자들을 매장하는 모습(The people of Tournai bury victims of the Black Death)〉, 『질 리 무이싯, 연대기 및 연보(Gilles li Muisis, Antiquitates Flandriae)』, 1349-1352년경, 27.3×20.5cm, 벨기에 왕실 도서관

파울루스 퓌르스트, 〈로마의 역병 의사(The Plague Doctor from Rome)〉, 1656년, 종이에 구리 판화, 30.1×21.6cm, 대영박물관

메디치 가문, 일어나다

아뇰로 브론치노, 〈조반니 디 비치 데 메디치의 초상(Portrait of Giovanni di Bicci de Medici)〉, 1559-1569년경, 주석판에 유채, 16×12.5cm, 우피치 미술관 바사리 회랑

리헨탈의 울리히, 〈대립 교황 요한 23세(발다사레 코사) (Antipope John XXIII)〉, 『콘스탄츠 공의회 연대기(The Chronicle of the Council of Constance)』, 1430년대 이후

유물 사냥꾼, 도나텔로

히에로니무스 콕, 〈콜로세움의 두 번째 전망(Second View of the Colosseum)〉, 1550년경, 레이드 페이퍼에 에칭, 23.4×33.9cm, 내셔널 갤러리

아폴로니오스, 〈벨베데레의 토르소(Belvedere Torso)〉, 기원전 1세기경, 대리석, 159×84cm, 바티칸 미술관

도나텔로, 〈성 게오르기우스(St. George)〉, 1415-1417년, 대리석, 높이 209cm, 바르젤로 미술관

베르나트 마르토렐, 〈용을 죽이는 성 게오르기우스(St. George and the Dragon)〉, 1434-1435년, 패널에 템페라, 155.6×98.1cm, 시카고 미술관

로렌초 기베르티, 〈성 마태(St John the Baptist)〉, 1412-1416년, 청동, 높이 255cm, 오르산미켈레 박물관

도나텔로, 〈다비드(David)〉, 1440년경, 청동, 높이 158cm, 바르젤로 미술관

도나텔로, 〈가타멜라타 기마상(Equestrian statue of Gattamelata)〉, 1453년, 청동, 340×390cm, 산토 광장

도나텔로, 〈참회하는 마리아 막달레나(Maria Maddalena penitente)〉, 1453-1455년경, 포플러 나무와 스터코, 안료, 금, 높이 185cm, 두오모 오페라 박물관

도나텔로, 〈세례자 요한(San Giovanni Battista)〉, 1455년경, 청동, 높이 185cm, 시에나 대성당

도나텔로, 〈공주를 구하는 성 게오르기우스(George Freeing the Princess)〉, 1416-1417년경, 대리석, 39×120cm, 바르젤로 미술관

피렌체의 국부, 코시모 데 메디치

브론치노, 〈코시모 데 메디치의 초상화(Posthumous Portrait of Cosimo de' Medici)〉, 1565-1569년경, 주석판에 유채, 16×12.5cm, 우피치 미술관 바사리 회랑

작가 미상, 〈이탈리아 르네상스의 5대 유명인사: 조토, 우첼로, 도나텔로, 마네티, 브루넬레스키의 초상화〉, 1500-1550년경, 패널에 템페라, 0.66×2.1m, 루브르 박물관

덤벙이 천재, 마사초

마사초, 〈테오필로스 총독 아들의 부활과 성 베드로의 착좌(Raising of the Son of Theophilus and St Peter Enthroned)〉, 1426-1427년, 프레스코화, 230×598cm, 브랑카치 예배당

마사초, 〈산 지오베날레 삼부제단화(San Giovenale Triptych)〉, 1422년, 패널에 템페라, 110×65cm(중앙), 88×44cm(각 날개), 마사초 박물관

마솔리노, 〈아담과 이브(Adam and Eve)〉, 1425년, 프레스코화, 208×88cm, 브랑카치 예배당

마사초, 〈추방당하는 아담과 이브(Expulsion of Adam and Eve)〉, 1426-1427년경, 프레스코화, 208×88cm, 브랑카치 예배당

레오나르도 다빈치, 〈동방박사 경배를 위한 원근법 습작(Perspectival study for The Adoration of the Magi)〉, 1481년경, 종이에 펜과 잉크, 철필, 16.3×29cm, 우피치 미술관

마사초, 〈성전세(The Tribute Money)〉, 1426-1427년, 프레스코화, 255×598cm, 산타 마리아 델 카르미네 성당

마사초, 〈성 삼위일체(Trinity)〉, 1425년경, 프레스코화, 667×317cm, 산타 마리아 노벨라 성당

파올로 우첼로, 〈산 로마노의 전투(The Battle of San Romano)〉, 1438-1440년경, 패널에 템페라와 유채, 181.6×320cm, 내셔널 갤러리

불꽃남자, 로렌초 데 메디치

브론치노, 〈로렌초 데 메디치의 초상화(Portrait of Lorenzo the Magnificent of the Medici)〉, 1565-1569년경, 주석판에 유채, 16×12.5cm, 우피치 미술관 바사리 회랑

산드로 보티첼리, 〈비너스와 마르스(Venus and Mars)〉, 1485년경, 목판에 템페라와 유채, 69.2×173.4cm, 내셔널 갤러리

유스투스 데 겐트·페드로 베루게테, 〈교황 시스토 4세(Pape Sixte IV)〉, 15세기, 패널에 유채, 116×56.4cm, 루브르 박물관

레오나르도 다빈치, 〈교수형에 처해진 베르나르도 티반디노 바론첼리의 초상(Portrait of the Executed Bernardo di Bandino Baroncelli)〉, 1479년, 종이에 펜과 잉크, 19.2×7.3cm, 보나 미술관

조르조 바사리·마르코 마르체티, 〈나폴리 왕 페르난도를 만난 로렌초(Lorenzo di Magnifico visits king Ferdinand of Aragon in Naples)〉, 1556-1558년, 프레스코화, 베키오 궁전

작은 술통, 보티첼리

산드로 보티첼리, 〈동방박사의 경배(Adoration of the Magi)〉, 1476년경, 패널에 템페라, 111×134cm, 우피치 미술관

필리포 리피, 〈성모와 아기 예수 그리고 두 천사(Madonna and Child with Two Angels)〉, 1460-1465년경, 패널에 템페라, 95×62cm, 우피치 미술관

산드로 보티첼리, 〈어린 세례자 요한과 함께 있는 성모 마리아와 아기 예수(Madonna and Child with St. John the Baptist)〉, 1450-1475년경, 포플러 목판에 템페라, 90.7×67cm, 루브르 박물관

산드로 보티첼리, 〈프리마베라(Primavera)〉, 1480년경, 패널에 템페라, 203×314cm, 우피치 미술관

산드로 보티첼리, 〈비너스의 탄생(The Birth of Venus)〉, 1485년경, 캔버스에 템페라, 172.5×278.5cm, 우피치 미술관

작가 미상, 〈카피톨리노의 비너스(The Capitoline Venus)〉, 기원전 4세기, 대리석, 높이 193cm, 카피톨리노 박물관

프라 바르톨로메오, 〈사보나롤라의 초상(Portrait of Girolamo Savonarola)〉, 1498년경, 패널에 유채, 47×31cm, 산 마르코 국립박물관

작가 미상, 〈샤를 8세의 초상(Charles VIII)〉, 16세기, 목판에 유채, 48.2×39.1cm, 베르사유 궁전

산드로 보티첼리, 〈지옥의 지도(Map of Hell)〉(『지옥』편, 제1곡), 1481-1487년, 염소 가죽 양피지에 은촉, 잉크, 템페라, 33×47.5cm, 바티칸 사도 도서관

산드로 보티첼리, 〈신비로운 탄생(Mystic Nativity)〉, 1500년, 캔버스에 유채, 108.6×74.89cm, 내셔널 갤러리

천재, 레오나르도 다빈치

레오나르도 다빈치, 〈자화상(Self Portrait)〉, 1517-1518년경, 종이에 분필, 33.3×21.3cm, 토리노 왕립 도서관

안드레아 델 베로키오·레오나르도 다빈치, 〈그리스도의 세례(The Baptism of Christ)〉, 1470-1480년경, 패널에 템페라와 유채, 177×151cm, 우피치 미술관

레오나르도 다빈치, 〈동방박사의 경배(Adoration of the Magi)〉, 1480-1482년경, 패널에 템페라와 유채, 243×246cm, 우피치 미술관

레오나르도 다빈치, 〈성 제롬(Saint Jerome)〉, 1482년경, 목판에 유채, 103×74cm, 바티칸 미술관

레오나르도 다빈치, 〈비트루비우스적 인간(Vitruvian Man)〉, 1498년경, 종이에 펜과 잉크, 34.5×24.6cm, 아카데미아 미술관

레오나르도 다빈치, 〈물의 소용돌이 연구(Studies of Water)〉, 1509-1511년, 종이에 펜과 잉크, 29×20.2cm, 윈저성

레오나르도 다빈치, 〈천문학〉, 『코덱스 레스터(Codex Leicester)』, 1510년, 29×22cm, 개인 소장

레오나르도 다빈치, 〈암굴의 성모(The Virgin of the Rocks)〉(첫 번째 버전), 1483-1494년경, 캔버스에 유채, 199.5×122cm, 루브르 박물관

레오나르도 다빈치, 〈암굴의 성모(The Virgin of the Rocks)〉(두 번째 버전), 1508년, 포플러 목판에 유채, 189.5×120cm, 내셔널 갤러리

레오나르도 다빈치, 〈자궁 속의 태아(The Foetus in the Womb)〉, 1510-1512년경, 종이에 검정과 붉은색 초크, 펜과 잉크, 담채, 30.5×22cm, 윈저성

레오나르도 다빈치, 〈내장기관 연구〉, 1509-1510년경, 종이에 검은색 초크, 잉크, 담채, 47.6×33.2cm, 윈저성

레오나르도 다빈치, 〈기마상 연구 드로잉(Study for the Sforza Monument)〉, 1488-1489년경, 푸른색 종이에 은필, 14.8×18.5cm, 윈저성

레오나르도 다빈치, 〈흰 담비를 안은 여인(체칠리아 갈 레라니의 초상)(Lady with an Ermine)(Portrait of Cecilia Gallerani)〉, 1490년경, 목판에 유채, 54.8×40.3cm, 차르토리치 미술관

레오나르도 다빈치, 〈최후의 만찬(The Last Supper)〉, 1495-1498년경, 회벽에 유채와 템페라, 460×856cm, 산타 마리아 델레 그라치에 수도원의 식당

레오나르도 다빈치, 〈모나리자(Mona Lisa)〉, 1503-1506년경, 패널에 유채, 77×53cm, 루브르 박물관

레오나르도 다빈치, 〈성 안나와 성 모자(Virgin and Child with St. Anne)〉, 1510년경, 패널에 유채, 168×130cm, 루브르 박물관

신성한 자, 미켈란젤로 부오나로티

오타비오 바니니, 〈로렌초에게 판의 머리를 보여주는 미켈란젤로(Michelangelo Showing Lorenzo il Magnifico the Head of a Faun)〉, 1638-1642년, 프레스코화, 피티 궁전

다니엘레 다 볼테라, 〈미켈란젤로의 초상(Michelangelo Buomarroti)〉, 1545년경, 목판에 유채, 88.3×64.1cm, 메트로폴리탄 미술관

미켈란젤로, 〈바쿠스(Bacchus)〉, 1497년, 대리석, 높이 203cm, 바르젤로 미술관

미켈란젤로, 〈피에타(Pietà)〉, 1498-1499년, 대리석, 높이 174cm, 성 베드로 대성당

미켈란젤로, 〈다비드(David)〉, 1501-1504년, 대리석, 높이 516cm, 아카데미아 미술관

피터 폴 루벤스, 〈레오나르도 다빈치의 앙기에리 전투 모작(Copy of the Battle of Anghiari by Leonardo)〉, 1603년경, 종이에 검은색 초크, 갈색과 회색 잉크, 회색 물감, 45.3×63.6cm, 루브르 박물관

바스티아노 다 상갈로, 〈미켈란젤로의 카시나 전투 모작(Copy After Michelangelo's cartoon for the so-called Battle of Casina)〉, 1542년경, 패널에 유채, 77×130cm, 홀컴 홀

미켈란젤로, 〈아담의 창조(The Creation of Adam)〉, 1510년, 프레스코화, 260×570cm, 시스티나 경당

미켈란젤로, 〈리비아의 여사제(The Libyan Sibyl)〉, 1511년경, 프레스코화, 400×380cm, 시스티나 경당

미켈란젤로, 시스티나 경당 천장화(The Sistine-Chapel ceiling), 1508-1512년, 프레스코화, 시스티나 경당

미켈란젤로, 줄리아노 데 메디치의 무덤, 1525-1534년, 대리석, 630×420cm, 산 로렌초 교회 신(新)성구보관실

미켈란젤로, 〈최후의 심판(The Last Judgement)〉, 1536-1541년, 프레스코화, 전체 지름 17×15.5m, 시스티나 경당

미켈란젤로, 〈론다니니의 피에타(Pietà Rondanini)〉(미완성), 1552/3-1564년, 대리석, 높이 195cm, 스포 르체스코성

온유, 라파엘로

라파엘로, 〈자화상(Self Portrait)〉, 1505년, 패널에 유채, 47.3×34.8cm, 우피치 미술관

라파엘로, 〈몬트의 그리스도 수난도(The Mond Crucifixion)〉, 1502-1503년경, 목판에 유채, 283.3×167.3cm, 내셔널 갤러리

라파엘로, 〈초원의 성모(The Madonna of the Meadow)〉, 1505-1506년경, 포플러 목판에 유채, 113×88.5cm, 빈 미술사 박물관

라파엘로, 〈성체 논쟁(Disputa)〉, 1508-1509년, 프레스코화, 가로 약 10.75m, 바티칸 궁전, 서명의 방

라파엘로, 〈예언자 이사야(The Prophet Isaiah)〉, 1512-1513년경, 프레스코화, 250×155cm, 산 아고스티노 교회

라파엘로, 〈아테네 학당(The School of Athens)〉, 1510-1511년, 프레스코화, 가로 약 10.55m, 바티칸 궁전, 서명의 방

라파엘로, 〈성 베드로의 석방(The Release of St. Peter)〉, 1513-1514년, 프레스코화, 가로 약 8.1m, 바티칸 궁전, 엘리오도로의 방

라파엘로, 〈식스투스의 성모(The Sistine Madonna)〉, 1513년경, 캔버스에 유채, 265×196cm, 드레스덴 국립 미술관, 구거장실

라파엘로, 〈빵집 여식(La Fornarina)〉, 1518-1519년경, 패널에 유채, 85×60cm, 로마 국립 고대미술관

라파엘로, 〈그리스도의 변모(The transfiguration)〉, 1518-1520년, 패널에 유채, 405×278cm, 바티칸 미술관

조르조 바사리, 〈피렌체 포위전(The siege of Florence)〉, 1558년, 프레스코화, 클레멘스 7세 홀, 베키오 궁전